Komplexe Zahlen und Zeiger
in der Wechselstromlehre

Von

Max Landolt

Dipl. Elektroingenieur, Professor am Technikum
des Kantons Zürich in Winterthur

Mit 160 Abbildungen

Berlin

Verlag von Julius Springer

1936

ISBN-13:978-3-642-90014-3   e-ISBN-13:978-3-642-91871-1
DOI: 10.1007/978-3-642-91871-1

Vorwort.

Wenn ich „Zeiger‟ sage statt — wie es bisher üblich war — „Vektoren‟, so schließe ich mich einem Brauche an, der sich seit einigen Jahren allmählich einführt. Nach diesem werden solche Verrückungen in der Ebene, die den Rechenregeln der (gewöhnlichen) komplexen Zahlen folgen, als „Zeiger‟ bezeichnet, und der Name „Vektor‟ wird beschränkt auf Größen, die den Regeln der (räumlichen) Vektorrechnung genügen. Man hat dann den Vorteil, daß verschiedene Dinge auch verschiedene Namen haben.

Zeiger werden heute zur zeichnerischen Beschreibung stationärer Zustände von Wechselstromsystemen allgemein angewendet. Auch die komplexe Berechnung solcher Zustände hat sich so stark eingeführt, daß sie nicht mehr besonders empfohlen zu werden braucht. Als Student, als Ingenieur und als Lehrer habe ich immer wieder erfahren, daß der Anfänger auf ganz beträchtliche Schwierigkeiten stößt, wenn er für ein neues Problem das Zeigerbild aufzeichnen oder die Lösung durch komplexe Berechnung finden will. Ein Teil dieser Schwierigkeiten ist darauf zurückzuführen, daß der Anfänger natürlicherweise noch nicht die nur durch Übung zu gewinnende Sicherheit im Umgang mit Zeigern und komplexen Größen hat. Der Hauptteil der Schwierigkeiten liegt aber wohl im Übergang von der physikalischen Erscheinung zum Zeigerbild und zur komplexen Gleichung und geht darauf zurück, daß man oft von nicht ausreichend strengen Formulierungen der Grundgesetze und der darin vorkommenden Größen ausgeht. Aus diesem Grunde habe ich in das Buch zwei voneinander unabhängige Hauptabschnitte aufgenommen, von denen der erste zur Hauptsache den komplexen Zahlen und Zeigern, der zweite dagegen einigen besonders wichtigen Grundbegriffen und Grundgesetzen der Elektrizitätslehre gewidmet ist.

Der Hauptabschnitt § 1 hält sich im üblichen Rahmen. Darüber hinaus werden mit Rücksicht auf weitverbreitete Unklarheiten lediglich noch die Frage der Größengleichungen, der Winkel und des Abbildungsmaßstabes gestreift. Im Hauptabschnitt § 2 mußte ich dagegen einigen Dingen den Kampf ansagen, z. B. den folgenden. — Bezugspfeile (Zählpfeile) werden zur Festlegung von Bezugssinnen (positiven Zählrichtungen) von Strömen allgemein angewendet. Nur zu oft fehlt aber — selbst in hervorragenden Werken — jede Angabe über die Bezugssinne von Spannungen. — Obwohl festgelegt ist, daß die elektromotorische Kraft in der Richtung des Potentialanstieges, die Spannung dagegen in der Richtung des Potentialabfalles positiv ist, werden beide Größen noch immer durcheinandergeworfen. — Bei den Kirchhoffschen Regeln wird noch häufig von den aus der Gleichstromlehre übernommenen „Stromrichtungen" gesprochen, obwohl dies bei Wechselstromproblemen sinnlos wird.

Um das Auffinden der zitierten Gleichungen und Textstellen zu erleichtern, verwende ich ein besonderes System der Numerierung: Die Abschnittnummer, die Absatznummer, die Gleichungsnummer, die Abbildungsnummer und die Anmerkungsnummer stimmen im Hauptteil miteinander überein, und die Nummer des obersten Absatzes jeder Seite dient (statt der Seitenzahl) als Leitnummer. Die Einzelheiten erklärt die nachfolgende Zusammenstellung.

§ 213 = Abschnitt 213, d. h. 3. Unterabschnitt des Oberabschnittes 21, der selbst der 1. Unterabschnitt des Oberabschnittes 2 ist.

§ 213.4 = 4. Absatz von Abschnitt 213.

—.5 = 5. Absatz des vorher angegebenen Abschnittes.

Abb. 213a= „a-te" Abbildung von Abschnitt 213.

(213i) = „i-te" Gleichung von Abschnitt 213.

$\left.\begin{array}{c}213\,\text{b}\\ \text{Anm. 213\,b}\end{array}\right\}$ = „b-te" Anmerkung zu Abschnitt 213.

Sucht man beispielsweise den Absatz § 213.6, so blättert man an Hand der links oben und rechts oben stehenden Leitnummern. Dabei folgt § 213.6 offenbar nach § 213.4 und kommt vor § 214.

Zeitschriften zitiere ich nach dem „Kurztitelverzeichnis technisch-wissenschaftlicher Zeitschriften". Dabei bedeutet die erste Zahl die Bandnummer, die zweite (in Klammern) die Jahreszahl und die dritte die Seitenzahl.

Herr Dipl.-Ing. Walter Stutz hat die Reinschrift des Manuskriptes besorgt. Er hat mich auch in liebenswürdiger Weise beim Durchlesen der Korrekturen unterstützt. Herrn Professor Dr. Louis Locher danke ich für einige Ratschläge in mathematischen Fragen.

Winterthur, im April 1936.

Max Landolt.

Inhaltsverzeichnis.

VIII   Inhaltsverzeichnis.

§

Komplexe Zahlen und Zeiger. § 1

Einige allgemeine Grundlagen. § 11

Zahlen und Größen. § 111

—.1) Man unterscheidet zwischen reinen oder unbenannten Zahlen, wie 27, —15,3, $4\sqrt{2}$ usw., und benannten Zahlen, wie 1500 kW, —20,5 cm, $220\sqrt{2}$ Volt usw. Benannte Zahlen werden wir nachfolgend als Größen bezeichnen.

—.2) Um Größen anzugeben, bedient man sich gleichartiger, bekannter Vergleichsgrößen, die man Einheiten nennt. So ist z. B. die Leistungseinheit kW selbst eine Leistung. Der Zahlenwert oder die Maßzahl einer Größe geben an, das Wievielfache der Einheit eine anzugebende Größe ausmacht. Diesen Festsetzungen[111a] entspricht der Satz: Eine Größe ist das Produkt aus ihrem Zahlenwert und ihrer Einheit. Bezeichnet man allgemein eine Größe mit G, ihren Zahlenwert mit $\{G\}$ und ihre Einheit mit $[G]$, so läßt sich dieser Satz durch die Gleichung

$$\boxed{G = \{G\} \cdot [G]} \tag{111a}$$

ausdrücken. Für die Leistung $N = 1500$ kW werden $\{N\} = 1500$ und $[N] = $ kW.

—.3) Zur Messung einer Größe muß eine gleichartige Einheit verwendet werden. So kann man z. B. Leistungen nur in Leistungseinheiten ausdrücken. Die Art einer Größe wird durch ihre Dimension gekennzeichnet[111b]. So haben die Größe 1500 kW und die Einheit kW beide die Dimension Leistung.

—.4) Eine und dieselbe Größe kann man durch verschieden große Einheiten messen, wenn diese nur alle von derselben Dimension sind wie die anzugebende Größe. So kann man z. B. eine Leistung in W, kW, PS, erg/s ausdrücken. Sind $[G]'$ und $[G]''$ zwei verschiedene Einheiten derselben Dimension wie die Größe G und sind $\{G\}'$ und $\{G\}''$ die entsprechenden Zahlenwerte, so gelten die zwei Gleichungen

$$G = \{G\}'[G]' \quad \text{und} \quad G = \{G\}''[G]''. \tag{111b u. c}$$

[111a] Die hier vertretenen Auffassungen stützen sich auf das Normblatt DIN 1313.

[111b] Gleichartige Größen haben dieselbe Dimension. Größen derselben Dimension brauchen aber nicht gleichartig zu sein. So haben z. B. das Drehmoment und die Arbeit die gleiche Dimension, nämlich: Kraft × Länge. — Bei Maßsystemen mit vier passend gewählten Grundeinheiten kommt einer Größe nur eine einzige Dimension zu. Damit dies auch bei den CGS-Systemen der Fall ist, muß man entweder die Permeabilität oder die Dielektrizitätskonstante des leeren Raumes als vierte Grundeinheit hinzunehmen.

Aus ihnen findet man die wichtige Beziehung

$$\frac{\{G\}'}{\{G\}''} = \frac{[G]''}{[G]'}.$$ (111d)

Mißt man eine Größe mit zwei verschieden großen Einheiten, so verhalten sich die Zahlenwerte umgekehrt wie die Einheiten. Mißt man z. B. die Leistung 1500 kW nicht in kW, sondern in der tausendmal kleineren Einheit W, so erhält man 1 500 000 W.

—.5) Formelzeichen, wie $N, x, \hat{u}$ usw. können je nach Verabredung Größen oder Zahlenwerte sein. Sind es Größen, so bezeichnet man die zwischen ihnen aufgestellten Gleichungen als Größengleichungen. Andernfalls sind es Zahlenwertgleichungen. Gleichungen zwischen Einheiten sind ein Sonderfall von Größengleichungen, sie heißen Einheitengleichungen. Beispiele für Einheitengleichungen sind

$$1 \, \text{min} = 60 \, \text{s}$$ (111e)

und
$$1 \, \text{kW} = 102 \, \text{mkg/s} \,^{111c}.$$ (111f)

—.6) Oft wünscht man eine aus einer gegebenen Größengleichung berechenbare Größe in einer vorgegebenen Einheit zu erhalten und gleichzeitig die Ausgangsgrößen in bestimmten Einheiten zu verwenden. Man kann hiezu die gegebene Größengleichung auf die erwünschten Einheiten zuschneiden. Sie heißt dann zugeschnittene Größengleichung. Es sei beispielsweise die Größengleichung

$$N = 2\pi n M$$ (111g)

gegeben und man wünsche die Leistung N in kW zu erhalten, die Drehzahl n in U/min und das Drehmoment M in mkg einzusetzen. Wir erweitern hiezu (111g) mit U/min, mit mkg und mit kW und erhalten so

$$N = 2\pi \, \frac{n}{\text{U/min}} \, \frac{M}{\text{mkg}} \, \frac{\text{U/min} \cdot \text{mkg}}{\text{kW}} \, \text{kW}.$$

Nun ist zu beachten, daß die Einheit U keine Dimension hat und folglich in Umrechnungen gleich 1 gesetzt werden darf. Berücksichtigen wir weiter (111e u. f), so finden wir

$$\frac{\text{U/min} \cdot \text{mkg}}{\text{kW}} = \frac{1}{60 \cdot 102}$$

und damit
$$N = \frac{\dfrac{n}{\text{U/min}} \dfrac{M}{\text{mkg}}}{975} \, \text{kW}.$$ (111h)

Sind in einem Anwendungsfalle $n = 500$ U/min und $M = 2925$ mkg gegeben, so liefert die zugeschnittene Größengleichung (111h) das Ergebnis

$$N = \frac{500 \cdot 2925}{975} \, \text{kW} = 1500 \, \text{kW}.$$

[111c] Den auf der linken Seite dieser Gleichungen stehenden Faktor 1 kann man auch weglassen, ohne daß damit etwas geändert würde.

—.7) In § 111 und in den meisten der nachfolgenden Abschnitte sind unter den allgemeinen Zahlzeichen stets Größen verstanden. Die zwischen ihnen aufgestellten Gleichungen sind daher Größengleichungen. Rechnet man mit den Haupteinheiten eines auf 4 Grundeinheiten aufgebauten Maßsystems, z. B. mit dem Maßsystem von Giorgi[111d] (Meter, Kilogramm-Masse, Sekunde, Ohm), so gelten sie ohne weiteres auch als Zahlenwertgleichungen.

Winkel in der Ebene[112a]. § 112

—.1) Das Wort Winkel wird in zwei verschiedenen Bedeutungen gebraucht. Die Planimetrie arbeitet mit vorzeichenlosen Winkeln. Wir wollen sie Öffnungswinkel nennen. Die analytische Geometrie rechnet im Gegensatz hierzu mit Winkeln, die positiv oder negativ sein können. Zur Unterscheidung nennen wir solche Winkel Drehwinkel. Ein Drehwinkel beschreibt die Verdrehung einer Anfangsrichtung in eine Endrichtung. Erfolgt diese entgegen dem Drehsinn des Uhrzeigers, so erklärt man den Drehwinkel als positiv, im andern Falle als negativ. Diese Festsetzungen sind in der Mathematik und in verwandten Gebieten allgemein üblich, obwohl sie weitgehend willkürlich sind. Nachfolgend brauchen wir das Wort Winkel immer im Sinne von Drehwinkel.

—.2) Versuchen wir einen Winkel durch eine Anfangs- und durch eine Endrichtung, die durch die Pfeile $\mathfrak{A}$ und $\mathfrak{E}$ gegeben sein mögen, festzulegen, so ist diese Angabe vieldeutig. Man kann nämlich die Anfangsrichtung im Gegenuhrzeigersinn oder im Sinne des Uhrzeigers und überdies in Bruchteilen einer Umdrehung oder in mehr als einer ganzen Umdrehung in die Endrichtung überführen. Um Eindeutigkeit zu erreichen, wenden wir deshalb noch den Winkelbogen an (Abb. 112a). Er ist ein Stück eines Kreisbogens. Sein Mittelpunkt ist der Schnittpunkt der

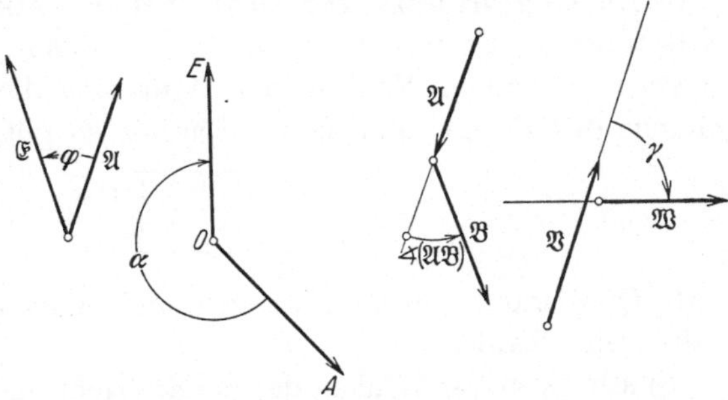

Abb. 112a. Bezeichnung der Winkel φ, α, ($\mathfrak{A}$, $\mathfrak{B}$) und γ durch Winkelbogen für den Fall, daß die Pfeile $\mathfrak{A}$, OA, $\mathfrak{A}$ und $\mathfrak{B}$ die Anfangs- und die Pfeile $\mathfrak{E}$, OE, $\mathfrak{B}$ und $\mathfrak{W}$ die Endrichtungen festlegen.

[111d] Es wurde von der IEC (Internationale Elektrotechnische Kommission) im Jahre 1935 angenommen [Elektrotechn. Z. 56 (1935) S. 1112]. — Einige für dieses Maßsystem geltende Haupteinheiten sind in Tafel 1 zusammengestellt.

[112a] Die nachfolgenden Festsetzungen widersprechen teilweise den Angaben von Normblatt DIN 1312. Es werden dort im Abschnitt „Winkel zweier gerichteter Geraden in der Ebene" negative Winkel ausgeschlossen. Dies erscheint indessen dem Autor als mit den Bedürfnissen der Schwingungslehre unvereinbar.

beiden Pfeile oder ihrer Verlängerungen. Sein Bogen liegt auf dem bei
der Verdrehung bestrichenen Teil der Ebene. Er fängt an auf dem die
Anfangsrichtung bezeichnenden Pfeil oder dessen Verlängerung und
endet auf dem die Endrichtung bezeichnenden Pfeil oder dessen Verlängerung. Insbesondere liegen sein Anfangs- und sein Endpunkt in
bezug auf den gemeinsamen Schnittpunkt auf derjenigen Seite, nach der
der in der Richtung Schaft—Spitze beweglich gedachte Pfeil fliegt. Den
Endpunkt des Winkelbogens kennzeichnen wir durch eine Spitze. Oft
dient es zur Klarheit, wenn man den Anfangspunkt mit einem kleinen
Kreislein versieht[112b].

—.3) Der Betrag eines Winkels ist ein Öffnungswinkel. Bei ihm kommt
die Auseinanderhaltung der Anfangs- und der Endrichtung nicht in
Frage. Wir bezeichnen ihn deshalb durch einen spitzenlosen oder durch

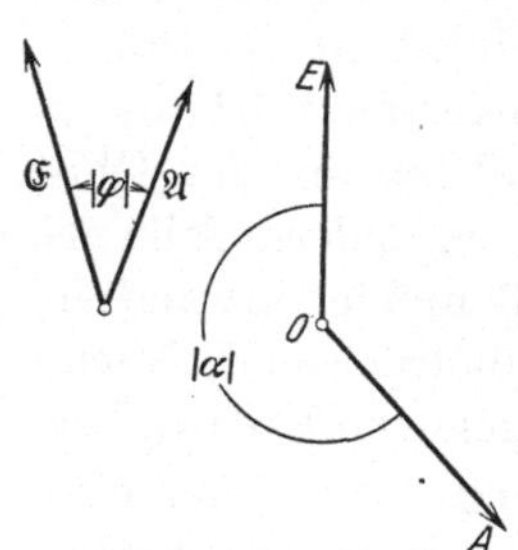
Abb. 112b. Bezeichnung des Betrages eines Winkels.

einen beidseitig mit Spitzen versehenen Winkelbogen (Abb. 112b). In der Rechnung kennzeichnet man den Betrag eines Winkels durch zwei
senkrechte Striche, wie das auch für den (ab-
soluten) Betrag einer gewöhnlichen Zahl üblich
ist. Heißt ein Winkel φ, so ist demnach für seinen
Betrag $|\varphi|$ zu schreiben.

—.4) Den Winkel selbst kann man nun wie folgt
definieren. Ein Winkel ist das Verhältnis der
Länge eines Winkelbogens (längs des Umfanges
gemessen!) zu seinem Radius; Winkelbögen,
die im Gegenuhrzeigersinne weisen, sind als positiv, andere
als negativ zu betrachten. Der Radius ist stets eine vorzeichenlose
(positive) Länge. Sind φ der Winkel, b die positive oder negative
Länge des Bogens und R der Radius, so gilt demnach die Gleichung

$$\boxed{\varphi = \frac{b}{R}}\,. \tag{112a}$$

Als Quotienten von zwei Längen sind Winkel dimensionslose Größen,
also reine Zahlen.

—.5) Ein positiver Winkel, der die Endrichtung so weit dreht, bis sie zum
ersten Male mit der Anfangsrichtung zusammenfällt, der also eine volle
Umdrehung beschreibt, hat bekanntlich den Wert 6,2831853 . . . oder
2π. Um für Winkel, die einen natürlichen Bruchteil einer vollen
Umdrehung darstellen, bequeme Zahlen zu erhalten, hat man dem Winkel

---

[112b] In der Literatur werden in sehr vielen Abbildungen die Winkelbogen beidseitig mit gleichen Spitzen versehen, so daß man die Anfangs- und die Endrichtung
nicht voneinander unterscheiden kann. Das Vorzeichen des Winkels kann aus
solchen unvollständigen Darstellungen ohne die Zuziehung weiterer Mitteilungen
natürlich nicht entnommen werden.

$2\,\pi$ auch den Wert $360°$ (sprich: 360 Grad) beigelegt. Man errechnet hieraus $1° = 2\,\pi/360 = 0,01745329\ldots$ Für praktische Rechnungen gelten genau genug

$$1° = \frac{1}{57,3} \quad \text{und} \quad 57,3° = 1. \tag{112b u. c}$$

—.6) Unterscheiden sich zwei Winkel um positive oder negative Vielfache von $2\,\pi$, so bringen sie bei gemeinsamer Anfangsrichtung eine gemeinsame Endrichtung hervor. Für viele Zwecke darf man deshalb den Winkel $-240°$ durch den Winkel $+120°$ ersetzen. Winkel, die außerhalb des Bereiches $-2\,\pi \cdots +2\,\pi$ liegen, werden, wenn immer möglich, vermieden. Meist strebt man darnach, mit Winkeln der Bereiche $-\pi \cdots +\pi$ oder $0 \ldots 2\,\pi$ auszukommen. Die trigonometrischen Funktionen Sinus, Kosinus, Tangens, Kotangens zeichnen sich dadurch aus, daß sie für alle Werte $\varphi + k\,2\,\pi$ dasselbe Ergebnis liefern, wenn k Null oder eine ganze positive oder negative Zahl ist. Dabei ist indessen zu betonen, daß ein Winkel $\varphi + k\,2\,\pi$ niemals dem Winkel φ gleich ist. Gibt man von einem Winkel nur die Anfangs- und die Endrichtung an und läßt man den Winkelbogen weg, so ist der Winkel nur bis auf ganze Umdrehungen genau bestimmt. Dies genügt dann, wenn man sich nur für seine trigonometrischen Funktionen interessiert. Angaben wie $\sin(\mathfrak{A}, \mathfrak{B})$ oder $\cos \sphericalangle AOE$ reichen daher in solchen Fällen vollständig aus, obwohl sie hinsichtlich des Winkels strenggenommen vieldeutig sind.

Summen und Differenzen von Winkeln in der Ebene. §113
—.1) Ist die Summe der Winkel $\alpha, \beta, \gamma, \ldots$ zu bilden, so ist diese wie bei gewöhnlichen Zahlen zu berechnen, da ja jeder Winkel eine reine Zahl ist. Heißt die Summe φ, so wird

$$\varphi = \alpha + \beta + \gamma + \cdots. \tag{113a}$$

Dabei können die Winkel $\alpha, \beta, \gamma, \ldots$ einzeln oder alle positiv oder negativ sein. Um die geometrische Bedeutung der Winkelsumme zu erkennen, führen wir die Winkel nach (112a) als Quotienten ein. Es sei

$$\varphi = \frac{b_\varphi}{R_\varphi}, \quad \alpha = \frac{b_\alpha}{R_\alpha}, \quad \beta = \frac{b_\beta}{R_\beta}, \quad \gamma = \frac{b_\gamma}{R_\gamma}, \quad \cdots$$

Nach (113a) erhalten wir dann

$$\varphi = \frac{b_\varphi}{R_\varphi} = \frac{b_\alpha}{R_\alpha} + \frac{b_\beta}{R_\beta} + \frac{b_\gamma}{R_\gamma} + \cdots$$

und daraus

$$b_\varphi = b_\alpha \frac{R_\varphi}{R_\alpha} + b_\beta \frac{R_\varphi}{R_\beta} + b_\gamma \frac{R_\varphi}{R_\gamma} + \cdots.$$

Dieses Ergebnis ist in Abb. 113a geometrisch dargestellt. Der Winkelbogen b_φ setzt sich zusammen aus den auf den Radius R_φ reduzierten

Winkelbogen b_α, b_β, b_γ, ... Der Summenwinkel entsteht durch Aneinanderreihen der gegebenen Winkel unter Berücksichtigung ihrer Vorzeichen. Die Endrichtung der vorher behandelten Winkel ergeben die Anfangsrichtung für jeden neu anzureihenden Winkel. Der Winkelbogen

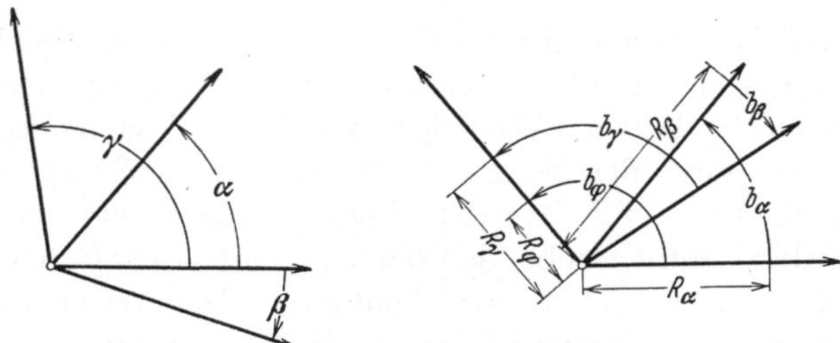

Abb. 113 a. Zeichnerische Ermittlung der Summe $\varphi = \alpha + \beta + \gamma$.

des Summenwinkels erstreckt sich von der Anfangsrichtung zur Endrichtung des letzten Winkels.

—.2) Ist von einem Winkel α ein Winkel β zu subtrahieren, also die Differenz φ zu bilden, so ist wie oben wie mit gewöhnlichen Zahlen zu rechnen. Es sei

$$\varphi = \alpha - \beta. \tag{113b}$$

Wie früher erhalten wir hieraus

$$b_\varphi = b_\alpha \frac{R_\varphi}{R_\alpha} - b_\beta \frac{R_\varphi}{R_\beta}.$$

Dieses Ergebnis ist in Abb. 113 b geometrisch dargestellt. Die beiden Winkel sind so aneinanderzureihen, daß beide dieselbe Endrichtung aufweisen.

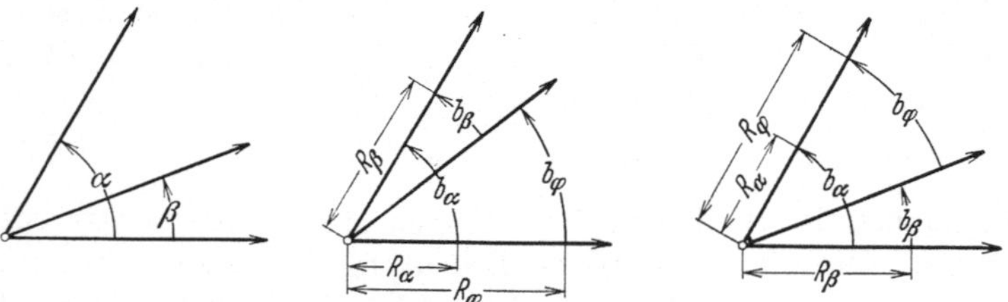

Abb. 113 b. Zeichnerische Ermittlung der Differenz $\varphi = \alpha - \beta$.   Abb. 113 c. Zeichnerische Ermittlung der Differenz $\varphi = -\beta + \alpha$.

Der Winkelbogen des Differenzwinkels erstreckt sich dann von der Anfangsrichtung des vorzeichenlos (positiv) in (113 b) stehenden Winkels bis zur Anfangsrichtung des abzuziehenden Winkels. — Abb. 113 c ist nach der Gleichung $\varphi = -\beta + \alpha$ konstruiert, die aus (113 b) durch Umstellung hervorgeht. Das Ergebnis bleibt dasselbe, wie dies auch für gewöhnliche Zahlen der Fall ist. — Statt einen Winkel β zu subtrahieren, kann man auch den Winkel $-\beta$ addieren. Es ist dann nach der Gleichung

$$b_\varphi = b_\alpha \frac{R_\varphi}{R_\alpha} + (-b_\beta) \frac{R_\varphi}{R_\beta}$$

6

zu konstruieren, was in Abb. 113d dargestellt ist. Sobald mehr als zwei Winkel zu kombinieren sind, ist dies immer zu empfehlen.

—.3) Der Winkelbogen b_φ des Summen- oder Differenzwinkels ist immer so zu legen, daß er ganz auf den Bogen zu liegen kommt, den die auf den

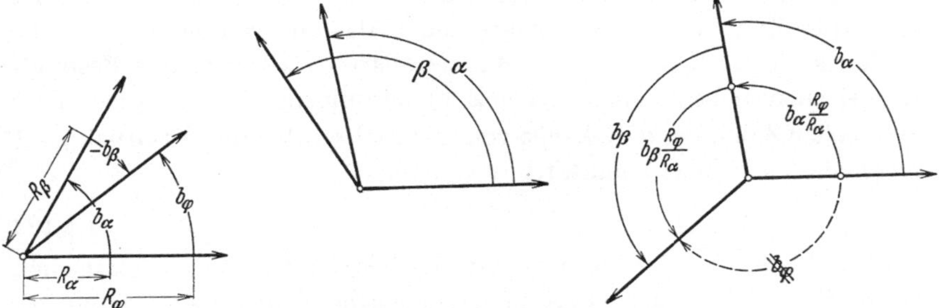

Abb. 113d. Zeichnerische Ermittlung der Summe $\varphi = \alpha + (-\beta)$.

Abb. 113e. Zeichnerische Ermittlung der Summe $\varphi = \alpha + \beta$ mit **falscher** Eintragung des Winkelbogens b_φ.

Radius R_φ reduzierten Winkelbogen der auf der andern Gleichungsseite stehenden Winkel zusammen bilden. Keinesfalls darf er mit diesem Bogen zusammen den gemeinsamen Mittelpunkt einschließen, wie dies in Abb. 113e dargestellt ist.

Begriff der komplexen Zahl und der komplexen Größe.　§ 12

Die Lösung quadratischer Gleichungen.　§ 121

—.1) Ist eine quadratische Gleichung von der Form $x^2 + px + q = 0$ zu lösen, so bringt man bekanntlich ihre linke Seite auf die Form $a^2 + 2ab + b^2$, deren Wurzeln $\pm(a+b)$ lauten. Um dies zu erreichen, addiert man auf beiden Seiten der Gleichung den Ausdruck $\left(\frac{p}{2}\right)^2 - q$. Man erhält so $x^2 + \frac{2}{2}px + \left(\frac{p}{2}\right)^2 = \left(\frac{p}{2}\right)^2 - q$. Zieht man nun auf beiden Seiten die Wurzeln aus, so geht die Gleichung über in $\pm\left(x + \frac{p}{2}\right) = \pm\sqrt{\left(\frac{p}{2}\right)^2 - q}$.

Daraus ergeben sich schließlich die beiden Lösungen $x_1 = -\frac{p}{2} + \sqrt{\left(\frac{p}{2}\right)^2 - q}$ und $x_2 = -\frac{p}{2} - \sqrt{\left(\frac{p}{2}\right)^2 - q}$. Aus dem Ausdruck $\left(\frac{p}{2}\right)^2 - q$ können die Wurzeln nur dann ausgezogen werden, wenn er positiv, also größer als Null ist. Trifft dies nicht zu, so läßt sich als Ergebnis der Wurzelziehung keine reelle oder gewöhnliche (positive oder negative) Zahl angeben, denn es existiert keine reelle Zahl, die ins Quadrat erhoben eine negative Zahl gibt.

—.2) Es soll nun vorausgesetzt sein, daß der Ausdruck $\left(\frac{p}{2}\right)^2 - q$ negativ sei, also die frühere Voraussetzung nicht erfülle. Es sei nun k eine positive Zahl, und es gelte weiter der Ansatz $-k^2 = \left(\dfrac{p}{2}\right)^2 - q$. Für die beiden Lösungen erhält man dann $x_1 = -\dfrac{p}{2} + \sqrt{-1}\,k$ und $x_2 = -\dfrac{p}{2} - \sqrt{-1}\,k$. x_1 und x_2 sind nun keine reellen Zahlen mehr, sie sind vielmehr **Zahlenpaare**. Diese bestehen aus zwei Gliedern. Das eine ist eine reelle Zahl, also ein Vielfaches von 1; das andere ist das $\pm k$ fache Vielfache der unberechenbaren Wurzel aus -1. Diese beiden Bestandteile können nicht zu einer reellen Zahl zusammengezogen werden, denn alle reellen Zahlen sind Vielfache von 1, enthalten aber den Ausdruck $\sqrt{-1}$ nicht als (einmaligen) Faktor.

Komplexe Zahlen. § 122

—.1) Nicht nur bei der Lösung quadratischer Gleichungen, sondern auch bei anderen Problemen stößt man auf solche Zahlenpaare, deren allgemeine Form $a + \sqrt{-1}\,b$ lautet. Man nennt sie **komplexe Zahlen**[122a], was wörtlich übersetzt zusammengesetzte Zahlen bedeutet. Zur Vereinfachung der Schreibweise setzt man

$$\boxed{j \equiv +\sqrt{-1}}\; [122b]. \tag{122a}$$

Für eine komplexe Zahl ist damit $a + jb$ zu schreiben[122c]. Hierin ist j eine neue Einheit, die keine reelle Zahl ist. Man nennt sie **imaginäre Einheit**[122d]. Der sie enthaltende Teil einer komplexen Zahl wird als ihr **imaginärer Teil** oder kürzer als ihr **Imaginärteil** bezeichnet. Der neben der imaginären Einheit stehende Faktor ist der **Zahlenwert** des Imaginärteiles. Der andere Teil einer komplexen Zahl ist ihr **reeller Teil** oder kürzer ihr **Realteil**. Dieser fällt mit seinem Zahlenwert zusammen, da seine Einheit 1 ist.

—.2) Oft wünscht man der Kürze halber komplexe Zahlen durch einen einzigen Buchstaben wiederzugeben. Um sie von den allgemeinen Zahlzeichen der reellen Zahlen zu unterscheiden, werden wir zur Kennzeichnung komplexer Zahlen Frakturbuchstaben, meist $\mathfrak{Z}$ (sprich: Deutsch-Z oder Z-Komplex) verwenden[122e]. In der Schreibschrift

---

[122a] Sie wurden zur Hauptsache im 18. Jahrhundert erfunden. Man nennt sie gelegentlich auch **gewöhnliche komplexe Zahlen**, um sie von den vielgliedrigen, den sog. höheren komplexen Zahlen zu unterscheiden.

[122b] Die Mathematiker verwenden den Buchstaben i statt j. Da aber in der Elektrotechnik i international den Augenblickswert des Stromes bedeutet, brauchen die Elektrotechniker durchwegs j.

[122c] Einige Autoren ziehen, offenbar in Anlehnung an die bei Vektoren übliche Schreibweise, $a + bj$ vor.

[122d] Imaginär bedeutet eingebildet, bildlich. Diese wörtliche Übersetzung wird heute allgemein als sinnlos betrachtet.

[122e] Diese Bezeichnungsweise wird in nicht deutsch sprechenden Ländern nicht benutzt. Dort werden gelegentlich fette Buchstaben oder Buchstaben mit darübergesetztem Querstrich angewendet.

braucht man vorteilhaft die Buchstaben des deutschen Alphabetes [122f]. Als Ausweichzeichen werden auch Buchstaben mit darübergesetztem Punkt verwendet. So werden wir z. B. $\dot{\Phi}$ (sprich: Phi-Punkt oder Phi-Komplex) schreiben. Ferner wollen wir den Realteil einer komplexen Zahl $\mathfrak{Z}$ mit Z_x und den Zahlenwert des Imaginärteiles mit Z_y bezeichnen. Es gilt dann die Identität

$$\boxed{\mathfrak{Z} \equiv Z_x + jZ_y}. \tag{122b}$$

—.3) Daß Z_x der Realteil und Z_y der Zahlenwert des Imaginärteils der komplexen Zahl $\mathfrak{Z}$ sind, drückt man durch die Identitäten

$$\boxed{Z_x \equiv \mathfrak{Re}(\mathfrak{Z})} \quad \text{und} \quad \boxed{Z_y \equiv \mathfrak{Im}(\mathfrak{Z})} \tag{122c u. d}$$

aus. Für (122b) erhalten wir dann

$$\boxed{\mathfrak{Z} \equiv \mathfrak{Re}(\mathfrak{Z}) + j\,\mathfrak{Im}(\mathfrak{Z})}. \tag{122e}$$

—.4) Der Realteil und der Zahlenwert des Imaginärteils einer komplexen Zahl können beliebige positive oder negative Zahlen sein. Ist der Zahlenwert des Imaginärteils eine negative Zahl, gilt also $Z_y = -|Z_y|$, so wäre nach (122b)

$$Z_x + j(-|Z_y|) \tag{122f}$$

zu schreiben. Der Kürze halber nimmt man aber das Minuszeichen vor das j und schreibt

$$Z_x - j\,|Z_y|. \tag{122g}$$

Z. B. schreibt man statt $5 + j(-2{,}5)$ stets $5 - j2{,}5$.

—.5) Wird der Realteil einer komplexen Zahl zu Null, so nennt man sie imaginäre Zahl. Wird dagegen der Imaginärteil zu Null, so geht sie in eine reelle Zahl über. Sind beide Teile Null, so sagt man, die komplexe Zahl sei Null. Der Gleichung

$$\mathfrak{Z} = 0 \tag{122h}$$

entsprechen somit die zwei Gleichungen

$$Z_x = 0 \quad \text{und} \quad Z_y = 0. \tag{122i u. k}$$

—.6) Für die Gleichheit zweier komplexer Zahlen macht man folgende naheliegende Festsetzung: Zwei komplexe Zahlen sind einander dann und nur dann gleich, wenn sie gleiche Realteile und gleiche Imaginärteile haben. Die zwischen den beiden komplexen Zahlen $\mathfrak{Z}_1$ und $\mathfrak{Z}_2$ geltende Gleichung

$$\mathfrak{Z}_1 = \mathfrak{Z}_2 \tag{122l}$$

[122f] Für Leser, die es nicht kennen, enthält Tafel 2 eine Schriftvorlage.

kann somit ersetzt werden durch zwei Gleichungen zwischen reellen Zahlen, nämlich durch

$$Z_{1x} = Z_{2x} \quad \text{und} \quad Z_{1y} = Z_{2y}. \qquad (122\,\mathrm{m}\ \mathrm{u.\ n})$$

—.7) Geht man von der Gesamtheit der positiven Zahlen aus, so kann man durch die Subtraktion einer größeren von einer kleineren auf die negativen Zahlen kommen. Gegenüber der Subtraktion bilden somit die positiven Zahlen allein kein in sich geschlossenes System, wohl aber die Gesamtheit der positiven und der negativen Zahlen. Durch die Radizierung (Wurzelausziehung) kommt man aber von den negativen zu den komplexen Zahlen. In bezug auf die Radizierung bildet daher auch die Gesamtheit der positiven und negativen Zahlen kein solches System. Die komplexen Zahlen, die die positiven und negativen Zahlen als Sonderfälle enthalten, bilden dagegen in bezug auf die sieben Grundoperationen (addieren, subtrahieren, multiplizieren, dividieren, potenzieren, radizieren, logarithmieren) ein in sich geschlossenes System. Durch fortgesetzte Anwendung der sieben Grundoperationen kommt man nicht über die komplexen Zahlen hinaus. Dies ist die Ursache ihrer großen Bedeutung.

Geometrische Darstellung komplexer Zahlen, Zeiger. § 123

—.1) In der Zeichnungsebene seien eine x-Achse und eine von dieser aus um einen positiven rechten Winkel verdrehte y-Achse gegeben. Für beide Achsen sei dieselbe Länge als Einheit festgelegt. Die Lage irgendeines Punktes P der Zeichnungsebene läßt sich dann durch zwei Koordinaten Z_x und Z_y eindeutig bestimmen (Abb. 123a). Dabei gilt Z_x für die x-Achse und Z_y für die y-Achse. Würden die beiden Koordinaten nicht auf den ihnen zugeordneten Achsen verwendet, so bestimmen sie im allgemeinen einen andern Punkt der Zeichnungsebene. Die beiden Koordinaten bilden somit ein geordnetes Zahlenpaar wie der Realteil und der Imaginärteil einer komplexen Zahl. Betrachtet man Z_x als den

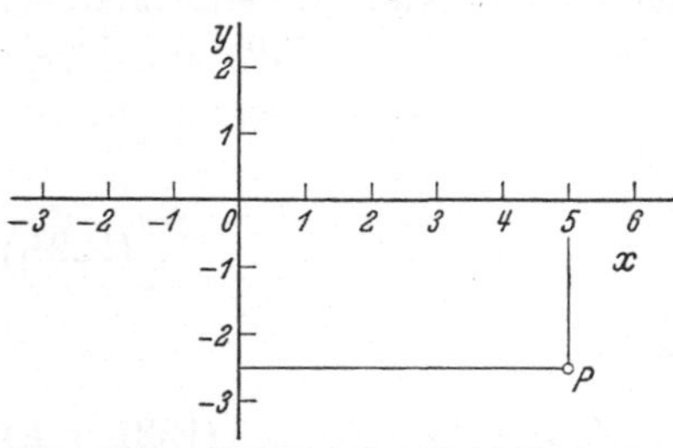

Abb. 123a. Geometrische Darstellung der komplexen Zahl $5 - j\,2{,}5$ durch den Punkt P.

Realteil und Z_y als den Zahlenwert des Imaginärteils einer komplexen Zahl, so entspricht jedem Punkt der Zeichnungsebene eindeutig eine komplexe Zahl und umgekehrt. Der Punkt P mit den Koordinaten Z_x und Z_y stellt somit die komplexe Zahl $Z_x + jZ_y$ geometrisch dar.

—.2) Da die geometrische Darstellung der komplexen Zahlen hauptsächlich durch G a u ß bekanntgeworden ist, bezeichnet man die Zeichnungsebene in diesem Zusammenhang als die G a u ß s c h e Z a h l e n e b e n e. Der

10

Kürze halber nennt man die die Realteile tragende Achse reelle Achse und die die Imaginärteile tragende imaginäre Achse.

—.3) Die Lage des die komplexe Zahl $\mathfrak{Z}$ darstellenden Punktes haben wir durch ein Kreislein angedeutet, dessen Mittelpunkt der anzugebende Punkt ist. Statt dessen können wir nach Abb. 123 b auch einen vom Nullpunkt des Koordinatensystems aus gezeichneten Strich mit Spitze verwenden, wenn wir verabreden, daß der Punkt selbst am äußersten Ende dieser Spitze liege. Einen solchen Strich nennt man Zeiger[123a], ebenen Vektor, Diagrammvektor, oft auch nur Vektor. Nun gelten aber für die uns hier interessierenden Gebilde — abgesehen von der Addition und der Subtraktion — andere Rechengesetze als für die gewöhnlichen Vektoren. Zur Vermeidung von Mißverständnissen wollen wir daher den Namen Zeiger bevorzugen. Für die zeichnerische Ausführung eines Zeigers unterscheiden wir den Fuß-

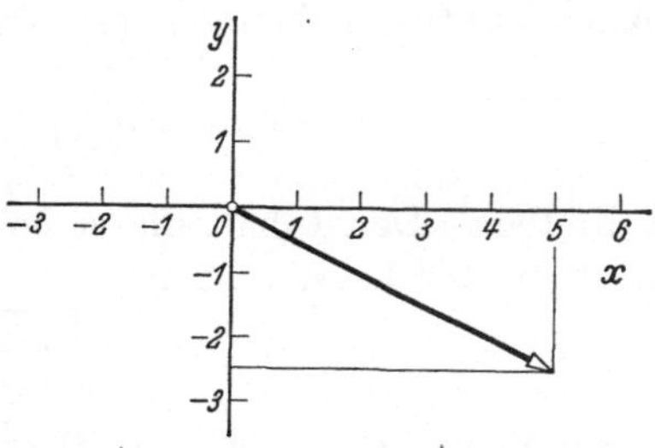

Abb. 123b. Zeiger der komplexen Zahl $5 - j\,2{,}5$.

punkt, den wir durch ein Kreislein darstellen, den Schaft und die Spitze. Aus Abb. 123 b entnehmen wir, daß die Projektionen des Zeigers auf die Real- und die Imaginärachse die Zahlenwerte des Real- und des Imaginärteils der dargestellten komplexen Zahl abbilden. Von der Veranschaulichung komplexer Zahlen durch Zeiger werden wir nachstehend fortgesetzt Gebrauch machen.

Verschiedene Formen einer komplexen Zahl.   § 124

—.1) Die bisher gebrauchte Form $Z_x + j Z_y$ einer komplexen Zahl wollen wir nachstehend zur Unterscheidung von andern Formen als die gewöhnliche Form einer komplexen Zahl bezeichnen.

Die trigonometrische Form und die Kennellysche Form.   § 1241

—.1) Die durch die Gleichung

$$\boxed{Z = +\sqrt{Z_x^2 + Z_y^2}} \qquad (1241\,\text{a})$$

definierte Zahl Z heißt Betrag oder Modul der komplexen Zahl $\mathfrak{Z} = Z_x + j Z_y$. Bei gewöhnlichen Zahlen wird der (absolute) Betrag durch zwei senkrechte Striche angedeutet. Man verwendet dieses Zeichen in erweiterter Bedeutung auch bei komplexen Zahlen und schreibt

$$\boxed{Z = |\mathfrak{Z}|}. \qquad (1241\,\text{b})$$

[123a] Nach Küpfmüller, K.: Einführung in die theoretische Elektrotechnik, S. 117. Berlin: Julius Springer 1932.

−.2) Die durch die beiden Gleichungen

$$\cos\varphi = \frac{Z_x}{Z}$$ (1241 c)

und

$$\sin\varphi = \frac{Z_y}{Z}$$ (1241 d)

definierte Zahl φ heißt Phase, Abweichung, Arcus, Argument oder Winkel der komplexen Zahl $\mathfrak{Z} = Z_x + jZ_y$. Unter Verwendung der Arcusfunktionen können wir auch

$$\varphi = \mathrm{arc}\,\cos\left(\frac{Z_x}{Z}\right) \quad \text{und} \quad \varphi = \mathrm{arc}\,\sin\left(\frac{Z_y}{Z}\right)$$ (1241 e u. f)

schreiben. Den Inhalt dieser beiden Gleichungen faßt man schließlich noch in der kurzen Form

$$\varphi = \mathrm{arc}\,(\mathfrak{Z})$$ (1241 g)

zusammen. Aus (1241 c u. d) ergibt sich durch Division

$$\operatorname{tg}\varphi = \frac{Z_y}{Z_x}.$$ (1241 h)

Die Phase läßt sich aus diesen Gleichungen immer nur bis auf ganze Vielfache von 2π bestimmen (§ 112. 6). Beschränkt man die Bezeichnung φ auf einen in den Bereichen $0 \cdots +2\pi$ oder $-\pi \cdots +\pi$ liegenden Hauptwert, so muß in den Gleichungen statt φ strenggenommen immer $\varphi + k\,2\pi$ geschrieben werden, wobei k Null oder irgendeine ganze positive oder negative Zahl ist. Der Bequemlichkeit halber wird der Summand $k\,2\pi$ jedoch stets weggelassen, wenn dies ohne nachteilige Folgen geschehen kann. Auch hier wollen wir es so halten.

−.3) Aus (1241 c u. d) folgen ferner

$$Z_x = Z\cos\varphi \quad \text{und} \quad Z_y = Z\sin\varphi.$$ (1241 i u. k)

Durch Einsetzen in $\mathfrak{Z} = Z_x + jZ_y$ finden wir

$$\mathfrak{Z} = Z(\cos\varphi + j\sin\varphi).$$ (1241 l)

Die rechte Seite dieser Gleichung heißt trigonometrische Form oder Normalform einer komplexen Zahl[1241 a].

[1241 a] Bei der Umrechnung der gewöhnlichen in die trigonometrische oder in die Kennellysche Form ist (1241 a) für den Rechenschieber nicht bequem. Man errechnet zuerst φ aus (1241 h) und dann Z aus (1241 i) oder (1241 k). Wer häufig solche Umrechnungen zu machen hat, verwendet mit Vorteil das von Wallot gegebene Rezept. Wallot, J.: Theorie der Schwachstromtechnik, S. 67. Berlin: Julius Springer 1932.

12

—.4) Stellt man die komplexe Zahl $\mathfrak{Z}$ nach § 123 durch einen Punkt mit den Koordinaten Z_x und Z_y geometrisch dar (Abb. 1241a), so erkennt man an (1241a) und unter Anwendung des Satzes von Pythagoras, daß der Betrag Z durch den Abstand des Punktes vom Koordinatennullpunkt ausgedrückt wird. Dabei ist allerdings Voraussetzung, daß die Zahl 1 auf beiden Achsen und auf der vom Koordinatennullpunkt zum $\mathfrak{Z}$ entsprechenden Punkt führenden Verbindungslinie durch dieselbe Strecke dargestellt wird. Weiter erkennt man, daß die Phase wiedergegeben wird durch den Winkel, um den diese Verbindungslinie gegenüber der positiven Hälfte der reellen Achse verdreht ist. Man hat hiezu nur (1241c u. d) auf die rechtwinkligen Dreiecke anzuwenden. Während eine komplexe Zahl in gewöhnlicher Form einen Punkt durch seine geradlinig-rechtwinkligen Koordinaten festlegt, bestimmt die tri-

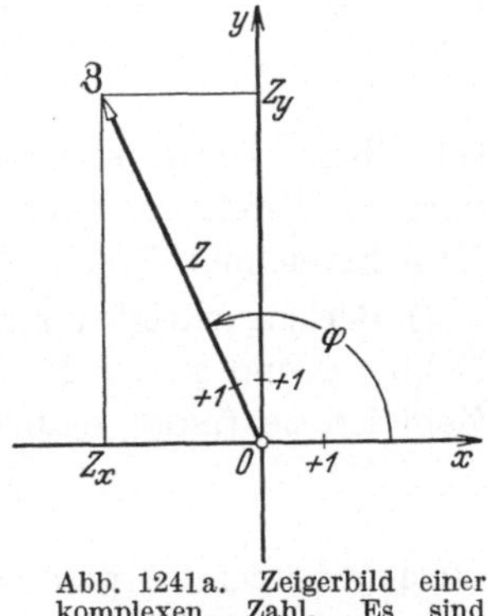

Abb. 1241a. Zeigerbild einer komplexen Zahl. Es sind $Z_x = -2{,}5$, $Z_y = 5{,}5$, $Z = 6{,}04$, $\varphi = 114°\,10'$.

gonometrische Form derselben komplexen Zahl denselben Punkt durch seine Polarkoordinaten.

—.5) In der gewöhnlichen Form hat eine komplexe Zahl die Gestalt einer Summe, in der trigonometrischen Form erscheint sie dagegen als Produkt. Der eine Faktor dieses Produktes ist der Betrag. Er bestimmt allein den Abstand des der komplexen Zahl entsprechenden Punktes vom Koordinatennullpunkt. Der zweite Faktor hat hierauf keinen Einfluß. Rechnet man seinen Betrag nach (1241a) aus, so findet man tatsächlich $+\sqrt{\cos^2\varphi + \sin^2\varphi} = 1$. Er legt dagegen ausschließlich den Winkel fest, um den der Punkt aus der reellen Achse verdreht ist. Er heißt deshalb Dreher oder Versor. Hat eine komplexe Zahl einen konstanten Betrag, aber eine veränderliche Phase und damit einen veränderlichen Dreher, so beschreibt der ihr entsprechende Punkt einen Kreis mit dem Koordinatennullpunkt als Mittelpunkt. Sind dagegen die Phase und damit der Versor konstant und ist der Betrag veränderlich, so bewegt sich der Punkt auf einem Strahl, der im Koordinatennullpunkt einsetzt.

—.6) Im Interesse einer kurzen Schreibweise setzt man nach einem Vorschlage von A. E. Kennelly[1241b]

$$\boxed{\underline{/\varphi} \equiv \cos\varphi + j\sin\varphi}^{\,1241c}. \qquad\qquad (1241\,\mathrm{m})$$

[1241b] Electr. Wld., N. Y. 23 (1894) S. 17.

[1241c] Statt $\underline{/\varphi}$ (sprich: Dreher φ) schreiben einige Autoren auch $\operatorname{cis}\varphi$.

Mit der Kennellyschen Schreibweise geht (1241 l) über in

$$\boxed{\mathfrak{Z} = Z\,\underline{/\varphi}}\,. \tag{1241 n}$$

Hierfür kann man nach (1241 g) auch

$$\boxed{\mathfrak{Z} = |\,\mathfrak{Z}\,|\,\underline{/\mathrm{arc}(\mathfrak{Z})}} \tag{1241 o}$$

schreiben. Die Kennellysche Schreibweise der trigonometrischen Form wird nachstehend kurz als Kennellysche Form einer komplexen Zahl bezeichnet [1241 a].

—.7) Berücksichtigt man, daß die Funktionen $\cos\varphi$ und $\sin\varphi$ für die Zahlen φ und $\varphi + k\,2\pi$ dieselben Werte annehmen, wenn k eine ganze Zahl ist, so findet man an Hand von (1241 m) die Beziehung

$$\underline{/\varphi} = \underline{/\varphi + k2\pi}\,, \quad k = \text{ganze Zahl}. \tag{1241 p}$$

Ferner berechnet man nach (1241 m) leicht folgende besondere Werte des Drehers.

$$\underline{/0} = \underline{/0^\circ} = 1\,; \quad \underline{/\pi/2} = \underline{/90^\circ} = j\,; \quad \underline{/-\pi/2} = \underline{/-90^\circ} = -j\,; \quad \underline{/\pi} = \underline{/180^\circ} = -1\,;$$

$$\underline{/2\pi/3} = \underline{/120^\circ} = -1/2 + j\sqrt{3}/2\,; \quad \underline{/4\pi/3} = \underline{/240^\circ} = -1/2 - j\sqrt{3}/2\,.$$

—.8) Sind zwei komplexe Zahlen einander gleich, so haben sie gleiche Realteile und Imaginärteile (§ 122.6). Nach den Formeln von § 1241.2 und § 1241.3 haben sie dann auch gleiche Beträge und gleiche Dreher. Umgekehrt folgt aus der Gleichheit der Beträge und Dreher auch die Gleichheit der Realteile und der Imaginärteile. Es gilt deshalb ohne Widerspruch mit § 122.6: **Zwei komplexe Zahlen sind einander dann und nur dann gleich, wenn sie gleiche Beträge und gleiche Dreher haben.** Die zwischen den beiden komplexen Zahlen $\mathfrak{Z}_1$ und $\mathfrak{Z}_2$ geltende Gleichung

$$\mathfrak{Z}_1 = \mathfrak{Z}_2 \tag{1241 q}$$

ist somit gleichwertig den zwei Gleichungen

$$|\,\mathfrak{Z}_1\,| = |\,\mathfrak{Z}_2\,| \quad \text{und} \quad \underline{/\mathrm{arc}(\mathfrak{Z}_1)} = \underline{/\mathrm{arc}(\mathfrak{Z}_2)}\,. \tag{1241 r u. s}$$

Wegen der Periodizität der trigonometrischen Funktionen Kosinus und Sinus folgt aus der Gleichheit der Dreher nicht die Gleichheit der Phasen, sondern nur

$$\mathrm{arc}(\mathfrak{Z}_1) = \mathrm{arc}(\mathfrak{Z}_2) + k2\pi\,. \tag{1241 t}$$

Man kann (1241 q) auch durch (1241 r u. t) ersetzen und sagen: **Zwei komplexe Zahlen sind einander dann und nur dann gleich, wenn sie gleiche Beträge haben und wenn ihre Phasen sich gleich sind oder sich um ganze Vielfache von 2π unterscheiden.**

Die Exponentialform.   § 1242

—.1) Es muß hier als bekannt vorausgesetzt werden, daß man trigonometrische Funktionen und Exponentialfunktionen durch Potenzreihen darstellen kann. Insbesondere wird hier davon ausgegangen, daß die Gleichungen

$$\sin\varphi = \frac{\varphi}{1} - \frac{\varphi^3}{1\cdot 2\cdot 3} + \frac{\varphi^5}{1\cdot 2\;\;3\cdot 4\cdot 5} - \frac{\varphi^7}{1\cdot 2\cdot 3\cdot 4\cdot 5\cdot 6\cdot 7} + \cdots, \quad (1242\,\text{a})$$

$$\cos\varphi = 1 - \frac{\varphi^2}{1\cdot 2} + \frac{\varphi^4}{1\cdot 2\cdot 3\cdot 4} - \frac{\varphi^6}{1\cdot 2\cdot 3\cdot 4\cdot 5\cdot 6} + \cdots, \quad (1242\,\text{b})$$

$$e^x = 1 + \frac{x}{1} + \frac{x^2}{1\cdot 2} + \frac{x^3}{1\cdot 2\cdot 3} + \frac{x^4}{1\cdot 2\cdot 3\cdot 4} + \cdots \quad (1242\,\text{c})$$

gelten. Multipliziert man (1242a) mit j und addiert man sie zu (1242b), so erhält man

$$\cos\varphi + j\sin\varphi = 1 + j\frac{\varphi}{1} - \frac{q^2}{1\cdot 2} - j\frac{\varphi^3}{1\cdot 2\cdot 3} + \frac{\varphi^4}{1\cdot 2\cdot 3\cdot 4} + j\frac{\varphi^5}{1\cdot 2\cdot 3\cdot 4\cdot 5} - \cdots.$$

Da nach (122a) j lediglich eine andere Schreibweise für $+\sqrt{-1}$ ist, findet man durch Ausmultiplikation die Gleichungen

$$(j\varphi)^2 = -\varphi^2, \qquad (j\varphi)^3 = -j\varphi^3, \qquad (j\varphi)^4 = \varphi^4, \qquad (j\varphi)^5 = i\varphi^5, \cdots.$$

Diese gestatten

$$\cos\varphi + j\sin\varphi = 1 + \frac{j\varphi}{1} + \frac{(j\varphi)^2}{1\cdot 2} + \frac{(j\varphi)^3}{1\cdot 2\cdot 3} + \frac{(j\varphi)^4}{1\cdot 2\cdot 3\cdot 4} + \frac{(j\varphi)^5}{1\cdot 2\cdot 3\cdot 4\cdot 5} + \cdots$$

zu schreiben. Setzt man vorübergehend $j\varphi = x$, so erkennt man, daß die rechte Seite dieser Gleichung die in (1242c) enthaltene Potenzreihe der Exponentialfunktion e^x ist. Es gilt daher die unter dem Namen **Eulersche Formel** bekannte Gleichung

$$\boxed{\cos\varphi + j\sin\varphi = e^{j\varphi}}. \quad (1242\,\text{d})$$

Damit geht (1241 l) über in

$$\boxed{\mathfrak{Z} = Z e^{j\varphi}}. \quad (1242\,\text{e})$$

Dies ist die **Exponentialform** einer komplexen Zahl. Der in ihr enthaltene Faktor $e^{j\varphi}$ ist der Dreher.

—.2) Die in § 1241.6 eingeführte Kennellysche Form einer komplexen Zahl kann man auch als Sonderschreibweise der Exponentialform ansprechen.

Konjugiert komplexe Zahlen.   § 125

—.1) Unterscheidet sich eine komplexe Zahl von einer andern komplexen Zahl nur durch das Vorzeichen des Imaginärteiles, so wird sie als zur andern **konjugiert** bezeichnet. Konjugiert bedeutet auf deutsch angefügt, gepaart. Nachfolgend werden konjugiert komplexe Zahlen durch das Zeichen ~ als solche kenntlich gemacht. Für die zu $\mathfrak{Z}$ konjugierte komplexe Zahl wird $\tilde{\mathfrak{Z}}$ [125a] (sprich: Z-konjugiert (komplex)) geschrieben. Da sich die Realteile von $\mathfrak{Z}$ und $\tilde{\mathfrak{Z}}$ nicht unterscheiden, gilt

$$\boxed{\mathfrak{Re}(\tilde{\mathfrak{Z}}) = \mathfrak{Re}(\mathfrak{Z})} \, . \tag{125a}$$

Definitionsgemäß gilt dagegen für die Zahlenwerte der Imaginärteile die Gleichung

$$\boxed{\mathfrak{Im}(\tilde{\mathfrak{Z}}) = -\mathfrak{Im}(\mathfrak{Z})} \, . \tag{125b}$$

Es ist beispielsweise die komplexe Zahl $Z_x + jZ_y$ konjugiert zu $Z_x - jZ_y$. Ebenso ist aber auch $Z_x - jZ_y$ zu $Z_x + jZ_y$ konjugiert.

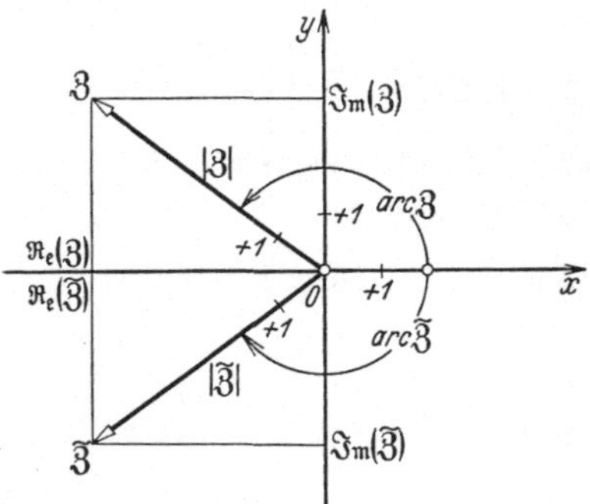

Abb. 125a. Zeigerbild der zueinander konjugierten komplexen Zahlen $\mathfrak{Z}$ und $\tilde{\mathfrak{Z}}$. Es sind $\mathfrak{Re}(\mathfrak{Z}) = -4$, $\mathfrak{Im}(\mathfrak{Z}) = 3$, $|\mathfrak{Z}| = 5$, $arc\,\mathfrak{Z} = 143°\,10'$.

—.2) Stellt man die beiden komplexen Zahlen $\mathfrak{Z}$ und $\tilde{\mathfrak{Z}}$ nach § 123 geometrisch dar, so liegen die beiden Punkte $\mathfrak{Z}$ und $\tilde{\mathfrak{Z}}$ spiegelbildlich zur reellen Achse (Abb. 125a). Man kann aus (1241a) oder aus der geometrischen Darstellung erkennen, daß zueinander konjugierte komplexe Zahlen denselben Betrag haben. Es gilt die Gleichung

$$\boxed{|\tilde{\mathfrak{Z}}| = |\mathfrak{Z}|} \, . \tag{125c}$$

Ferner entnimmt man aus (1241c u. d) oder aus der geometrischen Darstellung, daß die Phasen zweier zueinander konjugierter komplexer Zahlen entgegengesetztes Vorzeichen haben. Es gilt demnach die Gleichung

$$\boxed{arc(\tilde{\mathfrak{Z}}) = -arc(\mathfrak{Z})} \, . \tag{125d}$$

Komplexe Größen und ihre Veranschaulichung   § 126 durch Zeiger.

—.1) Das Produkt aus einem Zahlenwert (reine Zahl) und einer (dimensionsbehafteten) Einheit ist eine Größe (§ 111.2). Ganz entsprechend bezeichnen wir das Produkt aus einer komplexen Zahl und einer Einheit als komplexe Größe. Solche treten zwar in der Natur nicht unmittelbar auf. Sie haben aber mittelbar eine große Bedeutung. Es tritt nämlich häufig der Fall ein, daß es bequemer ist, einer wirklich vorhandenen

---

[125a] Häufig wird dafür auch $\mathfrak{Z}^*$ oder $\mathfrak{Z}_k$ geschrieben.

16

Größe einen gedachten Partner zuzufügen und mit beiden zusammen als komplexe Größe zu rechnen, statt mit der wirklichen Größe allein. Dieser Umstand liegt der komplexen Behandlung von Wechselstromproblemen zugrunde (§ 32).

—.2) Da die Einheiten wie als Faktoren auftretende Zahlen zu behandeln sind, hat man sie entweder zum Betrag oder zu Real- und Imaginärteil zu schlagen. Für den komplexen Widerstand $(300 + j\,800)\,\Omega$ ist beispielsweise $Z_x = 300\,\Omega$ und $Z_y = 800\,\Omega$. Die für komplexe Zahlen aufgestellten Formeln gelten somit ohne weiteres auch für komplexe Größen.

—.3) Wie komplexe Zahlen kann man auch komplexe Größen durch Zeiger veranschaulichen. Hierbei werden Größen beliebiger Dimension durch Längen wiedergegeben. Der Größe $\mathfrak{G}$ möge der Zeiger $\mathfrak{G}'$ entsprechen. Den Zusammenhang zwischen $\mathfrak{G}$ und $\mathfrak{G}'$ vermittelt der Maßstab M, nach dem die Abbildung entworfen ist. In Anlehnung an den bei technischen Zeichnungen und in der Kartographie bestehenden Brauch wollen wir festsetzen: Die wirkliche Größe geht durch Multiplikation mit dem Maßstab in den sie darstellenden Zeiger über. Dieser Satz lautet in Gleichungsform

$$\mathfrak{G}\,M = \mathfrak{G}'. \tag{126a}$$

Gilt im Sinne von § 111.2 $\mathfrak{G} = \{\mathfrak{G}\}\,[\mathfrak{G}]$ und $\mathfrak{G}' = \{\mathfrak{G}'\}\,[\mathfrak{G}']$, so folgt hieraus

$$\boxed{M = \frac{\{\mathfrak{G}'\}\,[\mathfrak{G}']}{\{\mathfrak{G}\}\,[\mathfrak{G}]}}. \tag{126b}$$

Hiernach ist der Maßstab selbst eine Größe. Es gilt daher der Ansatz

$$M = \{M\}\,[M]. \tag{126c}$$

Er hat den Zahlenwert

$$\{M\} = \frac{\{\mathfrak{G}'\}}{\{\mathfrak{G}\}} \tag{126d}$$

und die Einheit

$$[M] = \frac{[\mathfrak{G}']}{[\mathfrak{G}]}. \tag{126e}$$

—.4) Wird beispielsweise in Abb. 126a der Widerstand $800\,\Omega$ durch eine 2 cm lange Strecke abgebildet, so erhalten wir nach (126b) für den Maßstab

$$M = \frac{2\ \text{cm}}{800\ \Omega} = \frac{\text{cm}}{400\ \Omega}.$$

Ebenso erhalten wir für eine technische Zeichnung, die die Abmessungen eines Maschinenteiles im Verhältnis von 1 m auf 100 mm verkleinert,

$$M = \frac{100\ \text{mm}}{1\ \text{m}} = \frac{1}{10}.$$

Dieser Maßstab ist der Quotient von zwei Längen. Er hat somit keine Dimension, er ist eine reine Zahl. Seine Einheit ist die Einheit der gewöhnlichen Zahlen, also 1.

—.5) Statt daß man den Maßstab nach (126 b) in Form eines Quotienten angibt, zieht man häufig die Aussage vor, daß der Längeneinheit $[\mathfrak{G}']$ des gezeichneten Zeigers in Wirklichkeit die Größe $\frac{\{\mathfrak{G}\}}{\{\mathfrak{G}'\}}\,[\mathfrak{G}]$ entspreche. Im Interesse einer knappen Formulierung bedient man sich hierzu des Zeichens $\triangleq$ (sprich: entspricht)[126a] Für die obenerwähnten Beispiele erhalten wir so

$$1\ \mathrm{cm} \triangleq 200\,\Omega \quad \text{und} \quad 1\ \mathrm{mm} \triangleq 1\ \mathrm{cm}.$$

Diese Methode verwendet Abb. 126 b. Das Entsprechen kann man auch dadurch ausdrücken, daß man an eine bestimmte Strecke des Bildes die

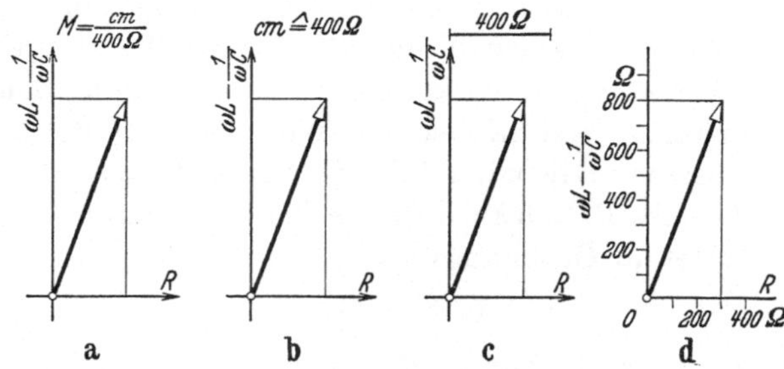

Abb. 126. Zeigerbilder des komplexen Scheinwiderstandes $(300 + j\,800)\,\Omega$ mit verschiedenen Methoden der Angaben des Maßstabes.

ihr in Wirklichkeit entsprechende Größe anschreibt, wie dies in Abb. 126 c geschehen ist.

—.6) Schließlich kann man Maßstäbe auch durch beschriftete Skalen angeben, wie dies Abb. 126 d zeigt. Da wir hier nur solche Bilder betrachten, in denen die wirklichen Größen den sie abbildenden Längen proportional sind, genügt die Angabe je eines Punktes auf jeder Achse. Üblich ist es, jenen Punkt hervorzuheben, durch dessen Abstand vom Nullpunkt die Einheit der wirklichen Größe abgebildet wird. Diese Methode wurde — zwar nicht für komplexe Größen, aber für komplexe Zahlen — in den Abb. 1241a usw. angewendet.

—.7) Nach (126 a) gehört zur Größe $\mathfrak{G}$ der Zeiger $\mathfrak{G}' = \mathfrak{G}M$. Wir werden aber der Einfachheit halber an die Zeiger stets das Zeichen der abzubildenden Größe $\mathfrak{G}$ und nicht das Zeichen $\mathfrak{G}'$ des Bildes anschreiben. Dies ist ja auch bei den Maßangaben technischer Zeichnungen üblich. Eine Abbildung, in der durch Zeiger Größen veranschaulicht werden, nennen wir **Zeigerbild**. Man sagt auch **Zeigerdiagramm** und **Vektordiagramm**.

[126a] Dieses Zeichen ist in Normblatt DIN 1302 in der angegebenen Bedeutung festgelegt.

Rechnungsregeln für komplexe Zahlen und komplexe Größen. §13

—.1) Für die komplexen Zahlen sind durch Verabredung Rechnungsregeln festzusetzen. Diese dürfen sich selbstverständlich nicht gegenseitig widersprechen, sie müssen vielmehr unter sich verträglich sein. Überdies dürfen sie auch mit den für die gewöhnlichen Zahlen geltenden Regeln nicht im Widerspruch stehen. Da eine komplexe Zahl, deren Imaginärteil Null wird, in eine gewöhnliche Zahl übergeht, müssen auch die für komplexe Zahlen vereinbarten Rechnungsregeln dann in die für die gewöhnlichen Zahlen geltenden Regeln übergehen, wenn alle Imaginärteile Null gesetzt werden. Es hat sich gezeigt, daß man dann ein lückenloses System von Rechnungsregeln erhält, wenn man unter Beachtung der Definition $j = +\sqrt{-1}$ und der Nichtzusammenzählbarkeit von 1 und j die für gewöhnliche Zahlen geltenden Regeln auf die komplexen Zahlen überträgt.

—.2) Nachstehend ist der Einfachheit halber stets nur von komplexen Zahlen die Rede. Alle Regeln gelten aber auch für komplexe Größen.

Addition. §131

—.1) Bei den reellen Zahlen bedeutet die Addition ein Weiterzählen um so viel, als die Summanden angeben. Überträgt man dies auf die komplexen Zahlen, so bedeutet die Addition ein Weiterzählen im reellen Teil und im imaginären Teil. Sind die in gewöhnlicher Form gegebenen komplexen Zahlen $\mathfrak{Z}_1, \mathfrak{Z}_2, \mathfrak{Z}_3 \ldots$ zu addieren, so gilt demnach die Gleichung

$$\boxed{\mathfrak{Z}_1 + \mathfrak{Z}_2 + \mathfrak{Z}_3 + \cdots = Z_{x_1} + Z_{x_2} + Z_{x_3} + \cdots + j(Z_{y_1} + Z_{y_2} + Z_{y_3} + \cdots)} \quad (131\,a)$$

Ein weiteres Zusammenziehen ist nicht möglich. Die Summe komplexer Zahlen ist im allgemeinen wieder eine komplexe Zahl. Der Realteil dieser komplexen Zahl ist die Summe der Realteile der Summanden und ihr Imaginärteil die Summe der Imaginärteile. Dies drücken die beiden Gleichungen aus

$$\mathfrak{Re}(\mathfrak{Z}_1 + \mathfrak{Z}_2 + \mathfrak{Z}_3 + \cdots) = Z_{x_1} + Z_{x_2} + Z_{x_3} + \cdots, \quad (131\,b)$$

$$\mathfrak{Im}(\mathfrak{Z}_1 + \mathfrak{Z}_2 + \mathfrak{Z}_3 + \cdots) = Z_{y_1} + Z_{y_2} + Z_{y_3} + \cdots. \quad (131\,c)$$

Man addiert komplexe Zahlen, indem man ihre Realteile und ihre Imaginärteile addiert.

—.2) Ganz gleich wie für die Addition reeller Zahlen gelten auch für die Addition komplexer Zahlen das Vertauschbarkeitsgesetz (kommutatives Gesetz)

$$\mathfrak{Z}_1 + \mathfrak{Z}_2 = \mathfrak{Z}_2 + \mathfrak{Z}_1 \quad (131\,d)$$

und das Verbindungsgesetz (assoziatives Gesetz)

$$\mathfrak{Z}_1 + (\mathfrak{Z}_2 + \mathfrak{Z}_3) = (\mathfrak{Z}_1 + \mathfrak{Z}_2) + \mathfrak{Z}_3. \quad (131\,e)$$

2*

—.3) Sind die komplexen Zahlen nicht in der gewöhnlichen Form gegeben, so können ebenfalls Rechnungsgesetze für die Addition aufgestellt werden. Die Gesetze werden jedoch nicht einfach und sind daher für praktische Rechnungen ungeeignet. Solche komplexe Zahlen werden deshalb zuerst auf die gewöhnliche Form umgerechnet, summiert und wieder zurückverwandelt.

—.4) In der geometrischen Darstellung entspricht dem Weiterzählen im reellen und im imaginären Teil ein Aneinanderreihen der Abszissen und der Ordinaten der die komplexen Zahlen wiedergebenden Punkte der Zeichnungsebene. Sind $\mathfrak{Z}_1$ und $\mathfrak{Z}_2$ zu addieren, so erfolgt dieses An-

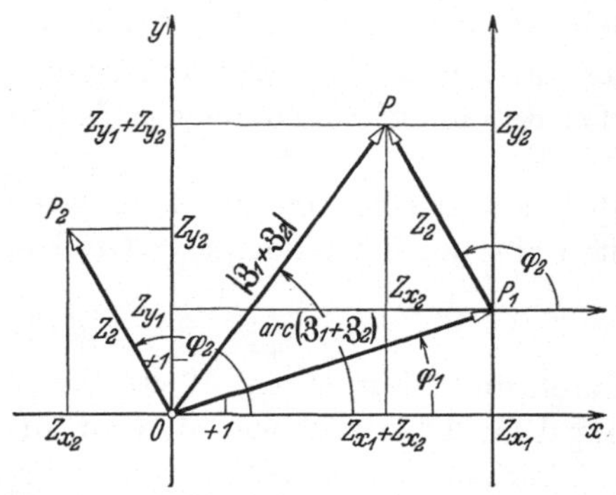

Abb. 131a. Addition der komplexen Zahlen $\mathfrak{Z}_1 = 6 + j\,2$ und $\mathfrak{Z}_2 = -2 + j\,3{,}5$ in geometrischer Darstellung.

einanderreihen der Koordinaten dadurch, daß man die für $\mathfrak{Z}_2$ geltende Zeichnung parallel verschiebt, bis der Nullpunkt in den $\mathfrak{Z}_1$ darstellenden Punkt P_1 fällt. Abb. 131a zeigt das Ergebnis dieses Vorgehens. Die den Betrag Z_2 darstellende Strecke OP_2 wird dabei auch parallel verschoben. Wir entnehmen der Abbildung, daß man von dem $\mathfrak{Z}_1$ darstellenden Punkte P_1 zu dem $\mathfrak{Z}_1 + \mathfrak{Z}_2$ darstellenden Punkte P durch zwei verschiedene Konstruktionen gelangen kann. Man kann entweder die Koordinaten Z_{x_2} und Z_{y_2} anreihen oder die dem Betrage Z_2 entsprechende Strecke so antragen, daß sie mit der Abszissenachse einen Winkel einschließt, der gleich der Phase φ_2 ist. Für die zeichnerische Durchführung der Addition ist es somit gleichgültig, ob die Summanden in der gewöhnlichen oder in einer andern Form gegeben sind.

—.5) Vertauscht man die Reihenfolge der beiden Summanden, so findet man für den $\mathfrak{Z}_2 + \mathfrak{Z}_1$ darstellenden Punkt P dieselbe Lage wie vorher in Übereinstimmung mit (131d).

—.6) Bilden wir die komplexen Zahlen durch Zeiger ab, so gilt für die Addition folgende Vorschrift, die wir Abb. 131a entnehmen: **Man findet den $\mathfrak{Z}_1 + \mathfrak{Z}_2$ darstellenden Zeiger, indem man von den $\mathfrak{Z}_1$ und $\mathfrak{Z}_2$ darstellenden Zeigern den einen durch Parallelverschieben so an den anderen anreiht, daß sein Fußpunkt in die Spitze des andern fällt. Der gesuchte Zeiger hat seinen Fußpunkt im Fußpunkt des nichtverschobenen und seine Spitze in der Spitze des verschobenen Zeigers.** Diese Konstruktion nennt man **geometrische Addition** und auch **vektorielle Addition.** Letzteres deshalb, weil die Addition der (räumlichen)

Vektoren nach derselben Vorschrift erfolgt. — Bei der zeichnerischen Ausführung der geometrischen Addition sucht man mit möglichst wenig Linien auszukommen. Liegen die beiden Zeiger $\mathfrak{Z}_1$ und $\mathfrak{Z}_2$ schon — mit dem Nullpunkt des Koordinatensystems als Fußpunkt — gezeichnet vor, so findet man die Spitze von $\mathfrak{Z}_1 + \mathfrak{Z}_2$ am einfachsten als Schnittpunkt der durch die Spitzen von $\mathfrak{Z}_1$ und $\mathfrak{Z}_2$ gezeichneten Parallelen zu $\mathfrak{Z}_2$ und $\mathfrak{Z}_1$. Abb. 131b zeigt diese Konstruktion. — Sind dagegen $\mathfrak{Z}_1$ und $\mathfrak{Z}_2$ zahlenmäßig gegeben,

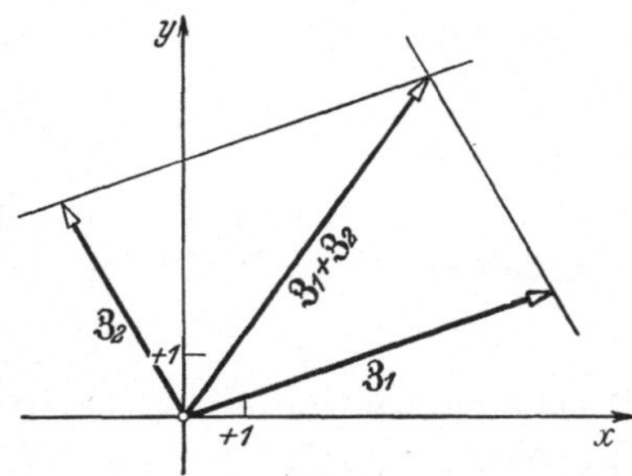

Abb. 131b. Konstruktion von $\mathfrak{Z}_1 + \mathfrak{Z}_2$, wenn die Zeiger $\mathfrak{Z}_1$ und $\mathfrak{Z}_2$ vorliegen.

so zeichnet man mit dem Nullpunkt als Fußpunkt zuerst den einen Zeiger auf. Dessen Spitze verwendet man als Fußpunkt für den andern. Abb. 131c zeigt diese Konstruktion.

—.7) Fassen wir den Realteil einer komplexen Zahl als komplexe Zahl mit zu Null gewordenem Imaginärteil auf und ebenso den Imaginärteil als komplexe Zahl mit zu Null gewordenem Realteil, so erscheint diese komplexe Zahl als Summe zweier komplexer Zahlen, deren Zeiger aufeinander senkrecht stehen (Abb. 131d zeigt ein Beispiel). Wir können somit

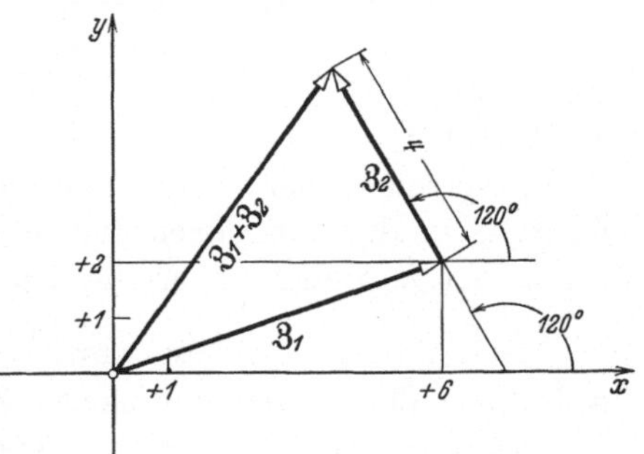

Abb. 131c. Konstruktion von $6 + j\,2 + 4\,\underline{/120°}$.

außer komplexen Zahlen auch reelle und imaginäre Zahlen (§ 122.5) durch Zeiger veranschaulichen.

—.8) Gilt $\mathfrak{Z} = \mathfrak{Z}_1 + \mathfrak{Z}_2$, so bezeichnet man $\mathfrak{Z}_1$ und $\mathfrak{Z}_2$ häufig als die Komponenten von $\mathfrak{Z}$, insbesondere dann, wenn sich die Phasen von $\mathfrak{Z}_1$ und $\mathfrak{Z}_2$ um 90° unterscheiden, wenn also die $\mathfrak{Z}_1$ und $\mathfrak{Z}_2$ veranschaulichenden Zeiger aufeinander senkrecht stehen. Das Wort Komponente ist ein lateinisches Kunstwort und bedeutet etwa Zusammensetzende.

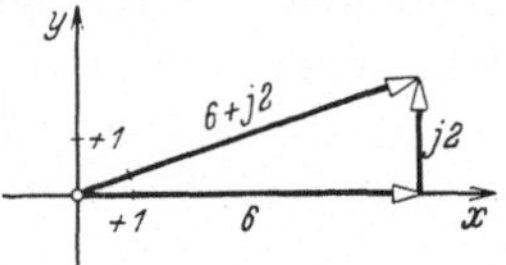

Abb. 131d. Zeigerbild einer komplexen Zahl, deren Realteil und Imaginärteil durch Zeiger dargestellt sind.

—.9) Sind mehrmals zwei komplexe Zahlen in geometrischer Darstellung zu addieren, so addiert man zuerst zwei, fügt dann die dritte hinzu und so weiter. Die Reihenfolge der Summanden spielt nach (131d) keine Rolle.

—.10) Sind zwei zueinander konjugiert komplexe Zahlen $\mathfrak{Z}$ und $\tilde{\mathfrak{Z}}$ zu addieren und sind beide in der gewöhnlichen Form gegeben, so wird nach (131a) unter Beachtung von (122c) und (122d)

$$\mathfrak{Z} + \tilde{\mathfrak{Z}} = \mathfrak{Re}(\mathfrak{Z}) + \mathfrak{Re}(\tilde{\mathfrak{Z}}) + j[\mathfrak{Im}(\mathfrak{Z}) + \mathfrak{Im}(\tilde{\mathfrak{Z}})].$$

Daraus finden wir unter Berücksichtigung von (125a) und (125b)

$$\boxed{\mathfrak{Z} + \tilde{\mathfrak{Z}} = 2\,\mathfrak{Re}(\mathfrak{Z})}. \tag{131f}$$

Sind dagegen $\mathfrak{Z}$ und $\tilde{\mathfrak{Z}}$ in der Kennellyschen Schreibweise gegeben, so erhalten wir nach (1241n), (125c) und (125d)

$$\mathfrak{Z} + \tilde{\mathfrak{Z}} = |\mathfrak{Z}|\,\underline{/\text{arc}\,\mathfrak{Z}} + |\mathfrak{Z}|\,\underline{/-\text{arc}\,\mathfrak{Z}}\,.$$

Dividieren wir durch $|\mathfrak{Z}|$, ersetzen wir dann die rechte Seite unter Beachtung von (1241g) mit Hilfe von (1241m), so finden wir mit Berücksichtigung der Vorzeichen

$$\boxed{\underline{/\text{arc}\,\mathfrak{Z}} + \underline{/-\text{arc}\,\mathfrak{Z}} = 2\cos(\text{arc}\,\mathfrak{Z})} \tag{131g}$$

und damit schließlich

$$\boxed{\mathfrak{Z} + \tilde{\mathfrak{Z}} = 2\,|\mathfrak{Z}|\,\cos(\text{arc}\,\mathfrak{Z})}. \tag{131h}$$

Subtraktion.   § 132

—.1) Entsprechend der Subtraktion reeller Zahlen erklärt man die Differenz $\mathfrak{Z}_1 - \mathfrak{Z}_2$ der komplexen Zahlen $\mathfrak{Z}_1$ und $\mathfrak{Z}_2$ als diejenige komplexe Zahl, zu der $\mathfrak{Z}_2$ addiert $\mathfrak{Z}_1$ ergibt. Die Definitionsgleichung lautet somit

$$(\mathfrak{Z}_1 - \mathfrak{Z}_2) + \mathfrak{Z}_2 = \mathfrak{Z}_1\,. \tag{132a}$$

Als Summe der beiden komplexen Zahlen $(\mathfrak{Z}_1 - \mathfrak{Z}_2)$ und $\mathfrak{Z}_2$ ist die linke Seite der Gleichung selbst eine komplexe Zahl. Da diese und die rechts des Gleichheitszeichens stehende komplexe Zahl einander gleich sein sollen, müssen sich ihre Realteile und die Imaginärteile gleich sein (§ 122.6). An Stelle von (132a) dürfen wir somit unter Beachtung von (122e)

$$\mathfrak{Re}(\mathfrak{Z}_1 - \mathfrak{Z}_2) + Z_{2x} = Z_{1x} \quad \text{und} \quad \mathfrak{Im}(\mathfrak{Z}_1 - \mathfrak{Z}_2) + Z_{2y} = Z_{1y}$$

schreiben. Da alle hier auftretenden Glieder reelle Zahlen sind, erhalten wir daraus die zwei Gleichungen

$$\mathfrak{Re}(\mathfrak{Z}_1 - \mathfrak{Z}_2) = Z_{1x} - Z_{2x}, \tag{132b}$$

$$\mathfrak{Im}(\mathfrak{Z}_1 - \mathfrak{Z}_2) = Z_{1y} - Z_{2y}. \tag{132c}$$

Fassen wir den Realteil und den Imaginärteil der Differenz wieder zusammen, so wird schließlich

$$\boxed{\mathfrak{Z}_1 - \mathfrak{Z}_2 = Z_{1x} - Z_{2y} + j(Z_{1y} - Z_{2y})}. \tag{132d}$$

Man subtrahiert komplexe Zahlen, indem man ihre Realteile und ihre Imaginärteile subtrahiert. Wie bei den reellen

Zahlen gelten das Vertauschbarkeits- und das Verbindungsgesetz (kommutatives und assoziatives Gesetz) bei der Subtraktion nicht.

—.2) Ist $\mathfrak{Z}_1$ Null, sind also sowohl Z_{1x} als auch Z_{1y} Null (§ 122.5), so schreiben wir wie bei reellen Zahlen, nachdem wir $\mathfrak{Z}_2$ in $\mathfrak{Z}$ umbenannt haben,

$$0 - \mathfrak{Z} = -\mathfrak{Z}.\tag{132e}$$

In Anwendung von (132b u. c) finden wir

und

$$\mathfrak{Re}(-\mathfrak{Z}) = -\mathfrak{Re}(\mathfrak{Z})\tag{132f}$$

$$\mathfrak{Im}(-\mathfrak{Z}) = -\mathfrak{Im}(\mathfrak{Z}).\tag{132g}$$

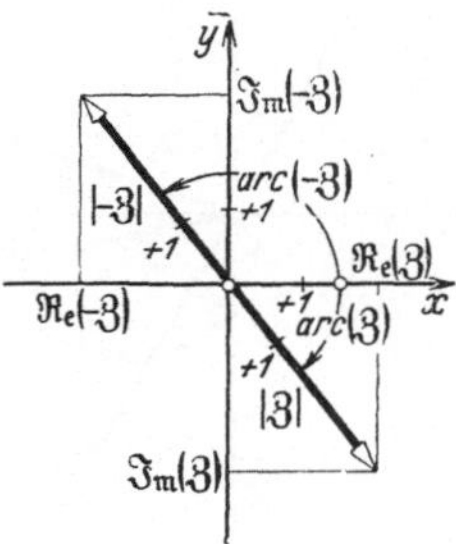

Abb. 132a. Zeigerbild der komplexen Zahlen $\mathfrak{Z} = 2 - j2{,}5$ und $-\mathfrak{Z}$ für $k = 0$.

Gilt beispielsweise $\mathfrak{Z} = 2 - j2{,}5$, so wird $\mathfrak{Re}(\mathfrak{Z}) = 2$ und nach § 122.4 $\mathfrak{Im}(\mathfrak{Z}) = -2{,}5$ und wir finden nach (132f u. g) $-\mathfrak{Z} = -2 + j2{,}5$. — Berechnen wir nach (1241a u. b) die Beträge $|-\mathfrak{Z}|$ und $|\mathfrak{Z}|$, indem wir außer (132b u. c) noch (122c u. d) beachten, so wird

$$|-\mathfrak{Z}| = |\mathfrak{Z}|.\tag{132h}$$

Berechnen wir weiter die Phasen $\mathrm{arc}(-\mathfrak{Z})$ und $\mathrm{arc}(\mathfrak{Z})$ nach § 1241.4, so finden wir

$$\mathrm{arc}(-\mathfrak{Z}) = \mathrm{arc}(\mathfrak{Z}) + 180^\circ + k\,360^\circ.\tag{132i}$$

Dabei kann k den Wert Null haben oder irgendeine beliebige ganze Zahl sein. Abb. 132a veranschaulicht diese Zusammenhänge.

—.3) Wir können (132d) in die Form

$$\mathfrak{Z}_1 - \mathfrak{Z}_2 = Z_{1x} + (-Z_{2x}) + j(Z_{1y} + (-Z_{2y}))$$

umschreiben und dann mit Hilfe von (132f u. g) den negativ genommenen Realteil und den negativ genommenen Zahlenwert des Imaginärteils von $\mathfrak{Z}_2$ durch den Realteil und den Zahlenwert des Imaginärteils von $-\mathfrak{Z}_2$ ersetzen. So erhalten wir

$$\boxed{\mathfrak{Z}_1 - \mathfrak{Z}_2 = \mathfrak{Z}_1 + (-\mathfrak{Z}_2)}.\tag{132k}$$

Statt eine komplexe Zahl zu subtrahieren, kann man die zu ihr negative komplexe Zahl addieren.

—.4) Für die geometrische Darstellung können wir sowohl nach (132d) wie nach (132k) konstruieren. Abb. 132b zeigt das Ergebnis.

—.5) Für den Fall, daß die komplexen Zahlen durch Zeiger abgebildet sind, können wir Abb. 132b entnehmen, daß man für die Ermittlung des die Differenz $\mathfrak{Z}_1 - \mathfrak{Z}_2$ darstellenden Zeigers den Zeiger $\mathfrak{Z}_2$ verkehrt — in bezug auf die Vorschrift von § 131.6 — an den Zeiger $\mathfrak{Z}_1$ anzureihen hat. Wir kommen so zu folgender Vorschrift: Man findet den $\mathfrak{Z}_1 - \mathfrak{Z}_2$ darstellenden Zeiger, indem man an den $\mathfrak{Z}_1$ den $\mathfrak{Z}_2$ darstellenden Zeiger durch Parallelverschieben so anreiht, daß beide Spitzen zusammenfallen. Der gesuchte

Zeiger hat seinen Fußpunkt im Fußpunkt des $\mathfrak{Z}_1$ und seine
Spitze im Fußpunkt des $\mathfrak{Z}_2$ darstellenden Zeigers. Diese
Konstruktion ist die geometrische Subtraktion.
Für die zeichnerische Durchführung sind wieder zwei
etwas verschiedene Wege möglich. — Liegen die beiden Zeiger $\mathfrak{Z}_1$ und $\mathfrak{Z}_2$ schon
mit dem Nullpunkt des Koordinatensystems als Fußpunkt gezeichnet vor, so
findet man die Spitze von $\mathfrak{Z}_1 - \mathfrak{Z}_2$ am einfachsten als
Schnittpunkt von zwei Hilfslinien. Die eine ist die
Parallele zu $\mathfrak{Z}_2$ durch die Spitze von $\mathfrak{Z}_1$. Die andere
trägt $\mathfrak{Z}_1 - \mathfrak{Z}_2$. Sie ist die durch den Nullpunkt gezogene Parallele zu der Geraden,
die durch die Spitzen von $\mathfrak{Z}_1$ und $\mathfrak{Z}_2$ geht. Abb. 132c
zeigt diese Konstruktion. — Sind dagegen $\mathfrak{Z}_1$ und $\mathfrak{Z}_2$
zahlenmäßig gegeben, so zeichnet man mit dem Nullpunkt als Fußpunkt $\mathfrak{Z}_1$ auf
und verwendet dessen Spitze als Spitze für $\mathfrak{Z}_2$. Abb. 132d
veranschaulicht dieses Vorgehen. — Beide Verfahren
hätten wir unter Benutzung der in § 132.1 gegebenen
Definition der Differenz unmittelbar aus den für die
Addition geltenden Konstruktionen herleiten können.

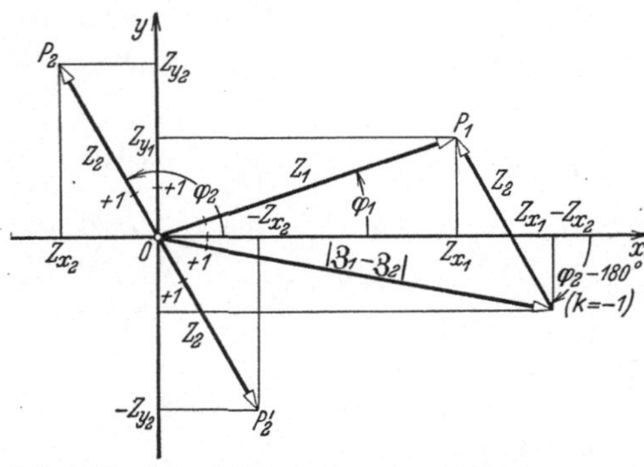

Abb. 132b. Subtraktion der komplexen Zahl $\mathfrak{Z}_2 = -2 + j\,3{,}5$ von der komplexen Zahl $\mathfrak{Z}_1 = 6 + j\,2$ in geometrischer Darstellung.

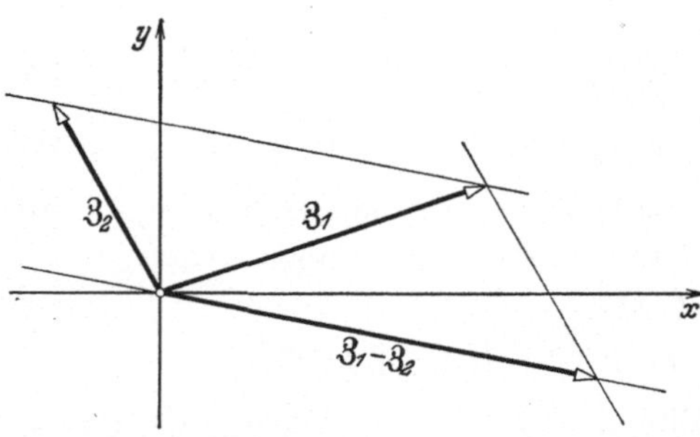

Abb. 132c. Konstruktion von $\mathfrak{Z}_1 - \mathfrak{Z}_2$, wenn die Zeiger $\mathfrak{Z}_1$ und $\mathfrak{Z}_2$ vorliegen.

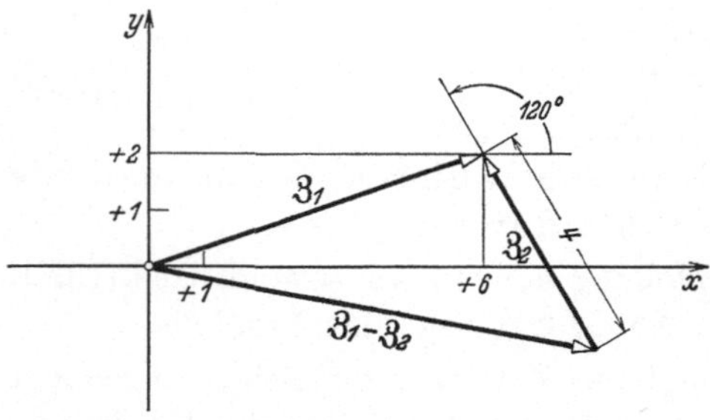

Abb. 132d. Konstruktion von $2 + j\,6 - 4\,\underline{/120°}$.

—.6) Für das Aufzeichnen des Zeigerbildes von Ausdrücken der Form

$$\mathfrak{Z} = \mathfrak{Z}_1 - \mathfrak{Z}_2 + \mathfrak{Z}_3 - \cdots + \cdots$$

hat man bald die Vorschrift der geometrischen Addition, bald die der
geometrischen Subtraktion anzuwenden. Zur Vermeidung von Flüchtig-

keitsfehlern ist es empfehlenswert, solche Ausdrücke auf die Form

$$\mathfrak{Z} = \mathfrak{Z}_1 + (-\mathfrak{Z}_2) + \mathfrak{Z}_3 + (-\cdots) + \cdots$$

umzuschreiben, um dann ausschließlich nach der Vorschrift der geometrischen Addition konstruieren zu können.

—.7) Ist die Differenz von zwei konjugiert komplexen Zahlen zu bilden, so findet man analog wie in § 131.6 die Gleichungen

$$\boxed{\mathfrak{Z} - \tilde{\mathfrak{Z}} = j\,2\,\mathfrak{Im}(\mathfrak{Z})}\,, \tag{132 l}$$

$$\boxed{/\mathrm{arc}\,\mathfrak{Z} - /-\mathrm{arc}\,\mathfrak{Z} = j\,2\sin(\mathrm{arc}\,\mathfrak{Z})}\,, \tag{132 m}$$

$$\mathfrak{Z} - \tilde{\mathfrak{Z}} = j\,2\,|\mathfrak{Z}|\sin(\mathrm{arc}\,\mathfrak{Z}). \tag{132 n}$$

Multiplikation.   § 133

—.1) Bei den reellen Zahlen wird das Produkt zweier Summen durch gliedweises Multiplizieren berechnet. Wenden wir dies auf komplexe Zahlen an, die in gewöhnlicher Form gegeben sind, so erhalten wir

$$(Z_{x_1} + j\,Z_{y_1})(Z_{x_2} + j\,Z_{y_2}) = Z_{x_1}Z_{x_2} + j\,Z_{y_1}Z_{x_2} + Z_{x_1}j\,Z_{y_2} + j\,Z_{y_1}j\,Z_{y_2}.$$

Berücksichtigen wir, daß das Quadrat der imaginären Einheit gemäß der Definition (122a) gleich -1 wird, und ordnen wir die verschiedenen Glieder, so erhalten wir als Produkt von zwei in gewöhnlicher Form gegebenen imaginären Zahlen $\mathfrak{Z}_1$ und $\mathfrak{Z}_2$ den Ausdruck

$$\boxed{\mathfrak{Z}_1\mathfrak{Z}_2 = Z_{x_1}Z_{x_2} - Z_{y_1}Z_{y_2} + j(Z_{x_1}Z_{y_2} + Z_{x_2}Z_{y_1})}\,. \tag{133 a}$$

Das Produkt zweier komplexer Zahlen ist somit im allgemeinen wieder eine komplexe Zahl.

—.2) Sind die beiden komplexen Zahlen in der Kennellyschen Form gegeben, so wird

$$\mathfrak{Z}_1\mathfrak{Z}_2 = Z_1 Z_2 \,/\varphi_1\,/\varphi_2\,.$$

Das Produkt der beiden Dreher $/\varphi_1$ und $/\varphi_2$ soll vorerst allein betrachtet werden. Berücksichtigen wir nach (1241 m) die Bedeutung der Dreher, so erhalten wir durch Ausmultiplizieren

$$\cos\varphi_1\cos\varphi_2 - \sin\varphi_1\sin\varphi_2 + j[\sin\varphi_1\cos\varphi_2 + \cos\varphi_1\sin\varphi_2]$$
$$= \cos(\varphi_1 + \varphi_2) + j\sin(\varphi_1 + \varphi_2).$$

Wenden wir für die rechts stehende komplexe Zahl wieder die Kennellysche Form an, so erhalten wir

$$\boxed{/\varphi_1\,/\varphi_2 = /\varphi_1 + \varphi_2} \tag{133 b}$$

und daraus dann

$$\boxed{\mathfrak{Z}_1\mathfrak{Z}_2 = Z_1 Z_2 \,/\varphi_1 + \varphi_2}\,. \tag{133 c}$$

Nach § 1241.8 folgt hieraus

$$|\mathfrak{Z}_1\mathfrak{Z}_2| = Z_1 Z_2 \quad \text{und} \quad \underline{/\mathrm{arc}(\mathfrak{Z}_1\mathfrak{Z}_2)} = \underline{/\varphi_1 + \varphi_2}. \qquad \text{(133d u. e)}$$

—.3) Sind die komplexen Zahlen in Exponentialform (1242e) gegeben, so findet man mit Anwendung der für reelle Produkte geltenden Rechenregeln

$$\mathfrak{Z}_1\mathfrak{Z}_2 = Z_1 Z_2\, e^{j(\varphi_1 + \varphi_2)}. \qquad \text{(133f)}$$

—.4) Die Einfachheit der Formeln (133c) und (133f) zeigt, daß sich die Kennellysche Form und die Exponentialform für die Multiplikation besonders eignen. **Man multipliziert komplexe Zahlen, indem man ihre Beträge multipliziert und ihre Phasen addiert.** Es kann leicht gezeigt werden, daß diese Regel auch dann noch gilt, wenn mehr als zwei komplexe Zahlen zu multiplizieren sind. Man kann sich ferner durch Ausrechnen leicht davon überzeugen, daß für die Multiplikation komplexer Zahlen wie bei der Multiplikation reeller Zahlen das Vertauschbarkeitsgesetz (kommutatives Gesetz)

$$\mathfrak{Z}_1\mathfrak{Z}_2 = \mathfrak{Z}_2\mathfrak{Z}_1, \qquad \text{(133g)}$$

das Verbindungsgesetz (assoziatives Gesetz)

$$\mathfrak{Z}_1(\mathfrak{Z}_2\mathfrak{Z}_3) = (\mathfrak{Z}_1\mathfrak{Z}_2)\mathfrak{Z}_3 \qquad \text{(133h)}$$

und das Verteilungsgesetz (distributives Gesetz)

$$\mathfrak{Z}_1(\mathfrak{Z}_2 + \mathfrak{Z}_3) = \mathfrak{Z}_1\mathfrak{Z}_2 + \mathfrak{Z}_1\mathfrak{Z}_3 \qquad \text{(133i)}$$

gelten.

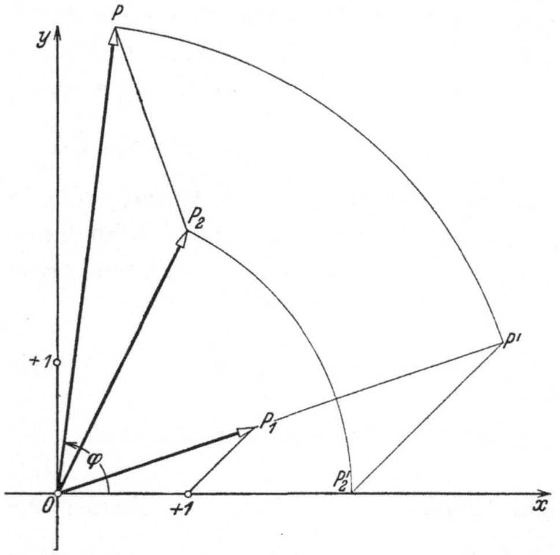

—.5) Die Gleichungen (133d) und (133e) deuten auch den Weg an, wie zwei komplexe Zahlen geometrisch zu multiplizieren sind. In Abb. 133a sind $\mathfrak{Z}_1$ und $\mathfrak{Z}_2$ nach § 123 geometrisch dargestellt. Er-

Abb. 133a. Geometrische Multiplikation der komplexen Zahlen $\mathfrak{Z}_1 = 1{,}5 + j\,0{,}5$ und $\mathfrak{Z}_2 = 1 + j\,2$. — Man macht $OP'_2 = |\mathfrak{Z}_2|$, zieht durch P'_2 die Parallele zu $(+1)\,P_1$, bringt sie zum Schnitt mit der Verlängerung von OP_1, dreht das so entstehende Dreieck OP'_2P' um φ_2 und erhält so das zu $O(+1)P_1$ ähnliche Dreieck OP_2P.

gänzt man $OP_2 = Z_2$ zu einem dem Dreieck $O(+1)P_1$ ähnlichen Dreieck OP_2P und bezeichnet man OP mit Z, so wird

$$\frac{Z}{Z_2} = \frac{Z_1}{1}.$$

Man erhält daraus für den Abstand Z die Gleichung

$$Z = Z_1 Z_2.$$

Anderseits ist der Winkel P_2OP der Phase φ_1 gleichgemacht. Bezeichnet man den Winkel $(+1)OP$ mit φ, so wird daher

$$\varphi = \varphi_2 + \varphi_1.$$

Der Punkt P entspricht somit einer komplexen Zahl, deren Betrag $Z = Z_1 Z_2$ und deren Phase $\varphi = \varphi_1 + \varphi_2$ ist. Der Punkt P ist daher die geometrische Darstellung der komplexen Zahl $\mathfrak{Z}_1 \mathfrak{Z}_2$. Damit ist gezeigt, wie das Produkt komplexer Zahlen geometrisch durch die Konstruktion ähnlicher Dreiecke gefunden werden kann.

—.6) Denken wir uns $\mathfrak{Z}_2$ und $\mathfrak{Z}_1 \mathfrak{Z}_2$ in Abb. 133a durch Zeiger OP_2 und OP veranschaulicht, dann zeigt sich, daß ein Zeiger $\mathfrak{Z}_2$ durch Multiplikation mit der komplexen Zahl $\mathfrak{Z}_1$ um $\mathrm{arc}(\mathfrak{Z}_1)$ verdreht und auf das $|\mathfrak{Z}_1|$fache gestreckt wird. Für $|\mathfrak{Z}_1| < 1$ wird er dagegen gestaucht. Man bezeichnet daher den Multiplikator eines Produktes, d. h. den Faktor, mit dem multipliziert wird — in unserem Beispiel $\mathfrak{Z}_1$ —, als Drehstrecker. Ein Drehstrecker vom Betrage 1 streckt und staucht nicht, er ist ein Dreher. Der Dreher $\underline{/\varphi}$ dreht um den Winkel φ, j dreht um $90°$ vorwärts, $-j$ um $90°$ rückwärts. Die imaginäre Einheit heißt deshalb auch rechtwinkliger Dreher.

—.7) Sollen insbesondere zwei zueinander konjugiert komplexe Zahlen miteinander multipliziert werden, so finden wir nach (133c) unter Berücksichtigung von (125c u. d)

$$\mathfrak{Z} \, \tilde{\mathfrak{Z}} = |\mathfrak{Z}|^2 \, \underline{/\mathrm{arc}(\mathfrak{Z}) - \mathrm{arc}(\mathfrak{Z})} = |\mathfrak{Z}|^2 \, \underline{/0}\,.$$

Da der Dreher Null den Wert $+1$ hat (§ 1241.7), wird schließlich

$$\boxed{\mathfrak{Z} \, \tilde{\mathfrak{Z}} = |\mathfrak{Z}|^2}\,. \tag{133k}$$

Man kann diese Zusammenhänge auch einer entsprechenden geometrischen Darstellung entnehmen.

Division.   § 134

—.1) Entsprechend der Division reeller Zahlen erklärt man den Quotienten $\dfrac{\mathfrak{Z}_1}{\mathfrak{Z}_2}$ der komplexen Zahlen $\mathfrak{Z}_1$ und $\mathfrak{Z}_2$ als diejenige komplexe Zahl, die mit $\mathfrak{Z}_2$ multipliziert $\mathfrak{Z}_1$ ergibt. Die Definitionsgleichung lautet somit

$$\left(\frac{\mathfrak{Z}_1}{\mathfrak{Z}_2}\right) \mathfrak{Z}_2 = \mathfrak{Z}_1\,. \tag{134a}$$

Als Produkt der beiden komplexen Zahlen $\dfrac{\mathfrak{Z}_1}{\mathfrak{Z}_2}$ und $\mathfrak{Z}_2$ ist die linke Seite der Gleichung selbst eine komplexe Zahl. Wir berechnen sie nach (133c) und finden unter Beachtung von (1241n, b u. g)

$$\left|\frac{\mathfrak{Z}_1}{\mathfrak{Z}_2}\right| Z_2 \, \underline{\bigg/\mathrm{arc}\!\left(\frac{\mathfrak{Z}_1}{\mathfrak{Z}_2}\right) + \varphi_2} = Z_1 \, \underline{/\varphi_1}\,.$$

Aus der Gleichheit der links und rechts stehenden komplexen Zahlen folgen die Gleichungen (§ 1241.8)

$$\left|\frac{\mathfrak{Z}_1}{\mathfrak{Z}_2}\right| Z_2 = Z_1 \quad \text{und} \quad \mathrm{arc}\!\left(\frac{\mathfrak{Z}_1}{\mathfrak{Z}_2}\right) + \varphi_2 = \varphi_1\,.$$

Da alle hier auftretenden Glieder reelle Zahlen sind, erhalten wir daraus die zwei Gleichungen

$$\left|\frac{\mathfrak{Z}_1}{\mathfrak{Z}_2}\right| = \frac{Z_1}{Z_2}, \tag{134b}$$

$$\mathrm{arc}\left(\frac{\mathfrak{Z}_1}{\mathfrak{Z}_2}\right) = \varphi_1 - \varphi_2. \tag{134c}$$

Wegen der Periodizität der Funktionen Kosinus und Sinus gilt

$$\underline{/\varphi_1 - \varphi_2 + k\,2\delta} = \underline{/\varphi_1 - \varphi_2},$$

und wir erhalten

$$\underline{/\mathrm{arc}\left(\frac{\mathfrak{Z}_1}{\mathfrak{Z}_2}\right)} = \underline{/\varphi_1 - \varphi_2}. \tag{134d}$$

Multiplizieren wir (134d) mit (134b), so wird schließlich

$$\boxed{\frac{\mathfrak{Z}_1}{\mathfrak{Z}_2} = \frac{Z_1}{Z_2}\,\underline{/\varphi_1 - \varphi_2}}. \tag{134e}$$

Schreiben wir dieses Ergebnis auf die Exponentialform um, so wird

$$\frac{\mathfrak{Z}_1}{\mathfrak{Z}_2} = \frac{Z_1}{Z_2}\,e^{j(\varphi_1 - \varphi_2)}. \tag{134f}$$

Diese Formel deckt sich mit der für die Division von Potenzen gewöhnlicher Zahlen geltenden Rechenregel. Die Einfachheit von (134e u. f) zeigt, daß sich die Kennellysche Form und die Exponentialform für die Ausführung der Division vorzüglich eignen. **Man dividiert komplexe Zahlen, indem man ihre Beträge dividiert und ihre Phasen subtrahiert.** Durch Ausrechnen kann man sich leicht davon überzeugen, daß wie bei der Division reeller Zahlen das Verteilungsgesetz (distributives Gesetz)

$$\frac{\mathfrak{Z}_1 + \mathfrak{Z}_2}{\mathfrak{Z}_3} = \frac{\mathfrak{Z}_1}{\mathfrak{Z}_3} + \frac{\mathfrak{Z}_2}{\mathfrak{Z}_3} \tag{134g}$$

gilt.

—.2) In Abb. 134a sind $\mathfrak{Z}_1$ und $\mathfrak{Z}_2$ geometrisch dargestellt. Ergänzt man $O(+1)$ zu einem dem Dreieck OP_2P_1 ähnlichen Dreieck $O(+1)P$ und bezeichnet man OP mit Z, so wird

$$\frac{Z}{1} = \frac{Z_1}{Z_2}$$

und man erhält für den Abstand Z die Gleichung

$$Z = \frac{Z_1}{Z_2}.$$

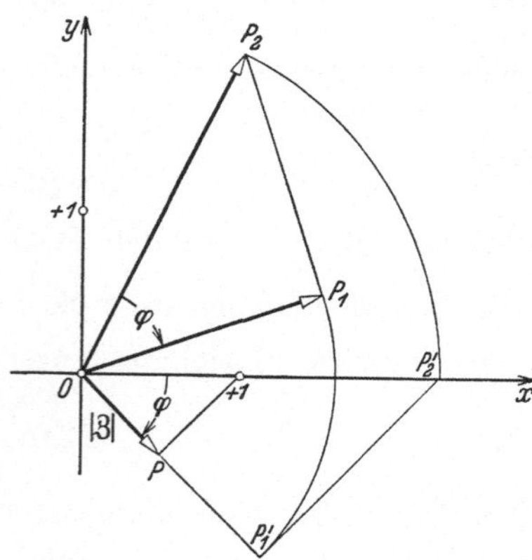

Abb. 134a. Geometrische Division der komplexen Zahlen $\mathfrak{Z}_1 = 1,5 + j\,0,5$ und $\mathfrak{Z}_2 = 1 + j\,2$. — Man dreht das Dreieck OP_2P_1 um $-\varphi_2$, zieht durch $+1$ auf der x-Achse die Parallele zu $P_2'P_1'$, bringt sie zum Schnitt mit OP_1' und erhält so das zu OP_2P_1 ähnliche Dreieck $O(+1)P$.

Anderseits ist der mit φ bezeichnete Winkel $(+1)OP$ dem Winkel P_2OP_1 gleichgemacht, und es wird somit

$$\varphi = -\varphi_2 + \varphi_1.$$

28

Der Punkt P entspricht somit einer komplexen Zahl, deren Betrag gleich $\dfrac{Z_1}{Z_2}$ und deren Phase gleich $\varphi_1 - \varphi_2$ ist, also $\dfrac{\mathfrak{Z}_1}{\mathfrak{Z}_2}$. Ähnlich wie das Produkt kann somit auch der Quotient von komplexen Zahlen geometrisch durch die Konstruktion eines ähnlichen Dreieckes gefunden werden.

—.3) Wir erweitern $\dfrac{\mathfrak{Z}_1}{\mathfrak{Z}_2}$ mit der zum Nenner konjugiert komplexen Zahl $\tilde{\mathfrak{Z}}_2$. Unter Beachtung von (133k) erhalten wir so

$$\boxed{\frac{\mathfrak{Z}_1}{\mathfrak{Z}_2} = \frac{\mathfrak{Z}_1 \tilde{\mathfrak{Z}}_2}{|\mathfrak{Z}_2|^2}}. \tag{134h}$$

Man kann somit einen Quotienten von komplexen Zahlen durch Erweitern mit der zum Nenner konjugiert komplexen Zahl in einen Quotienten mit reellem Nenner verwandeln. Von dieser Möglichkeit macht man häufig Gebrauch, wenn die beiden zu dividierenden komplexen Zahlen in gewöhnlicher Form gegeben sind. Sobald der Nenner reell ist, kann man das Ergebnis durch Ausscheiden des Realteiles und des Imaginärteiles in die gewöhnliche Form umschreiben. Mit $\mathfrak{Z}_1 = Z_{1x} + jZ_{1y}$ und $\mathfrak{Z}_2 = Z_{2x} + jZ_{2y}$ wird $\tilde{\mathfrak{Z}}_2 = Z_{2x} - jZ_{2y}$, und man erhält nach (134h)

$$\frac{Z_{1x} + jZ_{1y}}{Z_{2x} + jZ_{2y}} = \frac{Z_{1x}Z_{2x} + Z_{1y}Z_{2y}}{Z_{2x}^2 + Z_{2y}^2} + j\,\frac{Z_{2x}Z_{1y} - Z_{1x}Z_{2y}}{Z_{2x}^2 + Z_{2y}^2}. \tag{134i}$$

—.4) Aus (134c) folgt für $\mathfrak{Z}_1 = 1\underline{/0} = 1$ (§ 1241.7) und $\mathfrak{Z}_2 = \mathfrak{Z} = |\mathfrak{Z}|\,\underline{/\mathrm{arc}\,\mathfrak{Z}}$

$$\mathrm{arc}\left(\frac{1}{\mathfrak{Z}}\right) = -\,\mathrm{arc}(\mathfrak{Z}).$$

Mit Beachtung von (125d) wird daraus

$$\boxed{\mathrm{arc}\left(\frac{1}{\mathfrak{Z}}\right) = \mathrm{arc}(\tilde{\mathfrak{Z}})}. \tag{134k}$$

—.5) Soll insbesondere die komplexe Zahl $\mathfrak{Z}$ durch die zu ihr konjugiert komplexe Zahl $\tilde{\mathfrak{Z}}$ dividiert werden, so erhalten wir nach (134e) unter Berücksichtigung von (125c) und (125d)

$$\frac{\mathfrak{Z}}{\tilde{\mathfrak{Z}}} = \underline{/2\,\mathrm{arc}\,\mathfrak{Z}}. \tag{134\,l}$$

—.6) Es soll noch der Quotient von zwei Drehern bestimmt werden. Nach § 1241 ist ein Dreher eine komplexe Zahl, deren Betrag Eins ist. Wir erhalten deshalb durch Anwendung der Quotientenformel (134e)

$$\frac{\underline{/\varphi_1}}{\underline{/\varphi_2}} = \underline{/\varphi_1 - \varphi_2}. \tag{134m}$$

Ist die Phase des Zähler-Drehers Null, so wird dieser selbst nach § 1241.7 gleich Eins, und es gilt

$$\frac{1}{/\varphi} = /{-\varphi}\,.\qquad (134\,\mathrm{n})$$

Für den rechtwinkligen Dreher wird insbesondere

$$\boxed{\frac{1}{j} = -j}\,.\qquad (134\,\mathrm{o})$$

Potenzierung[135a].   § 135

—.1) Für einen positiven ganzzahligen Exponenten n könnte man die Potenz $\mathfrak{Z}^n$ wie bei reellen Zahlen als Produkt von n Faktoren $\mathfrak{Z}$ definieren. Es gilt dann

$$\mathfrak{Z}^n = \mathfrak{Z} \cdot \mathfrak{Z} \cdots \mathfrak{Z} \quad (n \text{ Faktoren } \mathfrak{Z}).\qquad (135\,\mathrm{a})$$

Verwendet man für $\mathfrak{Z}$ die hier sehr bequeme Exponentialform $Z e^{j(\varphi + k\,2\pi)}$ [135b], so erhält man durch wiederholte Anwendung der Multiplikationsregel (§ 133.4)

$$\boxed{\mathfrak{Z}^n = Z^n e^{j(\varphi + k\,2\pi)\,n}}\,.\qquad (135\,\mathrm{b})$$

Diese Gleichung ermöglicht auch dann eine Berechnung der Potenz, wenn n eine ganz beliebige reelle oder komplexe Zahl ist. Man betrachtet daher (135b) als eigentliche Definitionsgleichung der Potenz. —.2) Es sei die Potenz $\mathfrak{Z}_1^{\mathfrak{Z}_2}$ zu bestimmen. Wir verwenden hiezu $\mathfrak{Z}_1$ in der Exponentialform $Z_1 e^{j(\varphi_1 + k\,2\pi)}$ und $\mathfrak{Z}_2$ in der gewöhnlichen Form $Z_{2x} + j Z_{2y}$. Aus (135b) folgt dann

$$\mathfrak{Z}_1^{\mathfrak{Z}_2} = Z_1^{(Z_{2x} + j Z_{2y})}\, e^{j(\varphi_1 + k\,2\pi)(Z_{2x} + j Z_{2y})}\,.$$

Unter Verwendung des natürlichen Logarithmus des Betrages Z_1 gilt

$$Z_1 = e^{\ln(Z_1)},$$

und es wird dann

$$\mathfrak{Z}_1^{\mathfrak{Z}_2} = e^{\ln(Z_1)(Z_{2x} + j Z_{2y}) + j(\varphi_1 + k\,2\pi)(Z_{2x} + j Z_{2y})}\,.$$

Multiplizieren wir nun die Exponenten aus, so wird schließlich

$$\mathfrak{Z}_1^{\mathfrak{Z}_2} = e^{[\ln(Z_1)\cdot Z_{2x} - (\varphi_1 + k\,2\pi) Z_{2y}]}\, e^{j[\ln(Z_1) Z_{2y} + (\varphi_1 + k\,2\pi) Z_{2x}]}\,.\qquad (135\,\mathrm{c})$$

Die rechte Seite dieser Gleichung ist eine komplexe Zahl in Exponentialform. Die erste e-Potenz ist der Betrag, die zweite der Dreher. Die Potenz einer komplexen Zahl ist somit wieder eine komplexe Zahl, selbst wenn der Exponent eine komplexe Zahl ist. Das Ergebnis ist

---

[135a] Die §§ 135, 136 und 137 sollen lediglich zeigen, daß die sieben Grundoperationen im Gebiete der komplexen Zahlen möglich sind. Für das Verständnis der nachfolgenden Abschnitte sind sie belanglos.

[135b] Im Sinne von § 1241.3 ist hier der Summand $k\,2\pi$ zu berücksichtigen.

allerdings vieldeutig, da k Null oder jede ganze positive oder negative Zahl sein kann.

—.3) Wenden wir z. B. (135c) auf 1^j an, so finden wir mit $1 = 1\,e^{j(0+k2\pi)}$ und $j = 0 + j1$

$$1^j = e^{[0\cdot 0 - (0+k2\pi)1]}\,e^{j[0\cdot 1 + k2\pi\cdot 0]}$$

oder

$$1^j = e^{-k2\pi}. \qquad (135\,\mathrm{d})$$

Für $k = 1$, 0 und -1 erhalten wir die Werte 0,00187, 1 und 535,43.

Radizierung[135a].   § 136

—.1) Setzen wir wie bei reellen Zahlen

$$\boxed{\sqrt[n]{3} = 3^{\frac{1}{n}}}, \qquad (136\,\mathrm{a})$$

so wird nach (135b)

$$\boxed{\sqrt[n]{3} = Z^{\frac{1}{n}}\,e^{\,j\frac{\varphi+k2\pi}{n}}}. \qquad (136\,\mathrm{b})$$

Diese Gleichung betrachtet man als Definitionsgleichung, selbst wenn n eine komplexe Zahl ist.

—.2) Um $\sqrt[3_2]{3_1}$ zu berechnen, verwenden wir mit $3_2 = Z_{2x} + jZ_{2y}$ nach (134h) und nach § 125.1

$$\frac{1}{3_2} = \frac{Z_{2x} - jZ_{2y}}{Z_{2x}^2 + Z_{2y}^2}$$

und finden nach (135b)

$$\sqrt[3_2]{3_1} = e^{\frac{\ln(Z_1)\,Z_{2x} + (\varphi_1 + k2\pi)\,Z_{2y}}{Z_{2x}^2 + Z_{2y}^2}}\;e^{\,j\frac{-\ln(Z_1)\,Z_{2y} + (\varphi_1 + k2\pi)\,Z_{2x}}{Z_{2x}^2 + Z_{2y}^2}}. \qquad (136\,\mathrm{c})$$

Die Wurzel einer komplexen Zahl mit komplexen Wurzelexponenten ist somit eine vieldeutige komplexe Zahl.

—.3) Wenden wir z. B. (136b) auf $\sqrt[3]{1}$ an, so wird mit $1 = 1\,e^{j0}$

$$\sqrt[3]{1} = e^{\,j\frac{k2\pi}{3}}$$

oder nach (1242d)

$$\sqrt[3]{1} = \cos\left(\frac{k2\pi}{3}\right) + j\sin\left(\frac{k2\pi}{3}\right).$$

Wegen der Periodizität der Funktionen Sinus und Kosinus ergeben sich für alle möglichen Werte von k nur die drei Lösungen 1, $-\dfrac{1}{2} + j\dfrac{\sqrt{3}}{2}$, $-\dfrac{1}{2} - j\dfrac{\sqrt{3}}{2}$.

Logarithmierung[135a].   § 137

—.1) Wir definieren den natürlichen Logarithmus einer komplexen Zahl wie bei den reellen Zahlen durch die Gleichung

$$\boxed{e^{\ln 3} = 3}. \qquad (137\,\mathrm{a})$$

Wir machen für $\ln\mathfrak{z}$ versuchsweise den Ansatz

$$\ln\mathfrak{z} = \mathfrak{Re}(\ln\mathfrak{z}) + j\,\mathfrak{Im}(\ln\mathfrak{z}), \tag{137b}$$

und erhalten damit

$$e^{\mathfrak{Re}(\ln\mathfrak{z})+j\,\mathfrak{Im}(\ln\mathfrak{z})} = \mathfrak{z}.$$

Verwenden wir für $\mathfrak{z}$ wieder die Exponentialform $Z\,e^{j(\varphi+k2\pi)}$, so wird

$$e^{\mathfrak{Re}(\ln\mathfrak{z})}\,e^{j\,\mathfrak{Im}(\ln\mathfrak{z})} = Z\,e^{j(\varphi+k2\pi)}.$$

Von der linken Seite ist die erste e-Potenz ein Betrag, die zweite ein Dreher. Die Gleichung zerfällt somit in

$$e^{\mathfrak{Re}(\ln\mathfrak{z})} = Z$$

und

$$e^{j\,\mathfrak{Im}(\ln\mathfrak{z})} = e^{j(\varphi+k2\pi)}.$$

Daraus finden wir

$$\mathfrak{Re}(\ln\mathfrak{z}) = \mathrm{Ln}\,Z$$

und

$$\mathfrak{Im}(\ln\mathfrak{z}) = \varphi + k2\pi.$$

Der Ansatz nach (137b) ist dadurch gerechtfertigt und wir finden

$$\boxed{\ln\mathfrak{z} = \mathrm{Ln}\,Z + j(\varphi + k2\pi)}. \tag{137c}$$

—.2) Berechnen wir mit dem Ansatz $Z = Z\,e^{j0}$ den Logarithmus einer positiven reellen Zahl nach (137c), so finden wir

$$\ln Z = \mathrm{Ln}\,Z + j\,k2\pi. \tag{137d}$$

Daraus erkennen wir, daß wir unter dem in (137c) stehenden $\mathrm{Ln}\,Z$ nur den Hauptwert des Logarithmus zu verstehen haben, der sich für $k = 0$ ergibt.

—.3) Für den Logarithmus einer negativen reellen Zahl vom Betrage Z finden wir mit Hilfe des Ansatzes $-Z = Z\,e^{j\pi}$ nach (137c)

$$\ln(-Z) = \mathrm{Ln}\,Z + j(\pi + 2k\pi). \tag{137e}$$

So finden wir z. B. für den Hauptwert von $\ln(-10)$ als Ergebnis

$$\mathrm{Ln}(-10) = 2{,}30259 + j\pi.$$

—.4) Nun wollen wir noch den Logarithmus von $\mathfrak{z}_1$ zur Basis $\mathfrak{z}_2$ untersuchen. Es gilt die Definitionsgleichung

$$\mathfrak{z}_2^{\,\mathfrak{z}_2\log\mathfrak{z}_2} = \mathfrak{z}_1. \tag{137f}$$

Ersetzen wir hier $\mathfrak{z}_2$ durch $e^{\ln\mathfrak{z}_2}$, so finden wir

$$(e^{\ln\mathfrak{z}_2})^{\mathfrak{z}_2\log\mathfrak{z}_2} = \mathfrak{z}_1 \quad\text{und}\quad e^{(\ln\mathfrak{z}_2\,\cdot\,\mathfrak{z}_2\log\mathfrak{z}_2)} = \mathfrak{z}_1.$$

Nehmen wir beidseitig den natürlichen Logarithmus, so wird

$$\ln\mathfrak{z}_2 \cdot {}^{\mathfrak{z}_2}\!\log\mathfrak{z}_2 = \ln\mathfrak{z}_1$$

und daraus schließlich mit (137 c)

$$\mathcal{3}_1\log\mathcal{3}_2 = \frac{\operatorname{Ln} Z_1 + j(\varphi_1 + 2k\pi)}{\operatorname{Ln} Z_2 + j(\varphi_2 + 2k\pi)} \cdot \qquad (137\,\mathrm{g})$$

Es ist somit der Logarithmus einer komplexen Zahl zu einer komplexen Basis eine vieldeutige komplexe Zahl.

Einige Grundbegriffe und Grundgesetze der Elektrizitätslehre. § 2

—1.) Die Vorbedingung für die richtige Lösung eines Problems mit irgendwelchen mathematischen Mitteln ist ein richtiger Ansatz der Ausgangsgleichung. Hierzu gelangt man nur, wenn man über präzise Formulierungen der Grundgesetze und genaue Definitionen der darin enthaltenen Größen verfügt. Einige der für die Wechselstromtechnik wichtigsten Grundbegriffe und Grundgesetze werden nachstehend zusammengestellt. Eine gewisse Breite der Darstellung kommt dort zur Anwendung, wo erfahrungsgemäß unpräzise Auffassungen und Formulierungen häufig sind.

Einige Grundbegriffe. § 21

Der Zweipol. § 211

—1.) Ein elektrischer Stromkreis besteht aus verschiedenen Stromzweigen, Stromkreisteilen oder Stromkreiselementen. Diese sollen hier mit Zweipol[211a] bezeichnet werden. Es sei definiert: Ein Zweipol ist ein Stück eines Stromkreises, das beidseitig durch je einen Pol (Klemme) abgegrenzt ist. Beispielsweise können Widerstände, Spulen, Apparate oder ganze Maschinen Zweipole sein. Zeichnerisch wird ein Zweipol durch eines der in Abb. 211a gezeigten Symbole dargestellt. Ein elektrisches Schaltungsschema ist ein Plan, der angibt, wie die einzelnen Zweipole zu einer Schaltung verbunden sind.

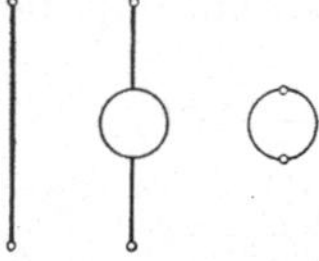

Abb. 211a. Drei graphische Symbole für einen nicht näher bestimmten Zweipol.

Der Bezugssinn. § 212

Begriff und Angabe des Bezugssinnes. § 2121

—1.) Für die meisten bei Wechselstromproblemen auftretenden Größen, wie elektrische Ströme, elektrische Feldstärken, elektrische Spannungen, magnetische Induktionen, Induktionsflüsse, magnetische Feldstärken,

---

[211a] Der Zweipol ist ein Begriff, der sich in der fernmeldetechnischen Literatur durchzusetzen beginnt. Er ersetzt die Ausdrücke Stromzweig, Stromkreisteil und ähnliche in vielen Fällen so vorteilhaft, daß es sich rechtfertigt, ihn auch in die allgemeine Elektrizitätslehre einzuführen.

magnetische Spannungen, elektrische Durchflutungen, Drehwinkel, Drehzahlen und Drehmomente sind am Orte ihres Auftretens zwei einander entgegengesetzte Richtungssinne ihres Bestehens möglich. Davon kommt die eine der betreffenden Größe zu, wenn diese positiv, und die andere, wenn sie negativ ist. Soll die Angabe des Vorzeichens des Wertes einer Größe einen bestimmten Sinn haben, so muß festgesetzt sein, welcher der beiden möglichen Richtungssinne den positiven Werten entspricht. Mit andern Worten, es muß angegeben sein, auf welchen Richtungssinn eine Aussage Bezug hat, der Bezugssinn[2121a] muß festgelegt sein.

—2.) Wir definieren: Der Bezugssinn einer Größe ist diejenige Richtung, die der Größe dann zukommt, wenn ihr Wert positiv ist. Ist der Wert einer Größe negativ, so ist ihre Richtung dem Bezugssinn entgegengesetzt.

—.3) Für die Angabe des Bezugssinnes sind Bezugspfeile und Doppelindexe gebräuchlich. Bald ist die eine, bald die andere der beiden Methoden bequemer.

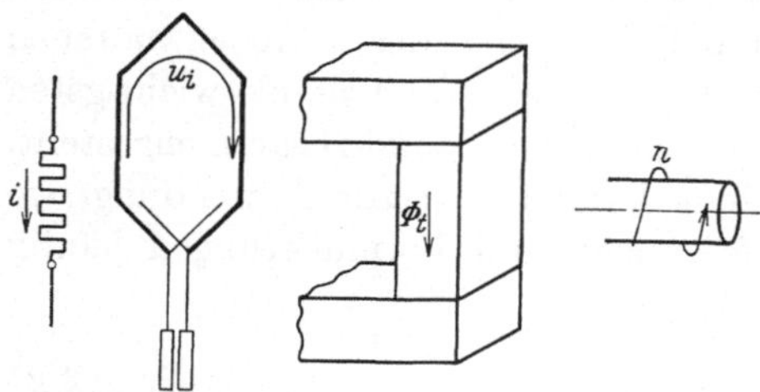

Abb. 2121a. Verwendung von Bezugspfeilen zur Angabe des Bezugssinnes eines in einem Widerstande fließenden Stromes i, einer in einer offenen Ankerspule induzierten Spannung u_i, eines in einer Transformatorsäule bestehenden Induktionsflusses Φ_t und der Drehzahl n einer Welle.

—.4) Nach der ersten Methode wird der Bezugssinn (positive Richtung) einer Größe in einer mehr oder weniger schematisierten Zeichnung der betrachteten Vorrichtung durch einen eingetragenen Pfeil angedeutet. Dieser Pfeil heißt Bezugspfeil[2121b]. Abb. 2121a veranschaulicht einige Anwendungsbeispiele.

Abb. 2121b. Festlegung von Fixpunkten A und B an einem Widerstand zwecks Angabe des Bezugssinnes durch einen Doppelindex.

—.5) Nach der zweiten Methode wird der Bezugssinn einer Größe durch den Hinweis auf die in diesem Richtungssinn bestehende Aufeinanderfolge von zwei Fixpunkten festgelegt. Hierzu werden den beiden Fixpunkten Buchstaben zugeordnet und diese dann in der gewünschten Reihenfolge als Doppelindex an das Buchstabensymbol angehängt, das die zu beschreibende Größe kennzeichnet. Die beiden Fixpunkte bezeichnen wir als Anfangs- und Endpunkt des Zweipoles. Der Buchstabe des Anfangspunktes erscheint als erster, der

<hr>

[2121a] Die Bezeichnung Bezugssinn findet sich erstmals bei Albert von Brunn: Die Bedeutung des Bezugssinnes im Vektordiagramm. Bull. schweiz. elektrotechn. Ver. 13 (1922) S. 385 u. 449. Statt Bezugssinn sagt man häufig, aber weniger deutlich, positiver Zählsinn. Im Französischen heißt es sens positif.

[2121b] Die Bezeichnung Bezugspfeil führte ebenfalls Albert von Brunn ein, s. [2121a]. Man sagt auch Zählpfeil.

Buchstabe des Endpunktes als zweiter im Doppelindex. Der Bezugssinn eines Stromes i_{BA} verläuft demnach von B nach A (Abb. 2121 b).

—6.) Einen besondern Namen führt der Bezugssinn eines ganzen Stromkreises oder magnetischen Kreises. Wir definieren: Der Bezugssinn einer Größe, die längs einer Masche (d. h. längs eines in sich selbst zurückführenden Weges) besteht, heißt Maschenumlaufsinn. Er kann ebenfalls durch einen Bezugspfeil festgelegt werden. Ein Anwendungsbeispiel zeigt Abb. 2121 c. Dagegen versagt hier die Methode der Doppelindexe. Zur eindeutigen Festlegung des Maschenumlaufsinnes müs-

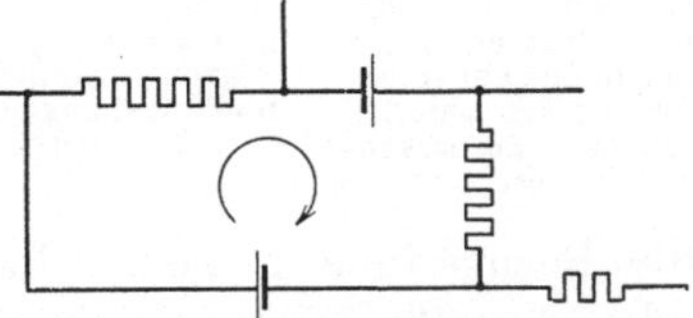

Abb. 2121 c. Festlegung des Maschenumlaufsinnes durch einen Bezugspfeil.

sen mindestens drei Fixpunkte gewählt werden, was auf einen dreifachen Index führt. Diese Komplikation läßt sich vermeiden, indem man als Index ein mit einer Pfeilspitze versehenes Kreislein verwendet. So legen beispielsweise die Angaben $\Phi_{\circlearrowright}$ und Φ_{ABC} für die in Abb. 2121 d dargestellte Lage der Fixpunkte denselben Maschenumlaufsinn fest.

—.7) Wird ein und dieselbe physikalische Erscheinung durch zwei Größen mit entgegengesetztem Bezugssinn

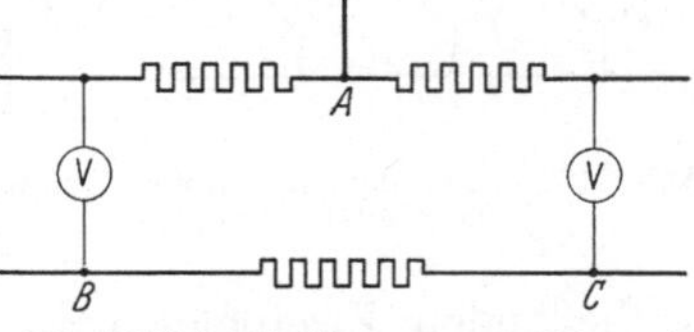

Abb. 2121 d. Festlegung von Fixpunkten A, B und C an einem in sich geschlossenen Stromkreis zwecks Angabe des Maschenumlaufsinnes durch einen dreifachen Index.

ausgedrückt, so folgt aus der Definition des Bezugssinnes, daß diese beiden Größen einander entgegengesetzt gleich sind

$$\boxed{g_{AB} = -g_{BA}}\,. \tag{2121a}$$

Bei Umkehrung des Bezugssinnes ist das Vorzeichen der Größe zu tauschen. Fließt beispielsweise in Abb. 2121 b ein elektrischer Strom von der Stärke 5 A von links nach rechts, so ist er für den Bezugssinn AB positiv. Es besteht somit die eine Gleichung $i_{AB} = (+)\,5\,\text{A}$. Anderseits ist er für den Bezugssinn BA negativ. Dies führt zu der zweiten Gleichung $i_{BA} = -5\,\text{A}$. Eliminieren wir aus beiden Ausdrücken 5 A, so finden wir in Übereinstimmung mit (2121 a) $i_{AB} = -i_{BA}$.

Der Bezugssinn im Schaltungsschema. § 2122

—1.) Bestehen längs eines Zweipols verschiedene Größen, denen eine Richtung zukommt, in einem Widerstand, z. B. Strom und Spannung, so ist es im allgemeinen am bequemsten und daher zu empfehlen, für alle diese Größen denselben Richtungssinn als positiv zu betrachten, d. h. für alle einen gemeinsamen Bezugssinn zu verwenden. Es ist

dann zu dem Zweipol nur ein einziger Bezugspfeil zu zeichnen (Abb. 2122a),
oder die Buchstabensymbole der verschiedenen Größen erhalten dann

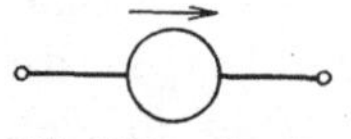

Abb. 2122 a. Der Bezugspfeil eines Zweipoles legt einen für alle in ihm auftretenden Größen gemeinsamen Bezugssinn fest.

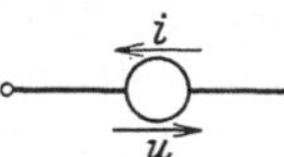

Abb. 2122b. Entgegengesetzte Bezugssinne für Strom i und Spannung u eines Zweipoles.

alle denselben Doppelindex. Das Gegenteil davon sind entgegengesetzte Bezugssinne (Abb. 2122b). —2.) Sind mehrere Zweipole zwischen zwei Sammelschienen oder Knotenpunkten parallel geschaltet, so ist es in vielen Fällen bequem, ihnen

die Bezugssinne so zuzuordnen, daß für alle dieselbe Sammelschiene
oder derselbe Knoten Anfangspunkt und die andere Sammelschiene

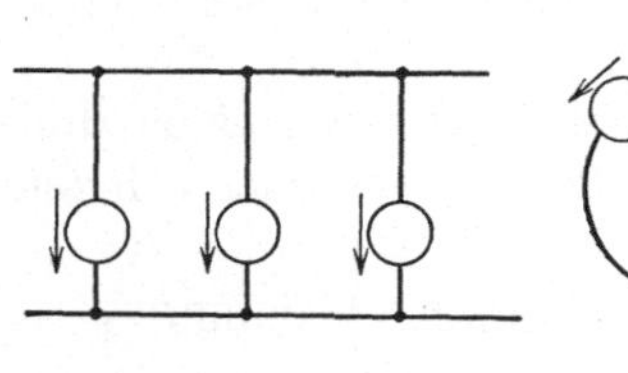

Abb. 2122c.   Parallele Bezugssinne für parallel geschaltete Zweipole.

oder der andere Knoten Endpunkt wird (Abb. 2122c). So verteilte Bezugssinne wollen wir als zueinander parallel bezeichnen. Sind mehrere Zweipole in Reihe geschaltet, so ist es oft bequem, ihnen Bezugssinne so zuzuordnen, daß der Endpunkt des einen Zweipoles zum Anfangspunkt des an

schließenden Zweipoles wird (Abb. 2122d). So festgelegte Bezugssinne bezeichnen wir als fortlaufend. Die beiden Bezugssinne von

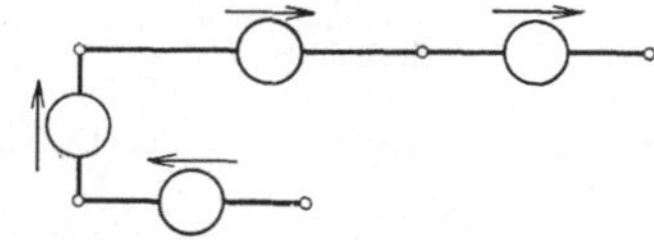

Abb. 2122d.   Fortlaufende Bezugssinne für in Reihe geschaltete Zweipole.

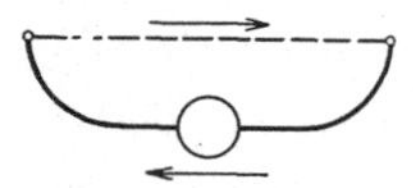

Abb. 2122 e.   Gegenparallele Bezugssinne eines Zweipoles.

Abb. 2122e verbinden dieselben Klemmen. Wir bezeichnen sie insbesondere als gegenparallel.

—.3) Für eine nur aus Zweipolen bestehende Masche sind fortlaufende
und parallele Bezugssinne Festsetzungen, die sich gegenseitig ausschlie

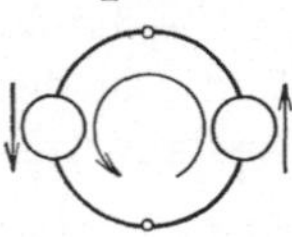

Abb. 2122f.   Die beiden Bezugssinne laufen mit dem Maschenumlaufsinn.

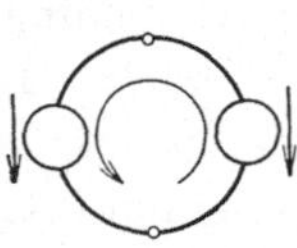

Abb. 2122g.   Ein Bezugssinn läuft dem Maschenumlaufsinn entgegen.

ßen. In Abb. 2122f laufen beide Bezugssinne mit dem Maschenumlaufsinn; in Abb. 2122g läuft dagegen ein Bezugssinn dem Maschenumlaufsinn entgegen. —.4) Sind ein elektrischer und ein magnetischer Kreis miteinander ver

kettet, so setzen die Gesetze, die die elektrischen und die magnetischen
Größen miteinander verknüpfen, voraus, daß die Bezugssinne der beiden
Kreise einander nach einer Rechtsschraubung[2122 a] zugeordnet sind.

[2122 a] Die Rechtsschraubung und verwandte Begriffe legt Normblatt DIN 1312 fest.

Dieser entspricht das Rechtsgewinde, mit dem die normalen Schrauben und die Korkzieher und Bohrer ausgerüstet sind. Dreht man eine solche Schraube bei festgehaltener Mutter oder die Mutter bei festgehaltener Schraube nach rechts oder nach links herum, so entsprechen sich die Drehrichtung und die Fortschreitungsrichtung des bewegten Teiles nach einer Rechtsschraubung (Abb. 2122 h).

—5.) Ist der Bezugssinn eines Teiles des elektrischen oder magnetischen Kreises festgesetzt, so findet man den ihm nach einer Rechtsschraubung zugeordneten Maschenumlaufsinn des andern Kreises auf folgende Weise. Man versieht denjenigen Kreis, für den der Bezugssinn eines Teiles feststeht, mit einem gleichlaufenden Maschenumlaufsinn und denkt sich in den andern Kreis, dessen Maschenumlaufsinn zu bestimmen ist, eine Schraube in der Längsrichtung eingeschraubt (Abb. 2122 i u. 2122 k). Dreht man

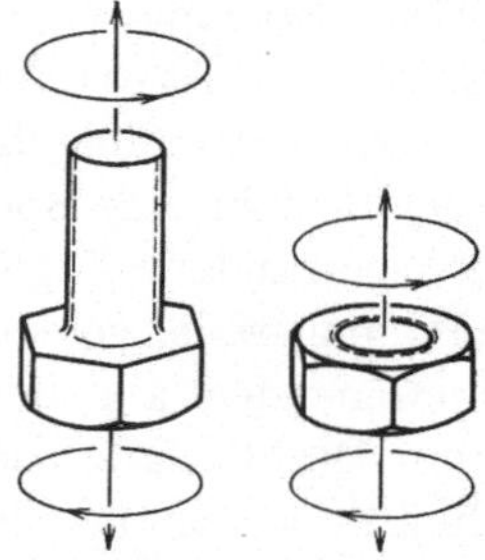

Abb. 2122 h. Drehrichtung und Fortschreitungsrichtung einer bewegten Schraube oder Mutter mit Rechtsgewinde entsprechen sich nach einer Rechtsschraubung.

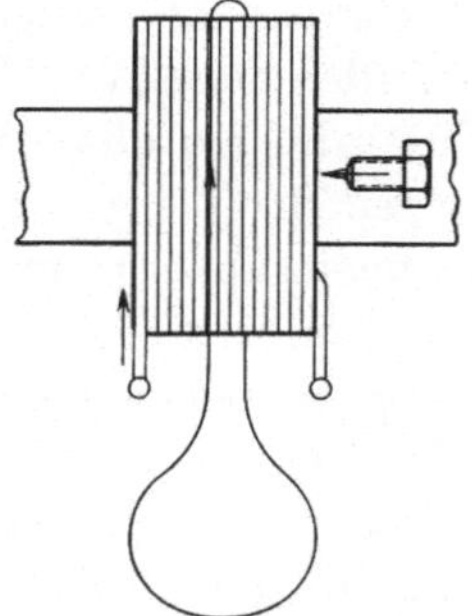

Abb. 2122 i. Gegeben ist der Bezugssinn des Spulendrahtes, gesucht ist der Bezugssinn des Eisenkernes.

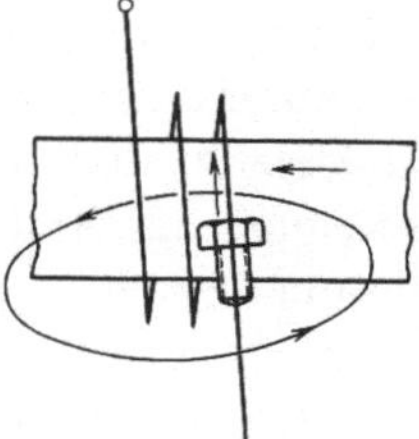

Abb. 2122 k. Gegeben ist der Bezugssinn des Eisenkernes, gesucht ist der Bezugssinn des stromführenden Drahtes.

die Schraube in Richtung des Maschenumlaufsinnes des ersten Kreises, so gibt ihr Fortschreitungssinn den gesuchten Bezugs- oder Maschenumlaufsinn.

—6.) Werden in einem Schaltungsschema einlagige, rechtsgewickelte Spulen gezeichnet, so kann man die beiden sich nach einer Rechtsschraube entsprechenden Bezugssinne der Wicklung und des magnetischen Kernes durch einen einzigen

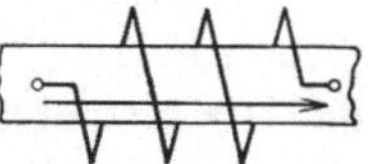

Abb. 2122 l. Bei einer einlagigen, rechtsgewickelten Spule können der Bezugssinn der Wicklung und des Kernes durch einen einzigen Bezugspfeil richtig angegeben werden.

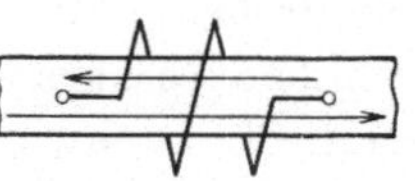

Abb. 2122 m. Bei einer einlagigen, linksgewickelten Spule sind zwei verschiedene Bezugspfeile nötig, um die Bezugssinne der Wicklung und des magnetischen Kernes richtig anzugeben.

Bezugspfeil vollständig richtig angeben, wie dies in Abb. 2122 l dargestellt ist. Für einlagige linksgewickelte Spulen findet man durch

Anwendung der in § 2122.5 gegebenen Regel, daß die beiden Bezugssinne durch zwei gegeneinander weisende Bezugspfeile darzustellen sind. Dieses Ergebnis ist in Abb. 2122m veranschaulicht. Im Interesse der Einfachheit ist es daher zu empfehlen, bei der Aufzeichnung eines Schaltungsschemas einlagige, rechtsgewundene Spulen zu bevorzugen.

—.7) Besteht eine Spule aus mehreren Drahtlagen, so folgen rechts- und linksgewundene Lagen abwechslungsweise aufeinander. Ist die Lagenzahl ungerade, so treten die Drahtenden an den beiden verschiedenen Spulenenden aus dem Wicklungsraum aus. Der Richtungssinn der vom Drahtanfang zum Drahtende gerade gezogen gedachten Verbindungslinie stimmt dann mit der Richtung des Bezugspfeiles des magnetischen Kreises überein, wenn die erste und die letzte Drahtlage rechtsgewunden sind.

—.8) Ist ein magnetischer Kreis mit zwei elektrischen Stromkreisen verkettet, so ist es in vielen Fällen zweckmäßig, die Bezugssinne beider Wicklungen so festzulegen, daß sich durch Zuordnen nach der Rechtsschraubung für den magnetischen Kreis ein gemeinsamer Maschenumlaufsinn ergibt. Sind die Anfangs- und Endpunkte zweier Wicklungen so festgelegt, daß dies der Fall ist, so werden diese Wicklungen oder deren Bezugssinne nach Wallot[2122b] als gleichsinnig bezeichnet. Führen zwei gleichsinnige Wicklungen Ströme gleichen Vorzeichens, so unterstützen sich ihre Felder im gemeinsamen magnetischen Kreis. Anderseits sind Wicklungen dann gegensinnig, wenn ihre durch Festlegung der Anfangs- und Endpunkte gegebenen Bezugssinne im gemeinsamen magnetischen Kreis nach der Regel von § 2122.5 auf zwei einander entgegenlaufende Maschenumlaufsinne führen. Es ist zu beachten, daß es nicht von der Ausführungsart zweier Wicklungen, sondern nur von der Festlegung ihrer Anfangs- und Endpunkte abhängt, ob sie gleich- oder gegensinnig sind.

Der Bezugssinn von Drehwinkeln.   § 2123

—1.) Nach § 112.4 sind Winkel positiv, wenn sie im Gegenuhrzeigersinn verdrehen. Für den Uhrzeigersinn sind sie negativ. Diese allgemein übliche Verabredung bedeutet, daß der Gegenuhrzeigersinn der Bezugssinn für Drehwinkel ist. Er braucht deshalb in den Abbildungen nicht noch besonders angegeben zu werden. Dies wäre nur nötig, wenn man eine der allgemeinen Abmachung entgegengesetzte Festsetzung treffen wollte.

—2.) Werden bei der Angabe von Drehwinkeln in den Schreibweisen $\sphericalangle \mathfrak{A}\mathfrak{B}$ und $\varphi_{\mathfrak{A}\mathfrak{B}}$ Doppelindexe verwendet, so hat dies mit dem Bezugssinn nichts zu tun, sondern es wird angegeben, daß der Drehwinkel

---

[2122b] Wallot, Julius: Theorie der Schwachstromtechnik, § 171, S. 122. Berlin: Julius Springer 1932.

von der durch den ersten Buchstaben bezeichneten Richtung bis zu der durch den zweiten Buchstaben bezeichneten Richtung führt (§ 112).

Die Bestimmungsstücke sinusförmig veränderlicher § 213
Größen von Wechselstromkreisen.

—.1) Sinusförmig veränderliche Spannungen, Stromstärken, Durchflutungen, magnetische Feldstärken, magnetische Induktionen, Induktionsflüsse und so weiter sind sinusförmig-veränderliche Größen von Wechselstromkreisen. Statt dieses schwerfälligen Ausdrucks wollen wir der Kürze halber nachstehend **harmonische Schwingungen** und in allgemeinen Beispielen auch **Sinusströme** sagen. Der Ausdruck harmonische Schwingung rechtfertigt sich dadurch, daß die Ergebnisse allgemein für solche gelten, nicht nur für sinusförmig veränderliche Größen von Wechselstromkreisen.

—.2) Eine harmonische Schwingung oder ein Sinusstrom genügen der Gleichung

$$i = \hat{i}\sin(2\pi f t + \varphi_i). \tag{213a}$$

Dabei ist i der **Augenblickswert** oder **Momentanwert** und $\hat{i}$ der **Scheitelwert** oder die **Amplitude**. Der Ausdruck $2\pi f t + \varphi_i$ ist die **Phase** und φ_i die **Anfangsphase**[213a]. Die Konstante f heißt **Frequenz**, sie hat die Dimension einer reziproken Zeit. Ihr Zahlenwert gibt an, wie viele volle Schwingungen auf die Zeiteinheit entfallen. Für die **Kreisfrequenz** ω gilt

$$\omega = 2\pi f. \tag{213b}$$

Für solche Werte der Zeit t, die sich um Vielfache der **Periodendauer**

$$T = 1/f \tag{213c}$$

unterscheiden, ergeben sich gleiche Augenblickswerte. Zeichnet man den Augenblickswert i in Funktion der Zeit t in einem geradlinig-rechtwinkligen Koordinatensystem auf, so entsteht die bekannte **Sinuslinie**. Man bezeichnet die ganze Figur als **Linienbild** oder **Liniendiagramm** des Sinusstromes.

—.3) Die Stromstärke eines Wechselstromes, deren Augenblickswert i dem Ansatz

$$\boxed{i = \hat{i}\cos(\omega t + \varphi_i)} \tag{213d}$$

genügt, ist ebenfalls ein Sinusstrom, denn für $\varphi_i' = +90° + \varphi_i$ wird

$$\cos(\omega t + \varphi_i) = \sin(\omega t + \varphi_i').$$

Wir werden nachstehend stets den Ansatz nach (213d) verwenden.

[213a] Nach J. Wallot: Theorie der Schwachstromtechnik, § 52, S. 30. Berlin: Julius Springer 1932.

§ 213.4 Einige Grundbegriffe und Grundgesetze der Elektrizitätslehre.

—.4) In der Elektrotechnik wird meist nicht der Scheitelwert $\hat{i}$ eines Sinusstromes, sondern sein **Effektivwert** I genannt. Es ist dies der über eine Schwingungsdauer bestimmte quadratische Mittelwert des Augenblickswertes i. Es ist

$$I = +\sqrt{\frac{1}{T}\int_0^T i^2\,dt}. \tag{213e}$$

Zwischen Effektivwert und Scheitelwert vermittelt bei Sinusströmen die Beziehung

$$\hat{i} = +\sqrt{2}\,I. \tag{213f}$$

—.5.) Sind eine Sinusspannung u und ein Sinusstrom i gegeben nach den Ansätzen

$$u = \hat{u}\cos(\omega t + \varphi_u) \tag{213g}$$

und

$$i = \hat{i}\cos(\omega t + \varphi_i), \tag{213h}$$

so bezeichnen wir

$$\boxed{\varphi = \varphi_i - \varphi_u} \tag{213i}$$

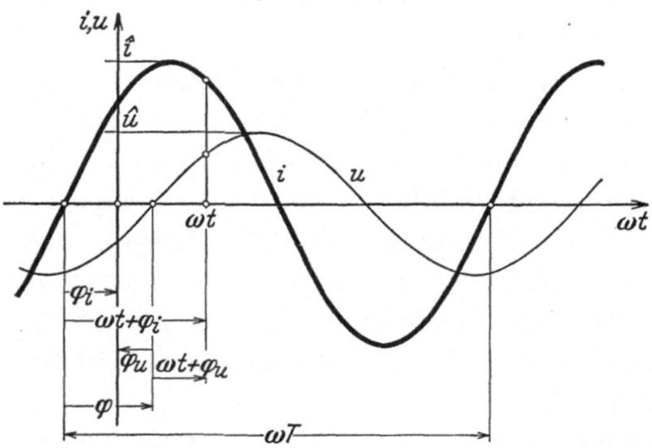

Abb. 213a. Linienbild zweier gleichfrequenter harmonischer Schwingungen i und u mit den Scheitelwerten $\hat{i}$ und $\hat{u}$, den Anfangsphasen φ_i und φ_u, der Phasenverschiebung φ, der Kreisfrequenz ω und der Schwingungsdauer T. Für einen bestimmten Zeitpunkt t sind die Phasen $\omega t + \varphi_i$ und $\omega t + \varphi_u$ angedeutet. Die Anfangsphase φ_u ist negativ.

als die **Phasenverschiebung des Stromes** gegenüber der Spannung. Häufig wird auch nur Phasenverschiebung gesagt. Abb. 213a zeigt das Linienbild für einen positiven Wert von φ. Ist die Phase $\omega t + \varphi_i$ des Stromes größer als die Phase $\omega t + \varphi_u$ der Spannung, so ist der Strom der Spannung in der Phase voran. Einen solchen Strom bezeichnet man als **voreilend**. Ebenso ist ein Strom **nacheilend**, wenn seine Phase kleiner als die Phase der Spannung ist. **Bei voreilendem Strom wird die Phasenverschiebung positiv, bei nacheilendem negativ.** Allgemein wird die Spannung als Bezugsgröße angenommen, so daß Vor- und Nacheilung im gewöhnlichen Sprachgebrauch immer für den Strom gelten.

—.6) Setzt man die Anfangsphase φ_u der Spannung zu Null an, so wird nach (213i) die Anfangsphase φ_i des Stromes gleich der Phasenverschiebung φ. Statt den Ansätzen (213g) und (213h) erhält man dann

$$u = \hat{u}\cos(\omega t) \tag{213k}$$

und

$$i = \hat{i}\cos(\omega t + \varphi). \tag{213l}$$

Einem positiven Werte der Phasenverschiebung φ entspricht dann wieder der voreilende Strom und umgekehrt[213b].

[213b] Häufig findet man auch den Ansatz $i = \hat{i}\cos(\omega t - \varphi)$, in dem positive Werte von φ dem nacheilenden Strom entsprechen.

40

Spannung, Potential und elektromotorische Kraft. § 214

—.1) Gesetze können nur dann scharf formuliert werden, wenn für die durch sie in Beziehung gebrachten Größen eindeutige Definitionen vorliegen. Für mehrere in der Elektrizitätslehre wichtige Größen besteht eine Mehrzahl von Auffassungen und Definitionen, so daß die notwendige Eindeutigkeit nicht vorhanden ist.

—.2) Bei einer ersten Gruppe von Größen sind die Definitionen wohl unbestritten. Ihr gehören die Stromstärke, die Ladung, die elektrische Feldstärke und andere an. Eine zweite Gruppe bilden einige magnetische Größen, vorweg die magnetische Feldstärke und die Permeabilität. Diese sind gegenwärtig sehr umstritten, treten jedoch bei der komplexen Behandlung von Wechselstromproblemen kaum störend in Erscheinung. Die dritte Gruppe umfaßt die Begriffe elektrische Spannung, elektromotorische Kraft und ähnliche. Je nach der Definition, die man für sie wählt, nimmt das Zeigerbild einer Maschine oder eines Apparates eine andere Gestalt an. Es werden deshalb in den nachfolgenden Abschnitten die Größen der dritten Gruppe näher erörtert. Als Basis dienen dabei die in Normblatt DIN 1323 [214a] niedergelegten Festsetzungen des Ausschusses für Einheiten und Formelgrößen.

Allgemeiner Begriff der Spannung. § 2141

—.1) Gegen Ende des 18. Jahrhunderts führte Alessandro Volta das Wort Spannung (auf italienisch: tensione) in die Elektrizitätslehre ein. Es hat seither mehrmals neue Bedeutungen angenommen, ohne daß die früheren jeweils vorher untergegangen waren. So kommt es, daß heute eine Mehrzahl von verschieden alten Spannungsbegriffen nebeneinander bestehen [2141a]. Nachstehend soll erläutert werden, was wir unter Spannung verstehen wollen.

—.2) Normblatt DIN 1323 legt fest: „Ein mit der Elektrizitäts„menge Q geladener kleiner Körper lege im elektrischen „Felde einen Weg s zurück. Dabei leisten die Feldkräfte „an dem Körper eine mechanische Arbeit A. Dann schreibt „man dem Wege s eine **elektrische Spannung** $U = A/Q$ zu. „Die elektrische Spannung hat den gleichen Zahlenwert „und das gleiche Vorzeichen wie die Arbeit am Träger der „Einheit der positiven Elektrizitätsmenge. Bemerkung: „Die Spannung bezieht sich auf **ein** Linienstück.“

[214a] Erläuterungen hiezu s. J. Wallot: AEF. Verhandlungen des Ausschusses für Einheiten und Formelgrößen in den Jahren 1907 bis 1927, S. 22. Berlin: Julius Springer 1928; ferner: Elektrotechn. Z. 47 (1927) S. 552 und 41 (1920) S. 641 u. 660.

[2141a] Emde, Fritz: Die Geschichte des Spannungsbegriffes. Elektrotechn. Z. 42 (1921) S. 169.

—.3) „Unter einer **Spannungsdifferenz** ist die Differenz zweier „Spannungen zu verstehen. Sie bezieht sich auf **zwei** „Linienstücke.“

—.4) „Fällt der Endpunkt des Weges mit seinem Anfangs- „punkt zusammen, so heißt der Weg ein geschlossener. Die „zugehörige Spannung bezeichnet man als **Umlaufspan-** „**nung** $U_\circ$.“

—.5) Die von den Feldkräften längs des Weges s geleistete Arbeit A läßt sich als Integral der längs der einzelnen Wegelemente ds geleisteten Arbeitsbeiträge dA darstellen. Dieses Integral ist längs des ganzen Weges s zu bilden. Ein Arbeitsbeitrag dA ist gleich dem Produkt aus der Kraft P, dem Kosinus des Winkels von der Richtung der Kraft bis zur Richtung des Wegelementes $\cos(P, ds)$ und dem Wegelement ds. Ist der Weg s durch seinen Anfangspunkt A und seinen Endpunkt B gekennzeichnet, so wird demnach

$$U_{AB} = \frac{A}{Q} = \frac{\int_A^B dA}{Q} = \frac{\int_A^B P\cos(P, ds)\,ds}{Q} = \int_A^B \frac{P\cos(P, ds)\,ds}{Q}.$$

Da die durch die (konstante) Ladung Q dividierte Kraft P elektrische Feldstärke $\mathfrak{E}$ heißt, gelten die Gleichung

$$\boxed{U_{AB} = \int_A^B \mathfrak{E}\cos(\mathfrak{E}, ds)\,ds} \qquad (2141\,\mathrm{a})$$

und der Satz: Die von einem Punkte A längs eines Weges s bis zu einem Punkte B bestehende elektrische Spannung ist gleich dem längs des Weges s vom Punkte A bis zum Punkte B erstreckten Linienintegral der elektrischen Feldstärke [2141b].

—.6) Besteht der Weg von A bis B aus den n Teilstücken AA_1, $A_1A_2, \ldots, A_{n-1}B$, so wird

$$\left.\begin{aligned}
\int_A^B \mathfrak{E}\cos(\mathfrak{E}, ds)\,ds &= \int_A^{A_1} \mathfrak{E}\cos(\mathfrak{E}, ds)\,ds + \int_{A_1}^{A_2} \mathfrak{E}\cos(\mathfrak{E}, ds)\,ds \\
&+ \cdots + \int_{A_{n-1}}^B \mathfrak{E}\cos(\mathfrak{E}, ds)\,ds.
\end{aligned}\right\} \quad (2141\,\mathrm{b})$$

Bezeichnen wir die längs dieser n Teilstücke bestehenden Spannungen mit $U_{AA_1}, U_{A_1A_2}, \ldots, U_{A_{n-1}B}$, so gelten nach (2141a) die Gleichungen

$$U_1 = \int_A^{A_1} \mathfrak{E}\cos(\mathfrak{E}, ds)\,ds, \quad U_2 = \int_{A_1}^{A_2} \mathfrak{E}\cos(\mathfrak{E}, ds)\,ds, \quad \ldots, \quad U_n = \int_{A_{n-1}}^B \mathfrak{E}\cos(\mathfrak{E}, ds)\,ds$$

[2141b] Dieser Zusammenhang gilt ganz allgemein, auch wenn der Weg nicht ausschließlich in Luft, sondern in einem andern Dielektrikum oder gar in einem Leiter oder bald im einen, bald im andern verläuft.

und wir erhalten

$$U_{AB} = U_{AA_1} + U_{A_1A_2} + \cdots + U_{A_{n-1}B}.\qquad(2141\,\mathrm{c})$$

—.7) Schließt sich der Weg AB in sich selbst, fällt also der Anfangspunkt A mit dem Endpunkt B zusammen, so gilt für die elektrische Umlaufspannung die Gleichung

$$\boxed{U_\circ = \oint \mathfrak{E}\cos(\mathfrak{E},\, ds)\, ds}\qquad(2141\,\mathrm{d})$$

oder

$$U_\circ = U_{AA_1} + U_{A_1A_2} + U_{A_2A_3} + \cdots + U_{A_{n-1}A}.\qquad(2141\,\mathrm{e})$$

—.8) In Abb. 2141a ist ein elektrisches Feld durch Feldlinien (Kraftlinien) dargestellt. Die Richtung der in einem Punkte vorhandenen Feldstärke ist durch die in jenem Punkte bestehende Tangente der Feldlinie gegeben. Das Maß für den Betrag der Feldstärke wird durch die Dichte der Feldlinien dargestellt. Wird das Feld durch eine oben liegende positive und eine unten liegende negative Ladung hervorgebracht, so hat die Feldstärke zur Hauptsache die Richtung von oben nach unten. An verschiedenen Stellen des Weges sind die Feldstärke $\mathfrak{E}$ und das

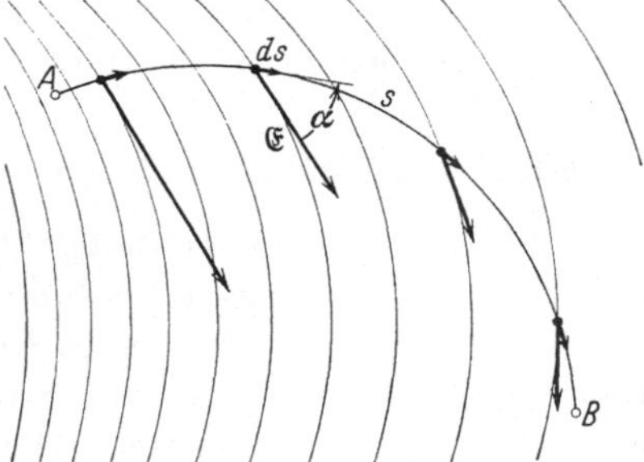

Abb. 2141a. Veranschaulichung der Ermittlung der Spannung U_{AB} durch das Linienintegral der Feldstärke $\mathfrak{E}$ längs des Integrationsweges AB.

Wegelement ds nach Betrag und Richtung eingezeichnet. Dabei sollte genau genommen das Wegelement unendlich kurz sein.

—.9) Wird das von A bis B gebildete Wegintegral der elektrischen Feldstärke positiv, so ist die Arbeit, die die Feldkräfte an einer positiven und sich von A nach B bewegenden Ladung leisten, positiv. Man sagt dann, die Spannung U_{AB} sei positiv. Der Drehwinkel $(\mathfrak{E}, ds)$ heiße α. Bestimmen wir nun die Spannung U_{BA}, die für die gegen vorher umgekehrte Integrationsrichtung besteht, so haben wir von B nach A zu integrieren. Dabei bleiben für jeden Wegpunkt die Beträge der Feldstärke und des Wegelementes gleich groß wie vorher. Dagegen tritt an Stelle des Drehwinkels α der Drehwinkel $\alpha + 180°$ auf, da das neue Wegelement ds' gegenüber dem alten Wegelement um $180°$ verdreht ist. War ursprünglich $dA = \mathfrak{E}\cos(\alpha)ds$, so wird jetzt $dA' = \mathfrak{E}\cos(\alpha + 180°)ds'$. Da die Kosinusse von um $180°$ verschiedenen Drehwinkeln einander entgegengesetzt gleich sind, wird der Wert jedes Arbeitsbeitrages für die neue Integrationsrichtung umgekehrt gleich dem Wert, der der ursprünglichen Integrationsrichtung entspricht,

$dA' = -dA$. Es gilt daher die Gleichung

$$\boxed{U_{AB} = -U_{BA}}. \tag{2141f}$$

Die elektrische Spannung ist demnach eine Größe, die bei Vorzeichenwechsel ihren Richtungssinn umkehrt. Es muß deshalb ein Bezugssinn angegeben werden, wenn die Angabe des Vorzeichens eines Spannungswertes eine eindeutige Aussage darstellen soll. Dieser Bezugssinn ist nach § 2121 durch einen Doppelindex — wie oben — oder durch Einzeichnen eines Bezugspfeiles in das zugehörige Schaltungsschema festzulegen. Für die elektrische Umlaufspannung gilt analog

$$U_\circlearrowleft = -U_\circlearrowright. \tag{2141g}$$

Die Verschiedenheit des Bezugssinnes (Richtung des Integrationsweges) ist durch die beiden entgegengesetzt weisenden Pfeilspitzen angedeutet.

Wirbelfreies elektrisches Feld und elektrisches Wirbelfeld.   § 2142

—.1) Wird die Umlaufspannung für alle ganz innerhalb eines gewissen Raumgebietes möglichen geschlossenen Wege zu Null, so bezeichnet man das elektrische Feld dieses Raumgebietes als **wirbelfrei** und das Raumgebiet selbst als frei von Spannungswirbeln. Die mathematische Formulierung dieses Zustandes lautet

$$U_\circ = 0. \tag{2142a}$$

Wird dagegen die Umlaufspannung für einige oder für alle innerhalb eines gewissen Raumgebietes möglichen geschlossenen Wege von Null verschieden, so bezeichnet man das Feld in diesem Raumgebiet als elektrisches **Wirbelfeld**. Es treten in ihm Spannungswirbel auf. Die mathematische Formulierung dieses Zustandes lautet

$$U_\circ \neq 0. \tag{2142b}$$

—.2) In differentieller, vektorieller Form lautet die Bedingung für die Wirbelfreiheit $\mathrm{rot}\,\mathfrak{E} = 0$, was sich mit Hilfe von (2141d) aus (2142a) ersehen läßt.

Wechselspannung.   § 2143

—.1) Wir wollen die Spannung betrachten, die von einem Punkte A bis zu einem Punkte B besteht, wenn diese beiden Punkte einem Wechselstromsystem angehören. Beispielsweise sollen sie auf zwei verschiedenen Drähten einer Wechselstrom-Fernleitung liegen. Die gesuchte Spannung soll für zwei verschiedene Wege s_1 und s_2 bestimmt werden. Abb. 2143a veranschaulicht zwei Wege, für die wir der Einfachheit wegen annehmen, daß sie in der durch die beiden Drähte gegebenen Ebene liegen sollen. Nach (2141a) finden wir für die Augenblickswerte der längs der beiden Wege bestimmten Spannungen für fortlaufende Bezugssinne die Ansätze

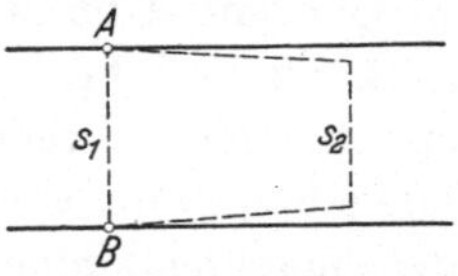

$$u_{1AB} = \int\limits_{\substack{A \\ s_1}}^{B} \mathfrak{E}\cos(\mathfrak{E},\,ds)\,ds$$

und

$$u_{2BA} = \int\limits_{\substack{B \\ s_2}}^{A} \mathfrak{E}\cos(\mathfrak{E},\,ds)\,ds.$$

Abb. 2143a. Festlegung zweier in Luft verlaufender Wege s_1 und s_2 zwischen zwei, auf verschiedenen Drähten einer Wechselstrom-Fernleitung liegenden Punkten A und B.

Nach (2141b) finden wir für den Augenblickswert der Umlaufspannung der aus s_1 und s_2 gebildeten Masche

$$u_\ominus = \oint \mathfrak{E}\cos(\mathfrak{E},\,ds)\,ds = \int\limits_{\substack{A \\ s_1}}^{B} \mathfrak{E}\cos(\mathfrak{E},\,ds)\,ds + \int\limits_{\substack{B \\ s_2}}^{A} \mathfrak{E}\cos(\mathfrak{E},\,ds)\,ds$$

$$= u_{1AB} + u_{2BA}.$$

Hieraus wird $u_\ominus = u_{1AB} - u_{2AB}$, wenn wir berücksichtigen, daß die Spannung u_{2BA} bei Umkehrung ihres Bezugssinnes nach (2141f) ihr Vorzeichen wechselt. Durch Umstellen finden wir schließlich

$$u_{1AB} = u_{2AB} + u_\ominus. \tag{2143a}$$

—.2) Ist mit dem aus s_1 und s_2 gebildeten geschlossenen Weg ein veränderlicher magnetischer Fluß verschlungen, was z. B. der Fall ist, wenn die betrachtete Wechselstrom-Fernleitung Strom führt, so wird die Umlaufspannung nach dem Induktionsgesetz (224a) von Null verschieden. Die zwischen den beiden Punkten A und B längs der Wege s_1 und s_2 bestehenden Spannungen u_{1AB} und u_{2AB} sind daher nach (2143a) etwas voneinander verschieden. Bei Wechselstromproblemen ist die Spannung zwischen zwei Punkten strenggenommen eine unendlich vieldeutige Größe, solange nicht der Weg angegeben ist, für welchen die Aussage gelten soll.

Klemmenspannung.   § 2144

—.1) Wir definieren: Die **Klemmenspannung** eines Zweipoles ist die längs seines **äußeren Weges** bestehende Spannung. Dieser ist die kürzeste Linie, die außerhalb des Zweipoles verläuft und seine Klemmen verbindet. In Abb. 2144a ist er eingezeichnet. Meist wird er indessen nicht besonders angegeben, auch in den folgenden Abbildungen ist er meist fortgelassen.

Abb. 2144a. Darstellung des äußeren Weges eines Zweipoles.

—.2) Bei praktischen Messungen der Klemmenspannung bildet der Spannungsmesser (Voltmeter oder Oszillographenschleife) mit seinen Vorwiderständen und Zuleitungen den Weg, längs dem durch Bestimmung des entstehenden Stromes das Linienintegral der Feldstärke, also die Spannung gemessen wird. In den meisten vorkommenden Fällen werden die Unterschiede zwischen den für verschiedene Wege, also z. B. für verschiedene Lage der Zuleitungsdrähte meßbaren Klemmenspannungen so klein, daß sie sich der Beobachtung entziehen. In der Umgebung von Leitungen, die große Ströme führen, sind dagegen bei der Messung kleiner Klemmenspannungen deutliche Unterschiede bemerkbar [2144a]. Man verwendet für die Messung den in § 2144.1 erwähnten kürzesten, in Luft verlaufenden Weg zwischen den zwei Klemmen. Muß das Meßinstrument abseits aufgestellt werden, so verdrillt man die beiden aus dem äußeren (kürzesten) Weg abzweigenden Zuleitungen des Instrumentes, damit keine zusätzliche Verkettung mit magnetischem Fluß zustande kommt.

Potential, Potentialdifferenz.   § 2145

—1.) Wir wollen die Spannung betrachten, die von einem Punkt A bis zu einem Punkt B besteht. Dabei sollen diese beiden Punkte zwei stromführenden Leitern angehören und in einem wirbelfreien Feldgebiet liegen. Zwischen den beiden Punkten sollen, z. B. nach Abb. 2143a, zwei Wege s_1 und s_2 gegeben sein, die ebenfalls ganz innerhalb des wirbelfreien Gebietes liegen. Die Spannungen längs dieser Wege seien u_{1AB} und u_{2AB}. Zwischen ihnen und in der aus s_1 und s_2 gebildeten Masche bestehenden Umlaufspannung $u_\bigcirc$ gilt dann (2143a). Die Umlaufspannung wird zu Null, da das Feldgebiet, in dem sie gebildet wird, nach Voraussetzung wirbelfrei ist. Es gilt somit die Gleichung

$$u_{1AB} = u_{2AB},$$

die beiden Spannungen von A bis B sind einander gleich.

—.2) Die Bedingung der Wirbelfreiheit ist in der Umgebung stationärer Gleichströme erfüllt. In der Umgebung von Wechselströmen kann dagegen das elektrische Feld nur insofern als angenähert wirbelfrei betrachtet werden, als die Umlaufspannung $u_\bigcirc$ neben den Spannungen u_{1AB} und u_{2AB} vernachlässigbar klein ist. Dies ist für praktische Spannungsmessungen meist, wenn auch nicht immer [2144a], der Fall, da starke Wirbelgebiete gewöhnlich nur im Innern von Maschinen und Apparaten auftreten.

—.3) Innerhalb des betrachteten wirbelfreien Feldgebietes hängt die Spannung vom Punkte A zum Punkte B nicht mehr von der Lage des Weges ab, solange dieser ganz innerhalb dieses Feldgebietes ver-

---

[2144a] So z. B., wenn zur Oszillographierung eines sehr starken, etwas welligen Gleichstromes die die Stromschleife speisende Spannung an einem Hochstrom-Nebenwiderstand abgegriffen wird, wie dies beim Betrieb elektrolytischer Bäder durch Einankerumformer oder Quecksilberdampfgleichrichter der Fall sein kann.

läuft. Man kann daher allen Punkten eines wirbelfreien elektrischen Feldes Zahlenwerte p [2145a] beilegen, als deren Differenz sich die Spannung berechnen läßt. Ein solcher Zahlenwert heißt **Potential**. Man findet daraus die von einem Punkte A bis zu einem Punkte B bestehende Spannung, indem man vom Potential des Anfangspunktes A das Potential des Endpunktes B abzieht. So wird

$$\boxed{u_{AB} = p_A - p_B}. \qquad (2145\,a)$$

—.4) Die Spannung erscheint so als Differenz von zwei Potentialen, als **Potentialdifferenz**. Spannung und Potentialdifferenz sind somit für wirbelfreie Felder gleiche Größen. In einem Wirbelfeld kann man nicht mehr von Potentialen und Potentialdifferenzen sprechen, dagegen existiert der Begriff der Spannung, vorausgesetzt, daß ihr Weg angegeben ist.

—.5) Um einen festen Ausgangspunkt zu haben, setzt man willkürlich

$$p_{\mathrm{Erde}} = 0. \qquad (2145\,b)$$

Die Folge davon ist, daß die Spannung von einem Punkt bis zur Erde seinem Potential gleich ist.

Spannungsdifferenz. § 2146

—.1) Nach der in § 2141.3 gegebenen Definition ist die **Spannungsdifferenz** die Differenz zweier Spannungen. Sie bezieht sich auf zwei Linienstücke. So ergibt sich z. B. in § 2143.1 die Umlaufspannung u_{O} als Differenz der Spannungen u_{1AB} und u_{2AB}. Sie bezieht sich auf die beiden Wegstücke s_1 und s_2.

—.2) Die Spannungsdifferenz ist ein Begriff, der nur selten benötigt wird. In vielen Fällen wird es fälschlicherweise statt Potentialdifferenz oder Spannung gebraucht.

Elektromotorische Kraft. § 2147

—.1) In einem wirbelfreien elektrischen Feld ruhe ein stromloser Leiter. Besteht von einem auf ihm liegenden Punkt A bis zu einem ebenfalls auf ihm liegenden Punkt B eine Spannung u_{AB}, so schreibt man dem Leiterstück AB eine eingeprägte elektromotorische Kraft e_{AB}

[2145a] Der Ausschuß für Einheiten und Formelgrößen schlägt in seinem Entwurf 42 „Sonderliste der Formelzeichen für den Elektromaschinenbau" (Elektrotechn. Z. 53 (1932) S. 140) als Hauptzeichen P und als Ausweichzeichen φ vor. In der Physik wird immer φ geschrieben. Im Text ist p gewählt, um einen Augenblickswert anzudeuten.

§ 2147.1   Einige Grundbegriffe und Grundgesetze der Elektrizitätslehre.

zu [2147a]. Sie wirkt (ist positiv) in der der Spannung entgegengesetzten Richtung:

$$\boxed{e_{AB} = -u_{AB}}.$$

(2147a)

Statt eingeprägte elektromotorische Kraft wird oft — kürzer aber weniger exakt — nur elektromotorische Kraft oder EMK gesagt.

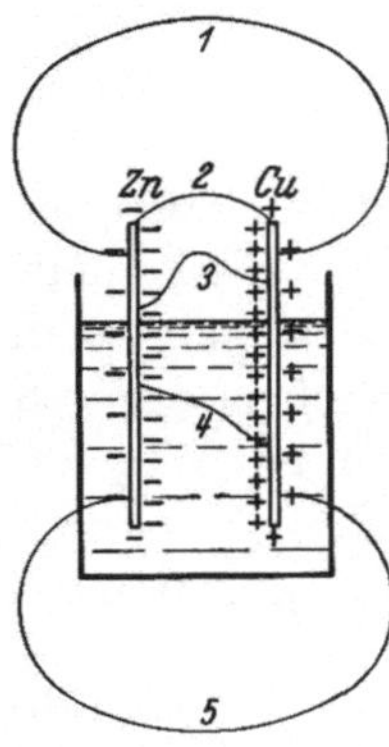

Abb. 2147a. Volta-Element mit Zinkplatte Zn und Kupferplatte Cu in verdünnter Schwefelsäure. Längs der gezeichneten Wege *1*, *2*, *3*, *4* und *5* sowie längs aller andern, die von der einen zur andern Platte führen, besteht die gleiche Spannung.

—.2) Die eingeprägte elektromotorische Kraft ist der elektrische Ausdruck für atomare Vorgänge, die die positive und negative Elektrizität auseinandertreiben. Solche Vorgänge treten in galvanischen, in Thermo- und in Photoelementen auf. In Abb. 2147a bewirken sie eine positive Ladung der Kupferplatte Cu und eine negative Ladung der Zinkplatte Zn. Die auf diesen Platten liegenden Ladungen sind die Ursache eines elektrischen Feldes. Dieses sucht die Ladungen wieder zu vereinigen (neutralisieren) und findet seinen Ausdruck in der Spannung. Je mehr Elektrizität getrennt wird, desto höher steigt die Ladung der Platten und damit die Spannung. Es stellt sich ein Gleichgewichtszustand ein, wenn die trennende elektromotorische Kraft und die vereinigende Spannung entgegengesetzt gleich groß sind. Die eingeprägte elektromotorische Kraft sitzt nur in den Inhomogenitätsstellen eines Leiters (z. B. Übergangsschicht Lösung-Metallplatte). Die Spannung besteht dagegen innerhalb und außerhalb des Elementes längs aller Wege, die von einem Pol zum andern führen.

—.3) Ersetzt man in (2147a) die Spannung u_{AB} mit Hilfe von (2145a), so findet man für die eingeprägte elektromotorische Kraft die Gleichung

$$\boxed{e_{AB} = p_B - p_A}.$$

(2147b)

Ist die elektromotorische Kraft in einem stromlosen Leiter für den Bezugssinn AB positiv, so ist das Potential des Endpunktes B höher als das Potential des Anfangspunktes A.

—.4) Analog wie man die Spannung als Wegintegral der elektrischen Feldstärke definiert, kann man auch die eingeprägte elektromotorische Kraft als Wegintegral einer eingeprägten elektrischen Feldstärke auffassen. Diese ist der durch

---

[2147a] Dieser Name enthält das Wort Kraft, obschon die damit bezeichnete Größe durchaus keine Kraft im Sinne der Mechanik ist. Sie hat vielmehr wie die Spannung die Dimension: Arbeit/elektrische Ladung. Trotz seiner physikalisch verfehlten Bildung ist der Name elektromotorische Kraft in alle Sprachen eingedrungen.

48

Ladung hervorgerufenen (wirklichen) Feldstärke entgegengesetzt gerichtet. Man kommt so zu der Gleichung

$$e_{AB} = \int_A^B \mathfrak{E}_e \cos(\mathfrak{E}_e\, ds)\, ds\,. \qquad (2147\,c)$$

Eingeprägte Spannung. §2148

—.1) Statt mit der die Ursache darstellenden eingeprägten elektromotorischen Kraft kann man auch mit der sich daraus ergebenden Spannung rechnen. Sie heiße **eingeprägte Spannung** u_ε. Wir definieren: **Die eingeprägte Spannung eines inhomogenen, in einem wirbelfreien Felde ruhenden Leiters ist das längs ihm gebildete Linienintegral desjenigen Teiles der elektrischen Feldstärke, der bei Stromlosigkeit vorhanden ist.** Zu diesem Integral leisten nur die Inhomogenitätsstellen Beiträge. Die eingeprägte Spannung ist wie jede Spannung positiv in der Richtung vom hohen zum tiefen Potential. Es gilt die Gleichung

$$\boxed{u_{e_{AB}} = -e_{e_{AB}}}\,. \qquad (2148\,a)$$

—.2) Die Einführung der eingeprägten Spannung rechtfertigt sich dadurch, daß sie die sehr einfache Formel (231 b) zur Bestimmung der Klemmenspannung eines Zweipoles aufzustellen gestattet.

Einige Grundgesetze. §22

Ohmsches Gesetz. §221

—.1) Das Ohmsche Gesetz ist der Ausdruck dafür, daß die Elektronen in einem stromführenden Leiter um so schneller laufen, je höher die im Innern des Leiters in der Achsrichtung vorhandene elektrische Feldstärke ist. Es lautet: **Besteht in einem geschlossenen Stromkreis längs eines aus einem homogenen Leiter bestehenden Zweipoles eine Spannung** u, **so ist diese gleich dem Produkt aus der im Zweipol bestehenden Stromstärke** i **und dem Widerstand R des Zweipoles:**

$$\boxed{Ri = u}\,. \qquad (221\,a)$$

Dabei ist der Widerstand eine vom Material und den Abmessungen des Leiters abhängige Konstante. Ist insbesondere der Leiter von unveränderlichem Querschnitt q, weist er die Länge l auf und ist ϱ eine als spezifischer Widerstand bezeichnete Konstante des Leitermaterials, so gilt die Gleichung

$$\boxed{R = \frac{\varrho\, l}{q}}\,. \qquad (221\,b)$$

Wenn der spezifische Widerstand und der Querschnitt des Leiters veränderlich sind, gilt für die Berechnung des Widerstandes die Gleichung

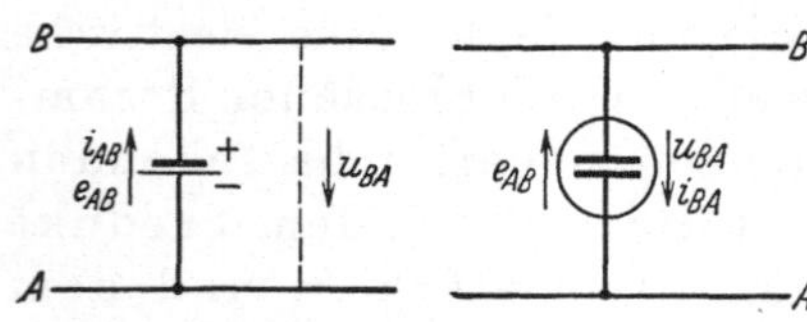

Abb. 221 a. Zweipol vom Widerstande R mit für Strom i und Spannung u gemeinsamem Bezugssinn.

$$R = \int_0^l \frac{\varrho}{q}\, dl \, . \tag{221 c}$$

(221 a) gilt nur für einen für Strom und Spannung gemeinsamen Bezugssinn (Abb. 221 a). Für entgegengesetzte Bezugssinne ist $-Ri = u$ zu schreiben.

—.2) Enthält der betrachtete Zweipol eine eingeprägte elektromotorische Kraft e_{AB}, besteht er also aus einem inhomogenen Leiter (galvanisches Element, Thermoelement, Photoelement), so gilt das Ohmsche Gesetz in der allgemeineren Form

$$\boxed{R i_{AB} = u_{AB} + e_{AB}} \, . \tag{221 d}$$

Rechnen wir mit der eingeprägten Spannung, so finden wir nach (2148 a)

$$R i_{AB} = u_{AB} - u_{e_{AB}}$$

oder

$$u_{AB} = R i_{AB} + u_{e_{AB}} \, . \tag{221 e}$$

—.3) Bei den meisten der praktisch wichtigen Fälle haben die Spannung u_{AB} und die elektromotorische Kraft e_{AB} Zahlenwerte von entgegengesetztem Vorzeichen. Damit alle Größen positive Zahlenwerte annehmen, ist es vielfach üblich, bei Stromerzeugern den Bezugssinn der Spannung, bei Stromverbrauchern dagegen den Bezugssinn der Spannung und des Stromes umzukehren[221 a]. So erhält man dann zwei für besondere Fälle zugeschnittene Formen des Ohmschen Gesetzes. Für Stromerzeuger wird

$$u_{BA} = e_{AB} - R i_{AB}, \tag{221 f}$$

für Stromverbraucher

$$u_{BA} = e_{AB} + R i_{BA} \, . \tag{221 g}$$

Abb. 221 b. Veranschaulichung der in (221 f) und (221 g) vorausgesetzten Bezugssinne. Links Stromerzeuger (galvanisches Element), rechts Stromverbraucher (elektrolytisches Bad).

Zur Verdeutlichung der besonderen Wahl der Bezugssinne, die diesen Gleichungen zugrunde liegt, sind in Abb. 221 b die Bezugssinne sowohl durch Doppelindexe als auch durch Bezugspfeile dargestellt.

—.4) Aus (221 e) ist ersichtlich, daß wir die gesamte Spannung u_{AB} als Summe von zwei Teilen auffassen können. Davon ist der eine die

---

[221 a] Gelten für Strom und elektromotorische Kraft entgegengesetzte Bezugssinne, so deutet man dies gelegentlich durch den Namen gegenelektromotorische Kraft an.

eingeprägte Spannung $u_{e_{AB}}$, die die eingeprägte elektromotorische Kraft e_{AB} zu Null ergänzt, kompensiert. Anderseits steht der Ri_{AB} gleiche Teil zur Verfügung, um den Strom durch den (Ohmschen) Widerstand zu treiben. Zur Unterscheidung von Spannungen anderer Bedeutung wollen wir ihn deshalb nachstehend stets als Ohmsche Spannung oder Widerstandsspannung bezeichnen. Als Buchstabensymbol wollen wir hierfür u_ϱ schreiben. Es gilt dann

$$\boxed{u_\varrho = Ri}\,. \tag{221 h}$$

Hier ist analog wie bei (221 a) ein für u_ϱ und i gemeinsamer Bezugssinn vorausgesetzt. (221 e) geht damit über in

$$u_{AB} = u_{\varrho_{AB}} + u_{e_{AB}}. \tag{221 i}$$

Die gesamte Spannung ist die Summe der Ohmschen und der eingeprägten Spannung.

—.5) Besteht in einem stromführenden homogenen Leiter von einem Punkte A bis zu einem Punkte B eine Spannung u_{AB} von positivem Zahlenwert, so ist nach (2145a) das Potential p_A von höherem Zahlenwert als das Potential p_B. Nach (221a) ist der Strom in Richtung AB positiv. Es geht somit das Potential von in der Stromrichtung aufeinanderfolgenden Punkten des Leiters von höheren Zahlenwerten zu niedrigeren Zahlenwerten über, es besteht längs des Leiters ein Potentialabfall. Er ist als Ohmscher Potentialabfall zu bezeichnen, wenn auf seine Entstehungsursache hingewiesen werden soll. Volta hatte zwischen Potential und Spannung nicht unterschieden. Es haben sich daher statt der Bezeichnung Potentialabfall die weniger fremd klingenden Namen Spannungsabfall und Ohmscher Spannungsabfall eingebürgert[221 b]. Nach den heute geltenden Definitionen sind jedoch Spannung (§ 2141) und Potential (§ 2145) verschiedene Größen, und das Wort Potentialabfall kann daher durch Spannungsabfall nicht richtig wiedergegeben werden. In diesem Zusammenhange ist das Wort Spannungsabfall falsch. Es ist auszuschalten, da es viele Unklarheiten und Schwierigkeiten in der gegenseitigen Verständigung verursacht[221 c]

—.6) Das Wort Spannungsabfall wird noch in einem andern Sinne gebraucht. Bei galvanischen Elementen (Stromerzeugern) stellt man bei

---

[221 b] Um den weitverbreiteten Gebrauch zu decken, ist auch in Normblatt DIN 1323 vom Ohmschen Spannungsabfall die Rede, obwohl sich dies mit den übrigen Definitionen des Normblattes schlecht verträgt. In dem diesem Normblatt zugrunde liegenden Satz 5 des Ausschusses für Einheiten und Formelgrößen[214 a] heißt es merkwürdigerweise Ohmscher Spannungsfall.

[221 c] In Wallot, Julius: Theorie der Schwachstromtechnik, § 12, S. 7. Berlin: Julius Springer 1932, wird Spannungsabfall durch Potentialabfall ersetzt. Dagegen läßt sich nur einwenden, daß es auch ein Potentialanstieg sein kann, wenn der Strom dem Bezugssinn entgegenfließt.

Belastung eine kleinere Spannung fest als bei Leerlauf. Diesen Spannungsrückgang bezeichnet man vollständig einwandfrei als Spannungsabfall. Er wird verursacht durch die bei Belastung im Innern des Elementes auftretende Ohmsche Spannung. Beide sind einander zahlenmäßig gleich. Trotzdem sind sie nicht identisch gleich, denn während die Ohmsche Spannung bei Belastung im Leiter wirklich auftritt, existiert der Spannungsabfall nur als Differenz zweier bei verschiedenen Betriebszuständen, also zu verschiedenen Zeiten, auftretenden Spannungen. Der Spannungsabfall geht in eine Spannungserhöhung über, wenn es sich um einen Stromverbraucher handelt, z. B. bei einer Akkumulatorenbatterie im Ladezustand. Spannungsabfall und Spannungserhöhung sind Sonderfälle des allgemeineren Begriffes Spannungsänderung·(§ 3334.3).

—.7) Das allgemeine Ohmsche Gesetz (221d) entspricht als Integralgesetz Glied für Glied dem in der Physik gebräuchlichen Punktgesetz

$$\mathfrak{g}\,\varrho = \mathfrak{E} + \mathfrak{E}_e.$$

Darin bedeuten ϱ den spezifischen Widerstand, $\mathfrak{g}$ die Stromdichte, $\mathfrak{E}$ die durch die Ladungen bedingte (wirkliche) elektrische Feldstärke, $\mathfrak{E}_e$ die eingeprägte elektrische Feldstärke. Integriert man längs einer Strecke AB, so erhält man nach (2141a) und (2147c)

$$\int_A^B \varrho\,\mathfrak{g}\,d\mathfrak{l} = u_{AB} + e_{AB}.$$

Ersetzt man das skalare Produkt $\mathfrak{g}\,d\mathfrak{l}$ durch $\dfrac{i_{AB}}{q}dl$, so erhält man (221d).

Kapazitätsgesetz.   § 222

—.1) Ein in einem geschlossenen Stromkreis liegender Zweipol soll aus einem Kondensator von der Kapazität C bestehen. Er führe den Strom i. Es bestehe vom einen bis zum andern Belag, also am Dielektrikum, die Spannung u_ε. Wir werden sie nachstehend als Dielektrikumsspannung bezeichnen. Für Strom und Spannung gelte ein gemeinsamer Bezugssinn (Abb. 222a). Ist der Strom in einem gewissen Zeitpunkt t positiv, so verursacht er in einem Zeitelement eine positive Änderung der Ladung q_A des Belages A. Im gleichen Maße erfährt die Ladung q_B des Belages B eine negative Änderung. Es gilt die Differentialgleichung

$$dq_A = i\,dt. \qquad (222a)$$

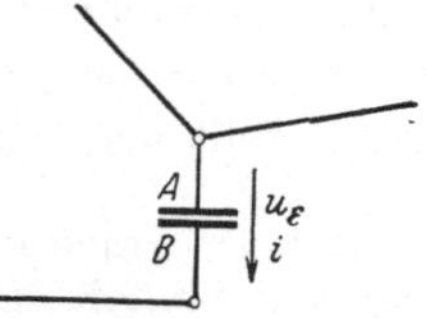

Abb. 222a. Kondensator mit den Belägen A und B und mit für die Spannung u_ε und den Strom i gemeinsamem Bezugssinn.

Es ist eine Erfahrungstatsache, daß die von den beiden Ladungen q_A und q_B im Zwischenraum der Beläge A und B hervorgerufenen Feldstärken proportional mit diesen Ladungen steigen. Dementsprechend steigt auch das vom einen bis zum andern Belag erstreckte Linienintegral dieser Feldstärken, d. h. die Spannung u_ε proportional mit den Ladungen. Die als Kapazität bezeichnete Größe tritt als Proportionalitätskonstante (reziprok) auf. Es gilt demnach die weitere Differentialgleichung

$$d u_\varepsilon = \frac{1}{C}\, d q_A.$$

(222b)

—.2) Eliminieren wir aus (222a) und (222b) die Ladungsänderung $d q_A$, so erhalten wir für den Strom die Differentialgleichung

$$\boxed{i = C\, \frac{d u_\varepsilon}{d t}}.$$

(222c)

Lösen wir dagegen nach der Spannung auf, so finden wir $d u_\varepsilon = \frac{1}{C} i\, d t$ und daraus

$$\boxed{u_\varepsilon = \frac{1}{C} \int i\, d t + k}.$$

(222d)

Die Integrationskonstante k ist von Fall zu Fall zu bestimmen.
—.3) An Stelle von (222d) können wir auch

$$u_\varepsilon = \frac{1}{C} \int\limits_{t_0}^{t} i\, d t$$

(222e)

schreiben. Statt k tritt in dieser Form die untere Integrationsgrenze t_0 als vorläufig unbestimmte Integrationskonstante auf.

Durchflutungsgesetz.   § 223

—.1) In Übereinstimmung mit der Definition der elektrischen Spannung nach (2141a) definiert man: Die von einem Punkte A längs eines Weges s bis zu einem Punkte B bestehende **magnetische Spannung** ist gleich dem längs des Weges s vom Punkte A bis zum Punkte B erstreckten Linienintegral der **magnetischen Feldstärke**. Bezeichnet man die magnetische Spannung mit V und die Feldstärke mit $\mathfrak{H}$, so gilt demnach die Gleichung

$$\boxed{V_{AB} = \int\limits_{A}^{B} \mathfrak{H} \cos(\mathfrak{H},\, d s)\, d s} \quad {}^{223\,a}$$

(223a)

In Übereinstimmung mit der elektrischen Umlaufspannung nach (2141d) gilt für die magnetische Umlaufspannung die Gleichung

$$\boxed{V_0 = \oint \mathfrak{H} \cos(\mathfrak{H},\, d s)\, d s}.$$

(223b)

—.2) Es sei ferner definiert: **Die elektrische Durchflutung** eines in sich geschlossenen Weges s ist die Summe derjenigen Stromstärken, die eine diesen geschlossenen Weg als Randlinie aufweisende, sonst beliebig gelegte Fläche durchstoßen. In

---

[223a] Zur Erklärung des Begriffes des Linienintegrales s. §§ 2141.5, 2141.8.

diese Summe sind solche Stromstärken, deren Bezugssinne
mit dem frei gewählten Bezugssinn der Durchflutung durch
die Fläche laufen, mit unverändertem Vorzeichen und solche,
deren Bezugssinne dem Bezugssinn der Durchflutung entgegenlaufen, mit umgekehrten Vorzeichen einzusetzen. Die
von der Randlinie s begrenzte, von den Strömen durchstoßene Fläche
kann man sich zur Veranschaulichung als ausgespanntes Papier denken.

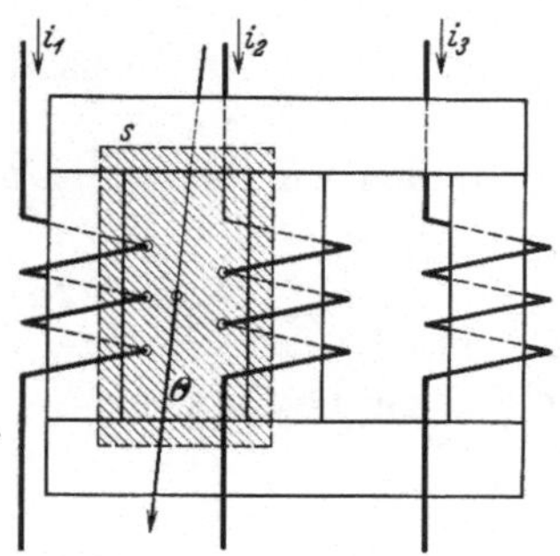

Abb. 223a. Dreiphasige Drosselspule
mit Bezugssinnen für die drei magnetisierenden Ströme i_1, i_2 und i_3
und für die Durchflutung Θ. Die
durchstoßene Fläche hat die Randlinie s.

Bezeichnet man die Durchflutung mit Θ
(sprich: Groß-Theta) und die Stromstärken
mit i, so gilt demnach die Gleichung

$$\boxed{\Theta = \sum i}. \qquad (223\,\mathrm{c})$$

Für das linke Fenster der in Abb. 223a
dargestellten Dreiphasen-Drosselspule ist
z. B. zu schreiben

$$\Theta = i_1 + i_1 + i_1 - i_2 - i_2.$$

—.3) Es gilt nun erfahrungsgemäß das Gesetz: Die magnetische Umlaufspannung ist gleich der elektrischen
Durchflutung ihres Integrationsweges. Dabei ist vorausgesetzt, daß
sich die Bezugssinne der beiden Größen nach einer Rechtsschraubung zugeordnet sind (§ 2122.6). Es gilt demnach die
Gleichung

$$\boxed{V_0 = \Theta}^{\,223\,\mathrm{b}}. \qquad (223\,\mathrm{d})$$

Verändern sich die die Durchflutung ergebenden Ströme, so werden Θ
und damit V_0 Funktionen der Zeit.

—.4) In (223d) kommt nach Einsetzen von (223b u. c) die Proportionalität
zwischen Stromstärke und Wegintegral der magnetischen Feldstärke zum
Ausdruck. Für magnetische Kreise mit konstanter Permeabilität hat
sie zur Folge, daß der Stromstärke auch die Feldstärke selbst, die magnetische Induktion und der magnetische Induktionsfluß proportional sind.
Nennt man den Induktionsfluß, der durch die Fläche tritt, die den Leiter
einer Spule als Randlinie aufweist[223c], Spulenfluß[223d] und bezeichnet
man seinen Augenblickswert mit Ψ_t (sprich: Groß-Psi, (Index) t), so gilt

$$\boxed{\Psi_t = L i}, \qquad (223\,\mathrm{e})$$

[223b] Dieser Zusammenhang gilt unabhängig von den Stoffen, durch die der
Integrationsweg von V_0 führt.

[223c] Bilder solcher Flächen zeigt Fritz Emde: Elektrotechn. u. Maschi-
nenb. 30 (1912) S. 976.

[223d] Die Begriffe Spulenfluß und Windungsfluß sind im Normblatt DIN 1321
niedergelegt.

wenn die Spule den Strom i führt und die Bezugssinne des Spulenflusses und des Stromes sich nach einer Rechtsschraubung entsprechen. Dabei wird der Proportionalitätsfaktor L als **Koeffizient der Selbstinduktion** oder als **Selbstinduktivität** bezeichnet. Dagegen wird

$$\boxed{\Psi_{t_1} = L_1 i_1 + M i_2} \qquad (223\,\mathrm{f})$$

geschrieben, wenn noch ein weiterer den Spulenfluß miterzeugender Strom i_2 in einer anderen Spule fließt. Der Proportionalitätsfaktor M heißt **Koeffizient der gegenseitigen Induktion** oder **Gegeninduktivität**.

—.5) Der Spulenfluß kann mit Hilfe der Windungszahl w, eines **Wicklungsfaktors** ξ (sprich: Klein-Xi) durch den **Windungsfluß** Φ_t[223 d] (sprich: Groß-Phi, (Index) t) ausgedrückt werden. Es gilt der Ansatz

$$\boxed{\Psi_t = w\,\xi\,\Phi_t} . \qquad (223\,\mathrm{g})$$

—.6) Wird (223 b) in (223 d) eingesetzt, so entspricht das Durchflutungsgesetz als Integralgesetz dem in der Physik gebräuchlichen Punktgesetz

$$\operatorname{rot} \mathfrak{H} = \mathfrak{g} .$$

Dabei bedeuten $\mathfrak{H}$ die magnetische Feldstärke und $\mathfrak{g}$ die Stromdichte.

Induktionsgesetz. § 224

—.1) Das Induktionsgesetz ist der Ausdruck für die Erfahrungstatsache, daß veränderliche magnetische Felder elektrische Wirbelfelder hervorrufen. Es lautet: **Die elektrische Umlaufspannung ist in jedem Augenblick gleich der negativen Änderungsgeschwindigkeit des mit ihrem Integrationsweg verketteten Induktionsflusses. Dabei ist vorausgesetzt, daß sich die Bezugssinne beider Größen nach einer Rechtsschraubung zugeordnet sind** (§ 2122.4). Bedeutet u_0 die elektrische Umlaufspannung, Φ_t den Induktionsfluß, t die Zeit und deutet der Index t den Augenblickswert an[224 a], so gilt demnach die Gleichung

$$\boxed{u_0 = -\frac{d\,\Phi_t}{dt}} . \qquad (224\,\mathrm{a})$$

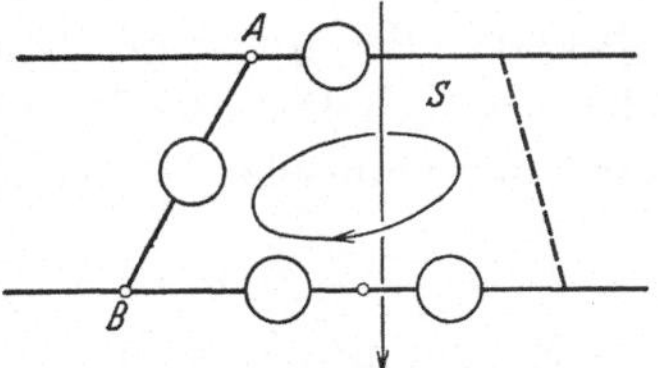

Abb. 224a. In sich geschlossener, teilweise durch Luft führender Integrationsweg mit zugehörigem Maschenumlaufsinn, dem nach einer Rechtsschraubung ein weiterer Bezugssinn zugeordnet ist.

Abb. 224 a zeigt die Zuordnung des Maschenumlaufsinnes und des Bezugssinnes für einen Weg, der sich zum Teil über Zweipole, zum Teil durch die Luft schließt.

[224 a] Um Verwechslungen mit der sehr häufig gebrauchten Phasenverschiebung φ zu vermeiden, wird hier die Bezeichnung Φ_t des Augenblickswertes des Induktionsflusses der einfacheren φ vorgezogen.

—.2) In der Praxis wendet man das Induktionsgesetz selten auf einen geschlossenen Weg an. Man bevorzugt eine Formulierung, die sich auf einzelne Zweipole beschränkt, auch wenn ein solches Gesetz dann weniger allgemein anwendbar ist als (224a). Zu ihrer Herleitung wollen wir einen Zweipol AB betrachten (Abb. 224b). Er gehöre einer Masche an, mit der insgesamt der Induktionsfluß Φ_t verschlungen ist. In dem betrachteten Zweipol, der beispielsweise eine Drahtspule, ein Apparat oder eine ganze Maschine mit den Klemmen A und B sein kann, sei ein innerer

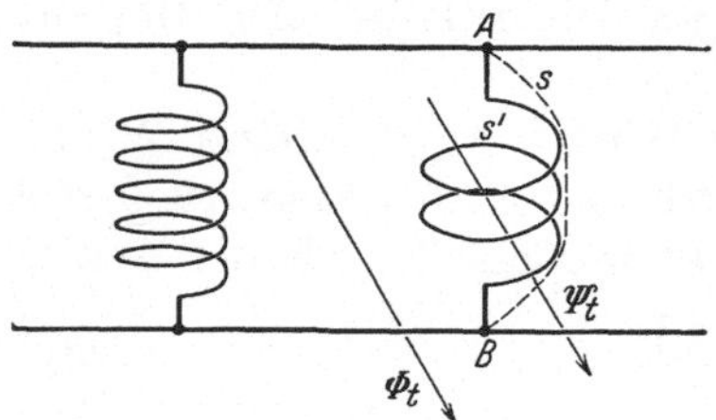

Abb. 224 b. Zweipol AB mit einem inneren Integrationswege s' und einem äußeren Integrationswege s. Bezugssinne für die Induktionsflüsse Φ_t und Ψ_t.

Weg s' festgelegt. Dieser führt in der Achse des Leiters von der Klemme A bis zur Klemme B. Nun sei im Sinne von § 2144 noch der kürzeste äußere Weg s festgelegt, der ebenfalls von der Klemme A bis zur Klemme B führt. Der (Ohmsche) Widerstand des Zweipoles sei R. Mit dem aus s' und s gebildeten geschlossenen Wege sei ein Teil Ψ_t des gemeinsamen Flusses Φ_t verkettet. Während in Φ_t der Induktionsfluß aller in der Masche zusammengeschalteten Zweipole zusammengefaßt ist, stellt Ψ_t nur den Induktionsfluß dar, der in § 231 als Induktionsfluß des betreffenden Zweipoles bezeichnet wird. Nach (224a) und (2141e) gilt dann

$$u'_{AB} - u_{AB} = - \frac{d\Psi_t}{dt},$$

wenn mit u'_{AB} die Spannung längs des Weges s' und mit u_{AB} die Spannung längs des Weges s bezeichnet wird. Definitionsgemäß (§ 2141.5) ist u'_{AB} das Linienintegral der elektrischen Feldstärke längs des Weges s', also längs der Achse des Drahtes des Zweipoles. Eine dort vorhandene elektrische Feldstärke bringt einen elektrischen Strom hervor, es gilt dort das Ohmsche Gesetz (§ 221), und man erhält

$$u'_{AB} = R i_{AB}.$$

Die Spannung u'_{AB} stellt also die Ohmsche Spannung dar. Andererseits ist u_{AB} die Klemmenspannung (§ 2144). Durch Einsetzen und Umstellen erhalten wir so die beiden folgenden Gleichungen:

$$R i_{AB} + \frac{d\Psi_t}{dt} = u_{AB}, \tag{224b}$$

$$R i_{AB} = u_{AB} - \frac{d\Psi_t}{dt}. \tag{224c}$$

—.3) Vergleichen wir (224b) mit der in (221e) enthaltenen allgemeinen Form des Ohmschen Gesetzes, so spielt das Glied $d\Psi_t/dt$ die Rolle einer eingeprägten Spannung. In Anlehnung an den dem Gliede $R i_{AB}$ gegebenen Namen Ohmsche Spannung wollen wir daher den Ausdruck $d\Psi_t/dt$ induzierte Spannung nennen und mit u_i bezeichnen:

$$\boxed{u_i \equiv \frac{d\Psi_t}{dt}}. \tag{224d}$$

Verwenden wir noch die Bezeichnung u_ϱ für die Ohmsche Spannung, so geht (224b) über in

$$u_{AB} = u_\varrho + u_i.$$

—.4) Vergleicht man dagegen (224c) mit der allgemeinen Form des Ohmschen Gesetzes (221d), so spielt das Glied $-d\Psi_t/dt$ die Rolle einer elektromotorischen Kraft. Zur Unterscheidung von eingeprägten elektromotorischen Kräften wird es daher induzierte elektromotorische Kraft genannt und mit e_i bezeichnet:

$$e_i \equiv -\frac{d\Psi_t}{dt}. \tag{224e}$$

Damit geht (224c) über in

$$u_{AB} = Ri_{AB} - e_i.$$

—.5) Die induzierte Spannung (oder die induzierte elektromotorische Kraft) behandelt man wie eine Größe, die im Innern des Leiters des Zweipoles sitzt. So ist es üblich, zu sagen, im Zweipol AB trete die Ohmsche Spannung u_ϱ auf, und es werde in ihn die Spannung u_i induziert. Nach diesem Sprachgebrauch besteht dann im Leiter des Zweipoles AB die Spannung $u_\varrho + u_i$. Für die Umlaufspannung in der aus s' und s gebildeten Masche erhält man dann

$$u_{\circ} = u_\varrho + u_i - u_{AB} = 0,$$

was sich mit (224b) deckt. Die Umlaufspannung u_0 wird somit zu Null, während vorher das vorhandene elektrische Wirbelfeld in der von Null verschiedenen Umlaufspannung $u_{\circ} = -\dfrac{d\Psi_t}{dt}$ zum Ausdruck kam. Die Einführung der induzierten Spannung u_i im Zweipol kommt demnach einer Entwirbelung des in ihm und in seiner unmittelbaren Umgebung vorhandenen elektrischen Feldes gleich [224b]. Dasselbe gilt für die induzierte elektromotorische Kraft.

—.6) Dieser Ersatz des elektrischen Wirbelfeldes durch ein wirbelfreies elektrisches Feld und eine induzierte Spannung ist in vielen Fällen sehr

---

[224b] Dieses Zurückführen von Wirbelfeldproblemen auf Probleme des wirbelfreien Feldes unter Einführung von induzierten Spannungen läßt sich vergleichen mit der in der Mechanik gebräuchlichen Überführung von dynamischen Problemen auf statische Probleme durch die Einführung von Trägheitskräften nach d'Alembert. Erst mit diesen Ersatzkräften wird für bewegte Massenpunkte die statische Gleichgewichtsbedingung erfüllt, wonach für Gleichgewicht die vektorielle Summe der an einem Punkt angreifenden Kräfte Null sein muß.

bequem. Er hat sich in der Praxis überall eingeführt. Dagegen haftet ihm als Nachteil an, daß er das physikalische Bild des Vorganges verdeckt. In Wirklichkeit sind die beiden Spannungen u'_{AB} und u_{AB} voneinander verschieden, wovon man sich durch Messung überzeugen kann. Hiezu muß man einen Spannungsmesser in den in der Drahtachse verlaufenden Weg s' hineinverlegen. Man kann dies für den Fall, daß der Zweipol eine Spule ist, so ausführen, daß man den Leiter als Rohr ausbildet, einen Spannungsmesser einpolig an die Klemme A und den andern Pol mit einem isolierten Draht durch das Rohr hindurch zur Klemme B führt.

—.7) In Abb. 224c ist ein Beispiel eines elektrischen Wirbelfeldes skizziert. Die dick ausgezogenen Linien sind Feldlinien, die dünn ausgezogenen sind Niveaulinien. Von einer ausgezogenen Niveaulinie zur benachbarten Niveaulinie (ausgenommen im Innern des Eisenkerns) besteht je dieselbe Spannung z. B. im Gegenuhrzeigersinn $+0{,}1$ Volt. Die gestrichelten Niveaulinien

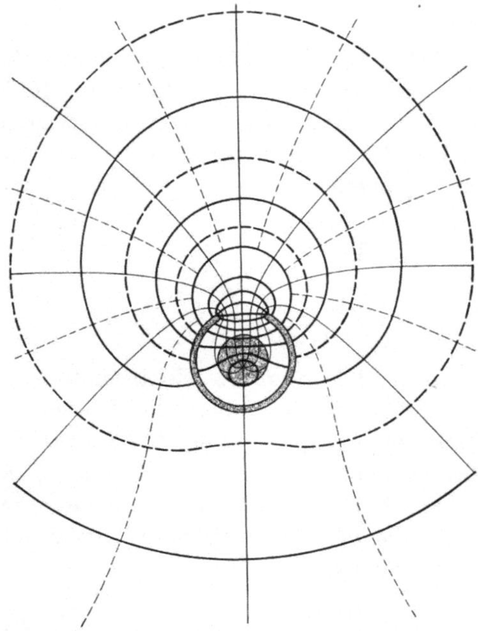

Abb. 224c. Um einen Eisenkern, der veränderlichen Induktionsfluß führt, ist als offene Windung ein Stück Kupferdraht geschlungen. Durch Feld- und Niveaulinien ist das entstehende elektrische Wirbelfeld dargestellt.

halbieren diese Spannung. Die beiden Leiterhälften tragen Ladungen entgegengesetzten Vorzeichens. Im Augenblick, für den die Zeichnung gilt, ist die Änderungsgeschwindigkeit des Induktionsflusses konstant. Es tritt daher im Drahte keine Änderung der Ladungsverteilung auf, d. h. es besteht augenblicklich kein Strom. Der ganze Draht ist eine Niveaufläche. Längs eines Weges, der den ganzen Eisenkern umschließt, besteht im Gegenuhrzeigersinn die Spannung 0,8 Volt. Der Leiter selbst trägt hiezu nichts bei. Umschlingt der Weg dagegen keinen Teil des Eisenkerns, so wird die Umlaufspannung Null. — Abb. 224d zeigt dagegen ein wirbelfreies elektrisches Feld. Die Flußänderung ist ersetzt durch eine im Draht sitzende induzierte Spannung. Vom Drahtende rechts zum Drahtende links besteht wie in Abb. 224c die Spannung $+0{,}8$ Volt. Längs des Rückweges durch den Draht besteht nun aber die Spannung $-0,8$ Volt. Die Umlaufspannung wird längs aller in sich geschlossenen Wege zu Null.

$-.8$) Ersetzt man in (224d) den Induktionsfluß durch das Produkt aus Induktivität L und Strom i (§ 223.4), so wird die induzierte Spannung

$$u_i = \frac{d\,(L\,i)}{d\,t}\,. \tag{224f}$$

Rechnet man bei zwei magnetisch gekuppelten Stromkreisen mit der Gegeninduktivität M, so ist noch das Glied $\frac{d}{d\,t}(M\,i)$ zu berücksichtigen, und man erhält

$$u_{i_1} = \frac{d}{d\,t}\,(L_1\,i_1) + \frac{d}{d\,t}\,(M\,i_2)\,. \tag{224g}$$

$-.9$) In der in (224a) gegebenen allgemeinen Form entspricht das Induktionsgesetz als Integralgesetz dem in der Physik gebräuchlichen Punktgesetz

$$\operatorname{rot} \mathfrak{E} = -\,\frac{d\,\mathfrak{B}}{d\,t}\,.$$

Darin bedeuten $\mathfrak{E}$ die elektrische Feldstärke, $\mathfrak{B}$ die magnetische Induktion und t die Zeit. Dabei ist in diesen Bezeichnungen nicht besonders angedeutet, daß es sich um Augenblickswerte handelt.

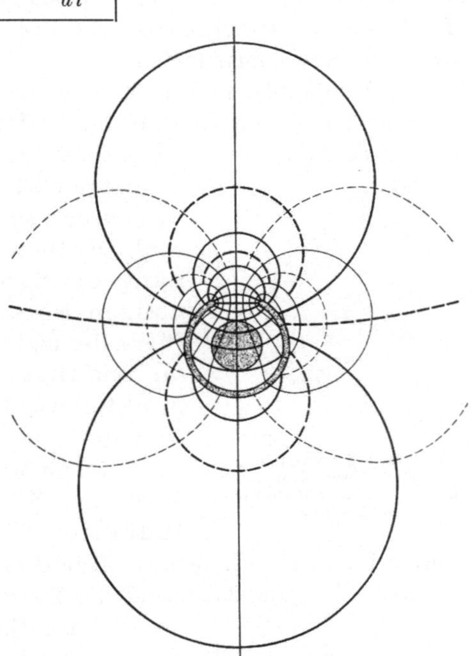

Abb. 224d. Der der Abb. 224c zugrunde liegende veränderliche Induktionsfluß ist durch eine im Kupferdraht sitzende induzierte Spannung ersetzt worden. Das elektrische Feld wird dadurch wirbelfrei. (In beiden Abbildungen ist der Eisenkern als Isolator behandelt, dessen Dielektrizitätskonstante gleich der der Luft ist.)

Rechenregeln für die Zusammenfassung von Zweipolen.   § 23

$-.1$) Die nachstehend erwähnten Zusammenhänge sind keine durch die Erfahrung gefundenen Grundtatsachen. Sie lassen sich vielmehr aus den Grundbegriffen und Grundgesetzen ableiten. Zur Betonung dieses Unterschiedes werden sie als Regeln bezeichnet.

Klemmenspannung, innere Spannungen, Strom[231a]   § 231 und Induktionsfluß eines Zweipoles.

$-.1$) Den äußeren Weg eines Zweipoles haben wir in § 2144 festgelegt. Jetzt definieren wir noch: Der **innere Weg** eines Zweipoles

---

[231a] Wir sagen hier und in den folgenden Abschnitten — wie in der Technik üblich ist — Strom statt Stromstärke.

ist eine Strombahn, die im Inneren dieses Zweipoles dessen Klemmen verbindet. Die Klemmenspannung u eines Zweipoles besteht längs seines äußeren, der Strom i des Zweipoles längs seines inneren Weges. Spannungen, die längs des inneren Weges bestehen, bezeichnen wir als innere Spannungen. Der Induktionsfluß Ψ_t eines Zweipoles ist derjenige Spulenfluß (§ 223.4 u. § 223.5), der mit der Masche verschlungen ist, die der innere und der äußere Weg des Zweipoles zusammen bilden.

—.2) Für die Wahl der Bezugssinne der vorgenannten Größen wollen wir hier ein für allemal eine Verabredung treffen, die — sofern nicht ausdrücklich etwas Abweichendes festgesetzt wird — in allen folgenden Abschnitten als gültig vorausgesetzt ist, auch wenn nicht besonders darauf hingewiesen wird. Die Bezugssinne der Klemmenspannung, des Stromes und der inneren Spannungen werden dadurch bestimmt, daß für alle miteinander die eine Klemme als Anfangs- und die andere als Endpunkt gewählt wird. Der Maschenumlaufsinn der aus innerem und äußerem Wege gebildeten Masche läuft mit dem Bezugssinne des Stromes. Der Bezugssinn des Induktionsflusses ist dem Maschenumlaufsinn nach einer Rechtsschraubung (§ 2122.4) zugeordnet. In Abb. 231a sind die Bezugssinne der Klemmenspannung, der Größen des inneren Weges, der Masche und des Induktionsflusses durch vier Bezugspfeile angegeben. Wird der äußere Weg nicht eingezeichnet, was üblich ist, so genügt für die Angabe des Bezugssinnes der Größen des inneren Weges und der Klemmenspannung ein einziger Bezugspfeil. Allen diesen Größen kommt dann ein gemeinsamer (§ 2122.1) Bezugssinn zu.

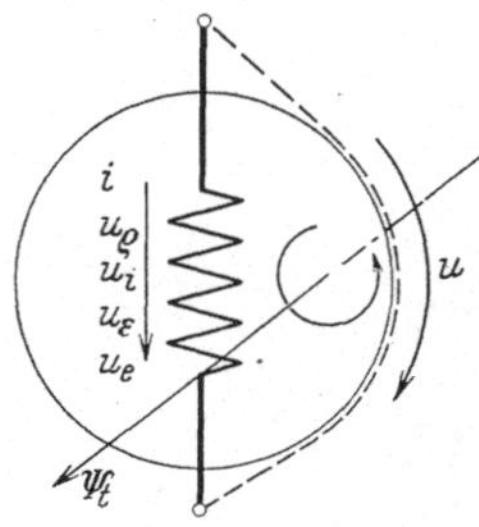

Abb. 231a. Schematisch gezeichneter Zweipol mit den nach § 231.2 angegebenen Bezugssinnen.

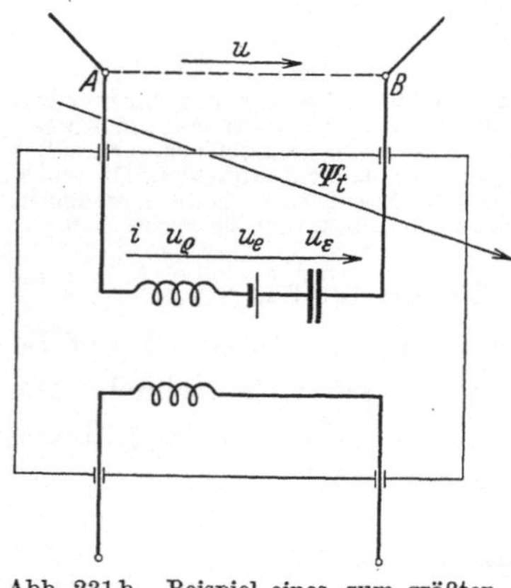

Abb. 231b. Beispiel eines zum größten Teile in einem Kasten liegenden Zweipoles AB. Die Bezugssinne der verschiedenen Größen sind eingezeichnet.

—.3) Für den in Abb. 231b dargestellten Zweipol sei A der Anfangspunkt und B der Endpunkt. Der innere Weg möge teilweise durch einen inhomogenen Leiter (Drosselspule mit Widerstand und Element), teilweise durch ein Dielektrikum (Kondensator) führen. Der inhomogene Leiter habe den Widerstand R und die eingeprägte Spannung u_e (§ 2148). Die

Kapazität der Dielektrikumsstrecke sei C. Am Leiter liegt nach (221 i) die Spannung $u_\varrho + u_e$. An der Dielektrikumsstrecke liegt die Dielektrikumsspannung u_ε (§ 222). Die längs des ganzen inneren Weges bestehende Spannung (Wegintegral der elektrischen Feldstärke) wird damit $u_\varrho + u_e + u_\varepsilon$. Die Spannung des äußeren Weges (Wegintegral der elektrischen Feldstärke) ist die Klemmenspannung u. Für die längs der Masche gebildete Unlaufspannung $u_\varrho + u_e + u_\varepsilon - u$ erhält man nach (224 a)

$$u_\varrho + u_e + u_\varepsilon - u = -\frac{d\,\Psi_t}{dt}$$

und daraus für die Klemmenspannung

$$u = u_\varrho + \frac{d\,\Psi_t}{dt} + u_\varepsilon + u_e. \tag{231 a}$$

Betrachtet man nun die in der durch die Masche umrandeten Fläche sitzende Größe $+\dfrac{d\,\Psi_t}{dt}$ als fiktive innere Spannung, die wir als induzierte Spannung u_i (§ 224.3) bezeichnen, so erhält man für die Klemmenspannung die überaus einfach gebaute Formel

$$\boxed{u = u_\varrho + u_i + u_\varepsilon + u_e} \tag{231 b}$$

oder den Satz: **Die Klemmenspannung eines Zweipoles ist gleich der Summe seiner inneren Spannungen.** Die einzelnen Summanden sind die Ohmsche Spannung u_ϱ nach (221 h), die induzierte Spannung u_i nach (224 d) oder (224 f), die Dielektrikumsspannung u_ε nach (222 d) und die eingeprägte Spannung u_e nach § 2148.

—.4) Rechnet man statt mit der eingeprägten Spannung u_e mit der eingeprägten elektromotorischen Kraft e_e und statt mit der fiktiven induzierten Spannung u_i mit der ebenso fiktiven induzierten elektromotorischen Kraft e_i, so geht mit Berücksichtigung von (2148 a) und (224 e) die Gleichung (231 b) über in

$$u = u_\varrho + u_\varepsilon - e_i - e_e. \tag{231 c}$$

Es gilt der Satz: **Die Klemmenspannung eines Zweipoles ist gleich der Summe seiner inneren Spannungen und seiner mit umgekehrten Vorzeichen eingesetzten inneren elektromotorischen Kräfte.** Die Verwendung von zwei verschiedenen Größenarten, von Spannungen und von elektromotorischen Kräften, führt erfahrungsgemäß leicht zu Vorzeichenfehlern. Wir bevorzugen daher (231 b).

—.5) Nach den Festsetzungen von § 231.1 sind für die Klemmenspannung und den Strom eines Zweipoles ein gemeinsamer Bezugssinn oder genauer parallele Bezugssinne zu wählen. Wenn die betrachteten Zweipole Verbraucher elektrischer Energie (passive Zweipole) sind, ist dies in der

Literatur allgemein üblich. Bei den Erzeugern elektrischer Energie (aktive Zweipole) herrscht dagegen Uneinheitlichkeit in der Wahl der Bezugssinne. Sehr viele Autoren wählen für den inneren und den äußeren Weg eines Energieerzeugers gegenparallele, für einen Energieverbraucher dagegen parallele Bezugssinne (§ 221.3). Sie erhalten so für die Klemmenspannung eines Erzeugers eine Gleichung der Form

$$u = -u_\varrho - u_i - u_\varepsilon - u_e \qquad (231\,\mathrm{d})$$

und für einen Verbraucher (231 b).

—.6) Die Uneinheitlichkeit der Wahl der Bezugssinne für Erzeuger und Verbraucher ist eine Quelle für Mißverständnisse. Dies besonders dann, wenn über die getroffene Wahl keine genauen Angaben gemacht werden. Im Interesse leichter Verständigungsmöglichkeit sollte man unbedingt zu einer Vereinheitlichung kommen. Dabei empfiehlt es sich, der in § 231.1 niedergelegten Festsetzung den Vorzug zu geben, die für Verbraucher schon allgemein üblich ist. Für die Zweckmäßigkeit der Vereinheitlichung in der Wahl der Bezugssinne läßt sich eine Reihe guter Gründe angeben.

—.7) Der erste ist der, daß dann die einfachste, nämlich eine für alle Zweipole gleiche Vereinbarung besteht. Ein zweiter Grund liegt darin, daß ein Verbraucher stetig in einen Erzeuger übergehen kann. Eine für Verbraucher und Erzeuger verschiedene Festsetzung erscheint deshalb als gekünstelt und nicht naheliegend. Einen dritten, sehr anschaulichen Grund bilden die von Oszillographen gelieferten photographischen Aufnahmen. Untersucht man die Klemmenspannung und den Strom eines Zweipoles mit dem Oszillographen, so werden die beiden Meßschleifen nach einem der beiden in Abb. 231c dargestellten Schaltpläne angeschlossen. Dabei seien die Anfangsklemmen a_1, a_2 und die Endklemmen e_1, e_2 der beiden Schleifen so festgelegt, daß Ströme, die in den Schleifen von der Anfangs- zur Endklemme fließen, bei beiden Schleifen gleichgerichtete Ablenkungen der Lichtzeiger hervorrufen. Wenn die Schaltung des Oszillographen nach obigen Angaben ausgeführt ist, so gelten die entstehenden Oszillogramme für einen für Klemmenspannung und Strom des zu untersuchenden Zweipoles AB gemeinsamen Bezugssinn, ganz unabhängig davon, ob dieser Zweipol als Erzeuger oder als Verbraucher elektrischer Energie arbeitet. Weitere Gründe liefert das Verhalten der Leistungsmesser, der Zähler und der Phasenmeter.

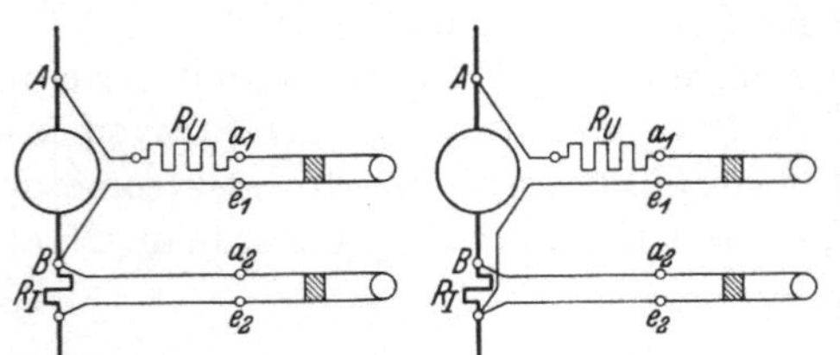

Abb. 231 c. Zwei Schaltungen eines Oszillographen zur Untersuchung der Klemmenspannung und des Stromes des Zweipoles AB. Die Spannungsschleife $a_1 e_1$ ist über einen Vorwiderstand R_U angeschlossen. Die Stromschleife $a_2 e_2$ liegt an einem Nebenwiderstand R_I.

Die Knotenregel (erste Kirchhoffsche Regel).   § 232

—.1) Diese Regel ist der Ausdruck dafür, daß — wie bei einer Flüssig-keitsströmung — einem Verzweigungspunkt oder Knoten Elektrizität weder zugeführt noch entnommen werden kann. Sie läßt sich in folgen-der Form aussprechen: Stoßen mehrere Zweipole in einem Knoten zusammen, so ist die Summe der in ihnen fließenden Ströme in jedem Augenblick gleich Null. In diese Summe sind solche Ströme, deren Bezugssinne vom Knoten weglaufen, mit un-verändertem und solche, deren Bezugssinne zum Knoten hin-laufen, mit umgekehrtem Vorzeichen einzusetzen.

$$\boxed{\sum i = 0}.\qquad(232\,\text{a})$$

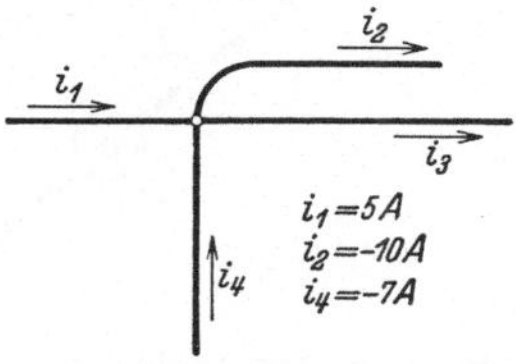

Für den in Abb. 232a dargestellten Knoten ist z. B. die Summe der Ströme in der Form

$$-5\text{A} - 10\text{A} + i_3 + 7\text{A} = 0$$

anzuschreiben.

Abb. 232a. Knoten mit zu ihm hin und von ihm weglaufenden Bezugssinnen von vier Strömen.

—.2) In vielen Fällen ist es zweckmäßig und — wie leicht einzusehen ist — auch zulässig, eine Sammelschiene, einen Apparat, eine ganze Maschine oder gar einen Netzteil als Knoten zu behandeln. Dabei ist eine Kapazi-tät, die zwischen den im Knoten liegenden und außerhalb gelegenen Teilen besteht, als an den Knoten angeschlossener Zweipol zu be-rücksichtigen, wenn sie nicht vernachlässigbar klein ist.

Die Maschenregel und die resultierende Klemmen-   § 233
spannung.

—.1) Es seien mehrere Zweipole miteinander zu Maschen verbunden, wie das beispielsweise Abb. 233a zeigt. Durch die Einführung induzierter Spannungen in die Zweipole werden alle mit der Masche verketteten Änderungen von Induktionsflüssen vorweg berücksichtigt. Für jeden Zweipol ist dann seine nach (231b) oder (231d) berechnete Klemmen-spannung der Beitrag an die Umlaufspannung der ganzen Masche. Diese wird nach (224a) selbst zu Null, da alle mit der Masche verschlungenen Flußänderungen schon berücksichtigt sind. Man erhält so für die Masche

$$\boxed{\sum u = 0}\qquad(233\,\text{a})$$

oder in Worten: Für jede Masche ist die Summe aller Spannungen Null, wenn die Wirbel des elektrischen Feldes durch Ein-führung induzierter Spannungen berücksichtigt werden. In diese Summe sind solche Spannungen, deren Bezugssinne mit einem frei gewählten Maschenumlaufsinn laufen, mit un-

63

verändertem und solche, deren Bezugssinne dem Maschenumlaufsinn entgegenlaufen, mit umgekehrtem Vorzeichen
einzusetzen. Beispielsweise erhält man für die in Abb. 233a angegebene Masche die Gleichung

$$u_1 + u_{BC} - u_6 + u_7 + u_{NA} = 0 .$$

—.2) Man versteht unter der resultierenden Klemmenspannung einer Reihenschaltung von Zweipolen diejenige Klemmenspannung, die von der Anfangsklemme
des ersten bis zur Endklemme des letzten
Zweipoles dieser Schaltung besteht. Für
die Zweipole AB, BC, CD, EF, ..., LM,
MN ist somit u_{AN} die resultierende Klemmenspannung. Nach der Maschenregel gilt

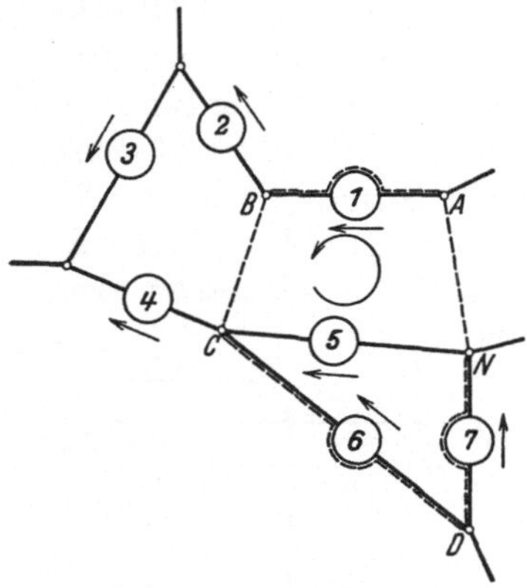

Abb. 233a. Aus Zweipolen bestehen-
des Netz mit einer als Integrationsweg festgelegten Masche $ABCDNA$.

$$u_{AB} + u_{BC} + \cdots + u_{MN} - u_{AN} = 0 ,$$

und daraus folgt

$$\boxed{u_{AN} = u_{AB} + u_{BC} + \cdots + u_{MN}} . \qquad (233\,\mathrm{b})$$

Für eine Reihenschaltung von Zweipolen ist die resultierende
Klemmenspannung gleich der Summe der Klemmenspannungen der einzelnen Zweipole, wenn die Wirbel des elektrischen
Feldes durch Einführung induzierter Spannungen berücksichtigt werden. In diese Summe sind solche Klemmenspannungen, deren Bezugssinne zum dem Bezugssinn der resulti-
renden Klemmenspannung **parallel** sind, mit unverändertem
und solche, deren Bezugssinne zum Bezugssinn der resulti-
renden Klemmenspannung **gegenparallel** sind, mit umgekehrtem Vorzeichen einzusetzen.

Einige Leistungsgrößen. § 24

Die durch Elektrizitätsleitung aufgenommene Leistung eines Zweipoles. § 241

—.1) Im Punkte A eines elektrischen Feldgebietes (Abb. 241a) bestehe
das Potential p_A. Wird eine kleine Prüfkugel mit der kleinen elektrischen
Ladung q von A längs eines bestimmten, über B führenden Weges zur
Erde bewegt, so leisten die elektrischen Feldkräfte an dieser Prüfkugel
die Arbeit $u_{ABE}q$. Es folgt dies aus der Definition der Spannung (§ 2141.2),
wenn u_{ABE} die Spannung ist, die vom Punkte A längs des über B führenden Weges bis zur Erde besteht. Nach (2145a) ist nun

$$u_{ABE} = p_A - p_E .$$

Da das Erdpotential p_E stets gleich Null (§ 2145.5) gesetzt wird, folgt dann

$$u_{ABE} = p_A.$$

Für die Arbeit der Feldkräfte erhalten wir dann $p_A q$. Bleibt dagegen die Ladung q im Punkte A, so kann sie die Arbeit $p_A q$ noch leisten. Sie besitzt somit im Punkte A gegenüber der Erde das Arbeitsvermögen oder die potentielle Energie

$$w_A = p_A q.$$

Befindet sich dagegen die Ladung q im Punkte B, so erhalten wir analog

$$w_B = p_B q.$$

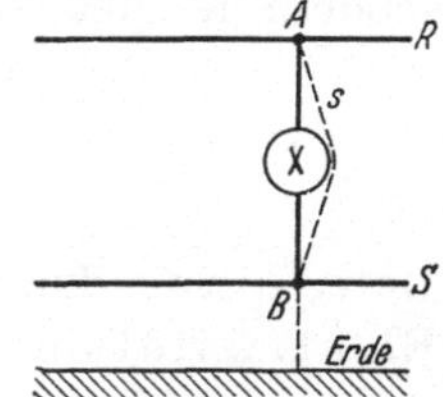

Abb. 241a. Nicht näher bestimmter Zweipol X mit den Klemmen A und B. Der Weg s ist der Integrationsweg der Klemmenspannung. R und S sind zwei Sammelschienen.

—.2) Es sei nun X ein nicht näher bekannter Zweipol, der im Innern Wirbelfelder aufweisen möge oder nicht. Es sei also X beispielsweise ein Draht, eine Wicklung einer elektrischen Maschine, ein Kondensator. A und B seien die beiden Klemmen, i_{AB} der Strom. Während der sehr kurzen Zeit dt nimmt der Zweipol X an der Klemme A die Ladung $i_{AB} dt$ auf und gibt die Ladung $i_{AB} dt$ an der Klemme B ab. Er gewinnt damit einerseits die potentielle Energie $p_A i_{AB} dt$ und verliert anderseits die potentielle Energie $p_B i_{AB} dt$. Insgesamt nimmt er während der kleinen Zeit dt die kleine Energiedifferenz oder Arbeit

$$dA = (p_A - p_B)\, i_{AB}\, dt$$

auf. Dabei erhält man nach (2145a) für die Potentialdifferenz

$$p_A - p_B = u_{AB}.$$

Hierin ist u_{AB} die Spannung, die von der Klemme A bis zur Klemme B besteht. Vorausgesetzt ist dabei, daß der zur Bildung der Spannung nötige Integrationsweg s das Wirbelgebiet des Zweipoles X meidet (§ 2143). Verlegt man diesen Weg s insbesondere als kürzeste in Luft verlaufende Verbindung von Klemme zu Klemme (§ 2144.1), so ist u_{AB} die Klemmenspannung von X. Für die vom Zweipol X während der Zeit dt aufgenommene Arbeit erhalten wir damit

$$dA = u_{AB}\, i_{AB}\, dt. \tag{241a}$$

—.3) Die Physik gibt für den Augenblickswert der Leistung die Definitionsgleichung

$$N_t = \frac{dA}{dt}.$$

Setzen wir für dA die sehr kleine Arbeit ein, die der Zweipol X infolge Elektrizitätsleitung aufnimmt, so erhalten wir den Augenblickswert der

§ 241.3 Einige Grundbegriffe und Grundgesetze der Elektrizitätslehre.

durch Elektrizitätsleitung aufgenommenen Leistung[241a]

$$N_t = u_{AB}\, i_{AB}. \tag{241 b}$$

—.4) Sind die Klemmenspannung u_{AB} und der Strom i_{AB} periodisch veränderliche Größen, so interessiert meist nicht der Augenblickswert N_t, sondern der über die Periodendauer T genommene lineare Mittelwert

$$N = \frac{1}{T} \int_0^T N_t\, dt.$$

Unter Verwendung von (241b) finden wir für die mittlere durch Elektrizitätsleitung aufgenommene Leistung

$$\boxed{N = \frac{1}{T} \int_0^T u_{AB}\, i_{AB}\, dt}. \tag{241 c}$$

—.5) Ein Vergleich mit (241a) zeigt, daß das Integral von (241c) die während der Periodendauer T durch Elektrizitätsleitung aufgenommene Arbeit darstellt. Diese wird positiv oder negativ, je nachdem, ob mehr Energie aufgenommen oder abgegeben wird. Das gleiche Vorzeichen wie die Arbeit hat auch die Leistung, da T als Betrag nur positiver Werte fähig ist. Der Sprachgebrauch überträgt die Bezeichnungen „aufgenommen“ und „abgegeben“ von der Arbeit auf die Leistung. So sagt man: „Der Zweipol nimmt Leistung auf“, wenn N positiv wird, und: „Der Zweipol gibt Leistung ab“, wenn N negativ wird[241b].

—.6) Eine etwas weitergehende Untersuchung zeigt, daß die Verlegung des Integrationsweges s der Klemmenspannung u_{AB} auf folgende zwei Forderungen Rücksicht nehmen muß. Einerseits muß s außerhalb der vom Zweipol herrührenden Wirbelgebiete, also außerhalb des vom Zweipol selbst erzeugten, veränderlichen magnetischen Feldes liegen. Anderseits muß s so liegen, daß die aus ihm und dem inneren Weg des Zweipoles gebildete Masche nicht mit fremden, veränderlichen magnetischen Flüssen verschlungen ist. Diese beiden Forderungen schließen

---

[241a] Außer durch Elektrizitätsleitung kann ein Zweipol auch auf andere Weise Leistung aufnehmen, nämlich durch veränderliche elektrische oder magnetische Felder, ferner mechanisch, thermisch, optisch, chemisch. Sehr oft treten verschiedene Arten von Energieübertragung nebeneinander auf, so daß ein Zweipol dann nicht nur durch Elektrizitätsleitung Leistung aufnimmt oder abgibt.

[241b] In der Literatur trifft man auch die gegenteilige Festsetzung. Diese entspricht dann dem Ansatz

$$N = \frac{1}{T} \int_0^T u_{AB}\, i_{BA}\, dt,$$

der im Gegensatz zu den Festsetzungen von § 2144 für Strom und Klemmenspannung eines Zweipoles gegenparallele Bezugssinne verwendet.

66

sich genau genommen in den meisten vorliegenden Fällen gegenseitig aus. Mit praktisch hinreichender Genauigkeit genügt aber die Festlegung des Integrationsweges s nach § 2144.1.

Die Wirkleistungsaufnahme, die Blindleistungsabgabe und die Scheinleistung eines Zweipoles mit Klemmenspannung und Strom von Sinusform. § 242

—.1) Die Definition der Blindleistung eines Zweipoles, dessen Klemmenspannung und Strom beliebige Kurvenform aufweisen, ist heute noch umstritten[242a], so daß nachstehend nur eine auf Sinusform beschränkte Definition gegeben wird. Sie ist bis auf das heute noch zur Diskussion stehende Vorzeichen allgemein anerkannt. Auch bei der Wirkleistung bestehen hinsichtlich des Vorzeichens noch keine allgemein gültigen Festsetzungen.

Die Wirkleistungsaufnahme eines Zweipoles. § 2421

—.1) Für die Klemmenspannung u und den Strom i des Zweipoles sei nach § 231 ein gemeinsamer Bezugssinn vorausgesetzt. Beide Größen sollen in Funktion der Zeit sinusförmig veränderlich sein. Sie genügen dann den Ansätzen

$$u = U\sqrt{2}\,\sin(\omega t + \varphi_u),\qquad\qquad(2421\,\mathrm{a})$$

$$i = I\sqrt{2}\,\sin(\omega t + \varphi_i).\qquad\qquad(2421\,\mathrm{b})$$

—.2) Nun definieren wir: Die **Wirkleistungsaufnahme** N_w eines Zweipoles ist seine mittlere durch Elektrizitätsleitung aufgenommene Leistung. Die Wirkleistungsaufnahme ist somit kein neuer Begriff, sondern lediglich eine Abkürzung. Statt N_w kann man ebensogut auch N schreiben.

—.3) Für die Berechnung von N_w dient (241 c). Setzen wir für die Periodendauer nach (213 b u. c)

$$T = \frac{2\,\pi}{\omega},\qquad\qquad(2421\,\mathrm{c})$$

so wird

$$N_w = \frac{\omega}{\pi}\,U I \int_0^T \sin(\omega t + \varphi_u)\,\sin(\omega t + \varphi_i)\,dt.$$

Führen wir nun zur Abkürzung $\varphi = \varphi_i - \varphi_u$ ein, so gilt $\varphi_i = \varphi_u + \varphi$, und wir erhalten unter Benutzung des Additionstheoremes für $\sin[(\omega t + \varphi_u) + \varphi]$ durch Ausmultiplizieren

$$N_w = \frac{\omega}{\pi} U I\left[\cos\varphi \int_0^T \sin^2(\omega t + \varphi_u)\,dt + \sin\varphi \int_0^T \sin(\omega t + \varphi_u)\,\cos(\omega t + \varphi_u)\,dt\right].$$

[242a] Elektrotechn. Z. 53 (1932) S. 596 — Arch. Elektrotechn. 28 (1934) S. 130.

5* 67

§ 2421.3 Einige Grundbegriffe und Grundgesetze der Elektrizitätslehre.

Beachten wir (2421c), so finden wir für das erste Integral $\frac{\pi}{\omega}$ und für das zweite Null. Damit wird schließlich

$$\boxed{N_w = U I \cos\varphi}\,. \tag{2421d}$$

Der Winkel $\varphi = \varphi_i - \varphi_u$ ist die Phasenverschiebung, die der Strom i gegenüber der Klemmenspannung u aufweist (§ 213.5).

—.4) U und I können als Effektivwerte nach (213e) nur positiv (vorzeichenlos) sein. Das Vorzeichen von N_w wird somit nur durch $\cos\varphi$, letzten Endes also durch φ bestimmt. Man sagt: „Der Zweipol nimmt Wirkleistung auf“, wenn N_w positiv ist, und: „Der Zweipol gibt Wirkleistung ab“, wenn N_w negativ ist. Ein Motor nimmt Wirkleistung auf, ein Generator gibt Wirkleistung ab (§ 382). Wirkleistung ohne weiteren Zusatz bedeutet den Betrag $|N_w|$.

Die Blindleistungsabgabe eines Zweipoles. § 2422

—.1) Es sollen wieder die Voraussetzungen von § 2421.1 gelten. Dann definieren wir: Die **Blindleistungsabgabe** $N_b{}^{2422\,a}$ eines Zweipoles ist das Produkt der Effektivwerte seiner Klemmenspannung und seines Stromes und des Sinus der Phasenverschiebung, die der Strom gegenüber der Klemmenspannung aufweist. Es gilt somit die Definitionsgleichung

$$\boxed{N_b = U I \sin\varphi}\,. \tag{2422a}$$

—.2) Das Vorzeichen von N_b wird wieder nur durch φ bestimmt. Man sagt: „Der Zweipol gibt Blindleistung ab“, wenn N_b positiv ist, und: „Der Zweipol nimmt Blindleistung[2422b] auf“, wenn N_b negativ ist. Ein Kondensator gibt also Blindleistung ab, eine Drosselspule nimmt Blindleistung auf (§ 382). Blindleistung (ohne weiteren Zusatz) bedeutet $|N_b|$.

—.3) Die Blindleistungsabgabe kann man, da die Gleichung

$$\sin\varphi = \cos(\varphi - 90°)$$

richtig ist, auch in der Form

$$N_b = U I \cos(\varphi_i - (\varphi_u + 90°)) \tag{2422b}$$

[2422a] Der Wunsch, für voreilenden Strom positive Werte von N_b zu erhalten (§ 53.3), und der allgemeine Brauch, bei voreilendem Strom von Abgabe zu reden, zwingen dazu, N_b' im Gegensatz zu N_w der Abgabe zuzuordnen. Für die Blindleistungsaufnahme wird dann

$$\text{Blindleistungsaufnahme} = -N_b = -U I \sin\varphi\,.$$

[2422b] Eine unnötige Komplizierung bedeutet die Unterscheidung von induktiver und kapazitiver Blindleistung. Es existieren dann für „Aufnahme von Blindleistung“ die beiden Ausdrücke „Aufnahme von induktiver Blindleistung“ und „Abgabe von kapazitiver Blindleistung“. Für „Abgabe von Blindleistung“ bestehen die beiden Ausdrucksweisen „Abgabe von induktiver Blindleistung“ und „Aufnahme von kapazitiver Blindleistung“.

68

anschreiben. Sie wird damit gleich der Wirkleistungsaufnahme eines Ersatzzweipoles, dessen Klemmenspannung

$$u^* = U \sqrt{2} \sin(\omega t + \varphi_u + 90°)$$

der Klemmenspannung u des wirklichen Zweipoles um 90° voreilt. Von dieser Tatsache macht man bei der Messung der Blindleistungsabgabe Gebrauch, indem man ein Meßorgan, das für die Messung der Wirkleistungsaufnahme geeignet ist, an eine um 90° verdrehte Spannung legt.

Die Scheinleistung eines Zweipoles. § 2423

—.1) Die Scheinleistung [2423a] N_s eines Zweipoles definiert man als das Produkt aus dem Effektivwert seines Stromes und dem Effektivwert seiner Klemmenspannung. Damit wird

$$\boxed{N_s = U I}. \tag{2423 a}$$

Als Produkt von zwei Effektivwerten ist die Scheinleistung selbst eine Größe, der nur das positive Vorzeichen zukommen kann.

—.2) Wegen des Bestehens der Beziehung

$$\sin^2 \alpha + \cos^2 \alpha = 1$$

folgt aus (2421 d) und (2422 a) die Gleichung

$$\boxed{N_s^2 = N_w^2 + N_b^2}. \tag{2423 b}$$

—.3) Der Name Scheinleistung ist historisch zu erklären. Er bedeutet scheinbare Leistung und rührt daher, daß man zur Zeit der Herrschaft des Gleichstromes gewohnt war, das Produkt $U I$ der Leistung gleichzusetzen. Bei Wechselstrom war dann die so berechnete Leistung nicht in Wirklichkeit, sondern nur scheinbar vorhanden.

Die Einheiten der verschiedenen Leistungsgrößen. § 243

—.1) Aus den die Wirkleistungsaufnahme, die Blindleistungsabgabe und die Scheinleistung definierenden Gleichungen (2421 d), (2422 a) und (2423 a) geht hervor, daß jede dieser Leistungsgrößen ein Produkt der Größen Spannung und Strom ist. Sie sind daher alle von gleicher Di-

---

[2423a] Zum Ersatz der Scheinleistung wurde der Name Richtleistung vorgeschlagen [2423b], da sich die Abmessungen einer Maschine oder eines Apparates teilweise nach dem Produkt $U I$ richten. Man hoffte mit dieser Bezeichnung den üblen Eindruck zu vermeiden, den die Vorsilbe Schein- bei Laien gelegentlich hervorruft. Die bisherige Bezeichnung hat dagegen den wesentlichen Vorteil, daß sie sich international eingebürgert hat, vgl. puissance apparente, apparent power, potenza apparente usw.

[2423b] Elektrotechn. Z. 48 (1927) S. 519.

§ 243.1 Einige Grundbegriffe und Grundgesetze der Elektrizitätslehre.

mension; alle drei sind Leistungen. Als solche sind sie mit Leistungseinheiten zu messen, also mit Erg/s, W, mkg/s, PS oder mit Vielfachen
hiervon, beispielsweise mit mW, kW oder MW. Für einen Teil eines
Netzes eines Elektrizitätswerkes, der sowohl Wirk- als auch Blindleistung
aufnimmt, wäre demnach unter Beachtung der Bedeutung des Vorzeichens (§ 2421.4, § 2422.2) zu schreiben

$$N_w = 600\ \text{kW}, \quad N_b = -\,400\ \text{kW}, \quad N_s = 722\ \text{kW}.$$

—.2) Man strebt in der Praxis allgemein darnach, jede Größe schon durch
die Einheit zu kennzeichnen. Statt daß man dann ganze Gleichungen
anschreibt, begnügt man sich mit der Angabe ihrer rechten Seite. Aus
diesem Grunde braucht man die Leistungseinheit W und deren Vielfache
nur für die Wirkleistung. Zur Hervorhebung des Unterschiedes wird
dagegen die Scheinleistung mit der Einheit Volt-Ampere, abgekürzt VA,
oder deren Vielfachen gemessen. Aus der Einheitengleichung

$$1\ \text{VA} = 1\ \text{V} \cdot 1\ \text{A} = 1\ \text{W} \tag{243a}$$

geht hervor, daß VA lediglich eine Umschreibung der Einheit W ist.
Sie hat vollständig die Dimension einer Leistung, wird aber stets nur
für Scheinleistungen angewendet.

—.3) Für die Blindleistung wurde im Jahre 1930 international [243a] die Einheit V a r festgesetzt [243b]. Var ist ein Kunstwort, das sich aus Volt-
Ampere-reaktiv ableitet. Der Name Var ist so kurz, daß auf eine besondere Abkürzung verzichtet werden konnte. Vielfache werden, wie
bei allen andern Einheiten, durch Vorsetzen der hiefür bestimmten
Buchstaben gebildet. So existieren beispielsweise mVar, kVar, MVar.
Es gilt die Einheitengleichung

$$1\ \text{Var} = 1\ \text{W}. \tag{243b}$$

Auch das Var hat die Dimension einer Leistung. Es wird aber ausschließlich für Blindleistung verwendet. Mit den besonderen Einheiten
für die Blind- und die Scheinleistung genügen für das in § 243.1 erwähnte
Beispiel die Angaben

$$600\ \text{kW}, \quad -\,400\ \text{kVar}, \quad 722\ \text{kVA}.$$

Kraft und Drehmoment stromdurchflossener Spulen.   § 244

—.1) Es sollen nach Abb. 341a zwei Spulen 1 und 2 gegeben sein, von
denen die eine gegenüber der andern beweglich ist. Die gegenseitige

---

[243a] Elektrotechn. Z. 51 (1930) S. 1350.

[243b] Die vorher inoffiziell entstandene und oft angewandte Einheit BkW (Blind-
kilowatt) paßt mit dem Vorbuchstaben B nicht in das allgemeine System, nach dem
Einheitenbezeichnungen gebildet werden. Sie ist daher abzulehnen. Ihr spontanes
Auftreten ist ein Beweis dafür, daß ein Bedürfnis nach einer Blindleistungseinheit
besteht.

70

Lage werde durch einen Parameter x beschrieben, der entweder eine Länge oder ein Winkel sein kann. Er ist eine Funktion der Zeit t. Es ist auch die Gegeninduktivität M der beiden Spulen eine Funktion von x und damit von t. Die Widerstände R_1, R_2 und die Selbstinduktivitäten L_1 und L_2 sind konstant.

—.2) Nach (224g) finden wir für die in der Spule *1* von den Strömen i_1 und i_2 induzierte Spannung

$$u_{i\,1} = L_1 \frac{d\,i_1}{dt} + M \frac{d\,i_2}{dt} + i_1 \frac{d\,M}{dt}.$$

Berücksichtigen wir nach (221h) noch die Ohmsche Spannung, so wird die Klemmenspannung nach (231b)

$$u_1 = R_1 i_1 + L_1 \frac{d\,i_1}{dt} + M \frac{d\,i_2}{dt} + i_2 \frac{d\,M}{dt}.$$

Ebenso finden wir für die Spule *2*

$$u_2 = R_2 i_2 + L_2 \frac{d\,i_2}{dt} + M \frac{d\,i_1}{dt} + i_1 \frac{d\,M}{dt}.$$

Die beiden Spulen nehmen durch Elektrizitätsleitung während der sehr kurzen Zeit dt nach (241a) die Energie $dW = u_1 i_1 dt + u_2 i_2 dt$ auf. Ersetzen wir hierin u_1 und u_2, so wird

$$\begin{aligned} dW = &\; R_1 i_1^2 dt + L_1 i_1\, di_1 + M i_1\, di_2 + i_1 i_2\, dM \\ &+ R_2 i_2^2 dt + L_2 i_2\, di_2 + M i_2\, di_1 + i_1 i_2\, dM. \end{aligned}$$

Dabei verwandeln sich die Energien $R_1 i_1^2 dt$ und $R_2 i_2^2 dt$ nach dem Gesetze von Joule in Wärme. Der Rest findet sein Äquivalent in der von der beweglichen Spule geleisteten mechanischen Arbeit dA und in einer Zunahme dW_m der magnetischen Energie W_m der beiden Spulen. Es wird somit

$$dA + dW_m = L_1 i_1\, di_1 + M i_1\, di_2 + 2 i_1 i_2\, dM + L_2 i_2\, di_2 + M i_2\, di_1. \quad (244\text{a})$$

Um hieraus dA berechnen zu können, ist noch die Kenntnis von dW_m nötig.

—.3) Wir finden dW_m als Differenz der magnetischen Energien W'_m und W_m, die die beiden Spulen in den Zeitpunkten $t + dt$ und t aufweisen. W_m entspricht der Gegeninduktivität M, W'_m dagegen $M + dM$. Die magnetischen Energien der beiden Spulen hängen nicht vom Bewegungszustand ab. Wir können sie daher aus der von den ruhend gedachten Spulen seit dem Zeitpunkt des Einschaltens aufgenommenen Energie W berechnen. Beginnt die Zeitrechnung mit dem Einschalten, so wird

$$W = \int\limits_0^t u_1\, i_1\, dt + \int\limits_0^t u_2\, i_2\, dt.$$

§ 244.3 Einige Grundbegriffe und Grundgesetze der Elektrizitätslehre.

Dabei ist

$$u_1 = R_1 i_1 + L_1 \frac{di_1}{dt} + M \frac{di_2}{dt},$$

und ebenso ist

$$u_2 = R_2 i_2 + L_2 \frac{di_2}{dt} + M \frac{di_1}{dt}.$$

W teilt sich auf in die magnetische Energie W_m und in die nach dem Jouleschen Gesetz entstehende Wärme. Lassen wir letztere beiseite, so ergibt sich durch Einsetzen die magnetische Energie zu

$$W_m = \int_0^t L_1 i_1\, di_1 + \int_0^t M(i_1\, di_2 + i_2\, di_1) + \int_0^t L_2 i_2\, di_2$$

oder

$$W_m = L_1 \frac{i_1^2}{2} + M i_1 i_2 + L_2 \frac{i_2^2}{2}.$$

Ebenso wird

$$W'_m = \int_0^{t+dt} L_1 i_1\, dt + \int_0^{t+dt} (M + dM)(i_1\, di_2 + i_2\, di_1) + \int_0^{t+dt} L_2 i_2\, di_2,$$

$$W'_m = L_1 \frac{(i_1 + di_1)^2}{2} + (M + dM)(i_1 + di_1)(i_2 + di_2) + L_2 \frac{(i_2 + di_2)^2}{2}.$$

Multiplizieren wir aus und vernachlässigen wir die mehr als ein Differential als Faktor enthaltenden Glieder, da sie von höherer Ordnung klein sind, so wird schließlich

$$W'_m = L_1 \frac{i_1^2}{2} + L_1 i_1 di_1 + M i_1 i_2 + M i_1\, di_2$$
$$+ M i_2\, di_1 + dM i_1 i_2 + L_2 i_2\, di_2 + L_2 \frac{i_2^2}{2}.$$

Bilden wir die Differenz $W'_m - W_m$, so wird

$$dW_m = L_1 i_1\, di_1 + M i_1\, di_2 + M i_2\, di_1 + dM i_1 i_2 + L_2 i_2\, di_2.$$

—.4) Nachdem nun dW_m bestimmt ist, finden wir aus (244a)

$$dA = i_1 i_2\, dM$$

und hieraus

$$\frac{dA}{dx} = i_1 i_2 \frac{dM}{dx}. \tag{244b}$$

Ist der Parameter x eine Länge l, so ist dA/dl die augenblickliche Kraft P_t, die die bewegliche Spule in Richtung des wachsenden l ausübt. Es wird

$$\boxed{P_t = i_1 i_2 \frac{dM}{dl}}. \tag{244c}$$

Ist dagegen x ein Winkel α, der die Lage der Spule beschreibt, dann ist $dA/d\alpha$ das augenblickliche Drehmoment M_{d_t}[244a], das die bewegliche

---

[244a] Da der für die Bezeichnung des Drehmomentes sonst übliche Buchstabe M schon für die Gegeninduktivität vergeben ist, verwenden wir hier die Bezeichnung M_d.

Spule in der Richtung des wachsenden α ausübt. Es wird

$$\boxed{\dot{M}_{d_t} = i_1\, i_2\, \frac{dM}{d\alpha}}\,.\tag{244d}$$

Die Kraft P_t und das Drehmoment M_{d_t} werden in der Richtung positiv, d. h. sie wirken in der Richtung, in der die Gegeninduktivität M wächst.

—.5) Bei Wechselstromproblemen interessiert der über die Periodendauer T genommene lineare Mittelwert P der Kraft P_t,

$$P = \frac{1}{T}\int\limits_0^T P_t\, dt\,.$$

Für die Ansätze

$$i_1 = \sqrt{2}\, I_1 \sin(\omega t + \varphi_1)\,,$$
$$i_2 = \sqrt{2}\, I_2 \sin(\omega t + \varphi_2)$$

erhalten wir aus (244c), analog wie in §2421, für den Mittelwert der Leistung

$$P = I_1 I_2 \cos(\varphi_2 - \varphi_1)\,\frac{dM}{dl}\,.\tag{244e}$$

Ebenso finden wir für den linearen Mittelwert des Drehmomentes

$$M_d = I_1 I_2 \cos(\varphi_2 - \varphi_1)\,\frac{dM}{d\alpha}\,.\tag{244f}$$

Komplexe Gleichungen und Zeigerbilder für sinusförmig veränderliche Größen von Wechselstromkreisen. §3

—.1) Im Sinne von §213.1 sprechen wir in den folgenden Abschnitten stets von harmonischen Schwingungen und Sinusströmen an Stelle von sinusförmig veränderlichen Größen von Wechselstromkreisen.

—.2) Die Beschränkung auf Sinusströme bedeutet mathematisch gesprochen die Beschränkung auf die erzwungene Schwingung, auf den Dauerzustand. Die sich bei Einschaltvorgängen usw. überlagernden freien Schwingungen werden nicht berücksichtigt. Es werden somit nur stationäre Vorgänge behandelt.

—.3) Komplexe Größen werden nachstehend stets in der Kennellyschen Schreibweise $z\,/\underline{\varphi}$ angegeben. Wünscht man sie in die Exponentialform umzuwandeln, so hat man das Dreherzeichen $/\underline{}$ durch den Buchstaben e zu ersetzen, der Phase φ den Faktor j vorzusetzen und als Exponent zu e zu schreiben. Man erhält so $Z\,e^{j\varphi}$.

Die Veranschaulichung sinusförmig veränderlicher Größen   § 31
von Wechselstromkreisen durch Zeiger.

Die Möglichkeit und der Vorteil der Veranschaulichung   § 311
von harmonischen Schwingungen durch Zeiger.

—.1) Haben harmonische Schwingungen gleiche Frequenz, so genügen sie
den Ansätzen

$$i_1 = \sqrt{2}\, I_1 \cos(\omega t + \varphi_1),$$
$$i_2 = \sqrt{2}\, I_2 \cos(\omega t + \varphi_2).$$

Sie weisen nur zwei Unterscheidungsmerkmale auf, den Effektivwert
und die Anfangsphase. An Stelle des Effektivwertes kann auch der
Scheitelwert treten, der ihm proportional ist. Ein Zeiger, d. h. ein mit
einer Spitze versehener Strich (Abb. 312a), zeichnet sich nun dadurch
aus, daß er ebenfalls zwei Bestimmungsstücke aufweist, nämlich seine
Länge und den Drehwinkel, der seine Richtung von einer Anfangsrichtung aus festlegt. Es besteht daher die Möglichkeit, harmonische
Schwingungen durch Zeiger zu veranschaulichen.

—.2) Für die Benutzung dieser Möglichkeit sprechen folgende drei Vorteile. Erstens läßt sich eine Gruppe von Zeigern mit einfachen Mitteln
und mit praktisch ausreichender Genauigkeit in kurzer Zeit aufzeichnen.
Dagegen ist die ebenso genaue Aufzeichnung von Sinuslinien sehr
zeitraubend. Zweitens zeigt ein Zeigerbild die verschiedenen Effektivwerte und Phasenverschiebungen viel übersichtlicher als eine Gruppe
von Sinuslinien. In § 314 wird gezeigt werden, daß die Summe von
zwei harmonischen Schwingungen durch die geometrische Addition der
diesen entsprechenden Zeigern hinsichtlich Effektivwert und Phasenverschiebung richtig wiedergegeben wird. Dasselbe gilt für die Differenz.
Nun sind aber die Addition und Subtraktion von Zeigern zeichnerisch
sehr einfach und rasch durchzuführen, wogegen dies für Sinuslinien sehr
mühsam ist. Das ist der dritte Vorteil. Insgesamt sind die Vorteile,
die die Veranschaulichung von harmonischen Schwingungen durch
Zeiger gegenüber der Veranschaulichung durch Sinuslinien bietet, so
bedeutend, daß man die erstere allgemein bevorzugt.

Effektivwert und Phasenverschiebung harmonischer   § 312
Schwingungen im Zeigerbild.

—.1) Wir betrachten die drei harmonischen Schwingungen

$$i_1 = \sqrt{2}\, I_1 \cos(\omega t + \varphi_{i_1}),$$
$$i_2 = \sqrt{2}\, I_2 \cos(\omega t + \varphi_{i_2}),$$
$$u = \sqrt{2}\, U \cos(\omega t + \varphi_u).$$

Beispielsweise seien i_1 und i_2 Ströme, u dagegen eine Spannung. Wir
wollen sie durch die drei Zeiger $\mathfrak{J}_1$, $\mathfrak{J}_2$ und $\mathfrak{U}$ veranschaulichen. Hierzu

wählen wir für i_1 und i_2 einen Maßstab M_I und für u einen Maßstab M_U und machen die Zeiger so lang, daß für ihre Beträge die Gleichungen

$$|\mathfrak{J}_1| = I_1 M_I, \qquad |\mathfrak{J}_2| = I_2 M_I, \qquad |\mathfrak{U}| = U M_u \qquad \text{(312a, b u. c)}$$

gelten. Nun wählen wir in Abb. 312a für alle drei Zeiger einen gemeinsamen Fußpunkt und eine gemeinsame Anfangsrichtung. Gegenüber dieser verdrehen wir sie um die Winkel φ_{i_1}, φ_{i_2} und φ_u.

—.2) Für die Phasenverschiebung des Stromes i_1 gegenüber dem Strome i_2 finden wir nach (213i)

$$\varphi_{i_2 i_1} = \varphi_{i_1} - \varphi_{i_2}.$$

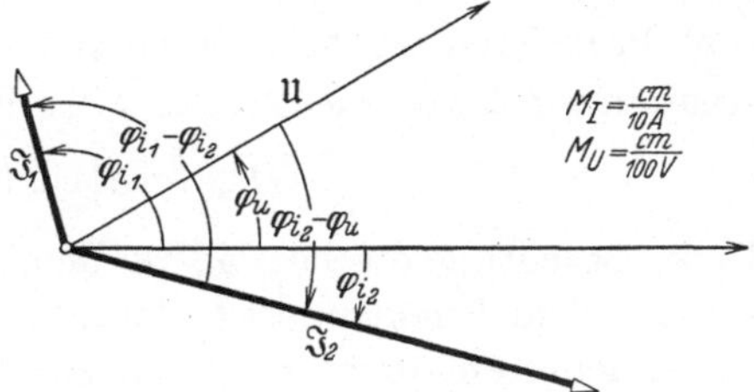

Abb. 312a. Zeigerbild der Ströme $i_1 = \sqrt{2}\,14{,}14\,\text{A}\,\sin(\omega t + 105°)$, $i_2 = \sqrt{2}\,42{,}42\,\text{A}\,\sin(\omega t - 15°)$ und der Spannung $u = \sqrt{2}\,380\,\text{V}\,\sin(\omega t + 30°)$. Die Phasenverschiebung von i_1 gegenüber i_2 beträgt 120°. Die Phasenverschiebung von i_2 gegenüber u beträgt −45°.

Dies ist in Abb. 312a der Winkel, um den der i_1 veranschaulichende Zeiger gegenüber dem i_2 veranschaulichenden Zeiger verdreht ist. Allgemein gilt der Satz: Die Phasenverschiebungen, die harmonische Schwingungen gegeneinander aufweisen, sind gleich den Drehwinkeln, um die die sie veranschaulichenden Zeiger gegeneinander verdreht sind. Meist wird die Ausgangsrichtung nicht gezeichnet.

—.3) Falls in einem Problem mit dem Scheitelwert gerechnet wird, kann man natürlich die Beträge der Zeiger diesen entsprechen lassen. Prinzipiell bleibt es ohne Einfluß auf das Zeigerbild, ob Kosinus- oder Sinusfunktionen gegeben sind.

Die Gewinnung der Augenblickswerte harmonischer Schwingungen aus dem Zeigerbild. § 313

—.1) In Abb. 313a sind die in Abb. 312a enthaltenen Zeiger gezeichnet. Überdies ist noch die Zeitachse dargestellt. Es ist dies ein im negativen Drehsinne rotierender Strahl. Seine Winkelgeschwindigkeit ist umgekehrt gleich der Kreisfrequenz der harmonischen Schwingun-

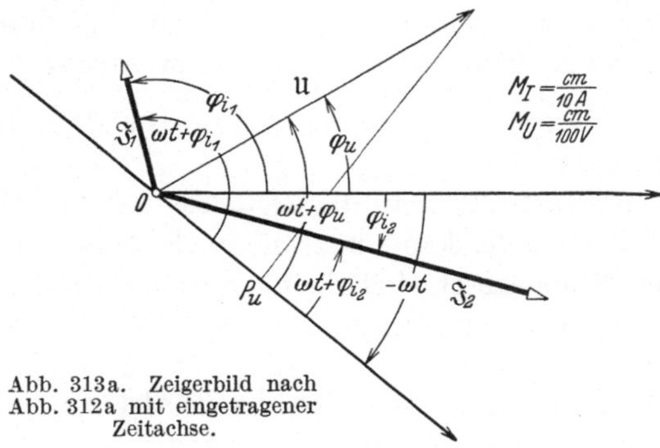

Abb. 313a. Zeigerbild nach Abb. 312a mit eingetragener Zeitachse.

gen, die durch die Zeiger veranschaulicht sind, sie ist somit gleich $-\omega$. Der gezeichnete Strahl stellt die augenblickliche Lage der Zeitachse dar, die sie im Zeitpunkt t einnimmt. Von ihr sei weiter festgesetzt, daß sie im Zeitpunkt Null in die im Zeigerbild gewählte Ausgangsrichtung fällt. Gegenüber dieser Ausgangsrichtung ist sie dann im Zeitpunkt t um den Winkel $-\omega t$ verdreht. Anderseits weisen die Zeiger $\mathfrak{U}$, $\mathfrak{J}_1$, $\mathfrak{J}_2$ gegenüber der Zeitachse die Verdrehungen $\omega t + \varphi_u$, $\omega t + \varphi_{i_1}$, $\omega t + \varphi_{i_2}$ auf.

—.2) Projizieren wir beispielsweise den Zeiger $\mathfrak{U}$ auf die Zeitachse, so erhalten wir darauf die Strecke $\overline{OP_u}$. Für sie gilt die Gleichung

$$\overline{OP_u} = |\mathfrak{U}| \cos(\omega t + \varphi_u).$$

Unter Beachtung dessen, daß wir den Betrag des Zeigers über den Maßstab M_U dem Effektivwert U der zu veranschaulichenden harmonischen Schwingung entsprechen lassen, erhalten wir nach (312c)

$$\overline{OP_u} = U M_u \cos(\omega t + \varphi_u).$$

Anderseits galt $u = \sqrt{2}\, U \cos(\omega t + \varphi_u)$, und wir finden somit

$$u = \frac{\sqrt{2}}{M_u}\, \overline{OP_u}. \tag{313a}$$

Man erhält den Augenblickswert der durch einen Zeiger veranschaulichten harmonischen Schwingung aus der Projektion dieses Zeigers auf die rotierende Zeitachse. Diese ist gegenüber der Anfangsrichtung des Zeigerbildes um den Winkel $-\omega t$ zu verdrehen.

—.3) Verwendet man eine Zeitachse, die gegenüber der Ausgangsrichtung um $90° - \omega t$ verdreht ist, so wird

oder
$$\overline{OP_u} = U M_u \cos(\omega t - 90° + \varphi_u)$$
$$\overline{OP_u} = U M_u \sin(\omega t + \varphi_u).$$

Man kann somit aus der Projektion auf diese besondere Zeitachse die Augenblickswerte finden, die dem Ansatz

$$u = \sqrt{2}\, U \sin(\omega t + \varphi_u)$$

genügen.

—.4) Statt daß man die Zeitachse mit der Winkelgeschwindigkeit $-\omega$ rotieren läßt, kann man sie auch stillsetzen und dafür die Zeiger mit der Winkelgeschwindigkeit ω rotieren lassen. Ein Vorteil ist damit jedoch nicht zu erreichen.

Die Addition und die Subtraktion harmonischer   § 314
Schwingungen im Zeigerbild.

—.1) Wir wollen die Ströme

$$i_1 = \sqrt{2}\, I_1 \cos(\omega t + \varphi_1) \quad \text{und} \quad i_2 = \sqrt{2}\, I_2 \cos(\omega t + \varphi_2)$$

addieren. Den Summenstrom nennen wir i_3. Dann ist

$$i_3 = i_1 + i_2. \tag{314a}$$

Setzen wir hier die Ansätze für i_1 und i_2 ein und wenden wir das Additionstheorem auf $\cos(\omega t + \varphi_1)$ und auf $\cos(\omega t + \varphi_2)$ an, so finden wir

$$i_3 = \sqrt{2}\,[(I_1 \cos\varphi_1 + I_2 \cos\varphi_2)\cos\omega t - (I_1 \sin\varphi_1 + I_2 \sin\varphi_2)\sin\omega t]. \tag{314b}$$

Um das Additionstheorem noch einmal anwenden zu können, machen wir die Ansätze

$$I_1 \cos\varphi_1 + I_2 \cos\varphi_2 = I_3 \cos\varphi_3, \tag{314c}$$

$$I_1 \sin\varphi_1 + I_2 \sin\varphi_2 = I_3 \sin\varphi_3. \tag{314d}$$

Diese zwei Gleichungen sind zulässig, denn sie definieren zwei Unbekannte, nämlich I_3 und φ_3. Aus (314b) wird dann

$$i_3 = \sqrt{2}\,I_3 \cos(\omega t + \varphi_3).$$

Hieran erkennen wir: Die Unbekannte I_3 ist der Effektivwert und die Unbekannte φ_3 ist die Anfangsphase des gesuchten Summenstromes. Durch Quadrieren und Addieren von (314c u. d) finden wir

$$I_1^2 + I_1 I_2(\cos\varphi_1 \cos\varphi_2 + \sin\varphi_1 \sin\varphi_2) + I_2^2 = I_3^2.$$

Da I_3 als Effektivwert nur positiver Werte fähig ist, wird hieraus

$$I_3 = +\sqrt{I_1^2 + I_1 I_2 \cos(\varphi_1 - \varphi_2) + I_2^2}. \tag{314e}$$

Am einfachsten finden wir dann durch Einsetzen in (314c u. d)

$$\cos\varphi_3 = \frac{I_1 \cos\varphi_1 + I_2 \cos\varphi_2}{+\sqrt{I_1^2 + I_1 I_2 \cos(\varphi_1 - \varphi_2) + I_2^2}}, \tag{314f}$$

$$\sin\varphi_3 = \frac{I_1 \sin\varphi_1 + I_2 \sin\varphi_2}{+\sqrt{I_1^2 + I_1 I_2 \cos(\varphi_1 - \varphi_2) + I_2^2}}. \tag{314g}$$

Hierdurch ist φ_3 — bis auf ganze Vielfache von 2π — bestimmt.

—.2) Veranschaulichen wir nun die beiden Sinusströme i_1 und i_2 nach § 312 durch die Zeiger $\mathfrak{J}_1$ und $\mathfrak{J}_2$. Wir bestimmen dann einen Zeiger $\mathfrak{J}_3$ durch geometrische Addition (§ 131.6) von $\mathfrak{J}_1$ und $\mathfrak{J}_2$, wie dies Abb. 314a zeigt. Für die Länge $|\mathfrak{J}_3|$ dieses Zeigers finden wir nach dem Satz von Pythagoras

$$|\mathfrak{J}_3| = +\sqrt{(|\mathfrak{J}_1|\cos\varphi_1 + |\mathfrak{J}_2|\cos\varphi_2)^2 + (|\mathfrak{J}_1|\sin\varphi_1 + |\mathfrak{J}_2|\sin\varphi_2)^2}.$$

Multiplizieren wir aus und wenden wir das Additionstheorem für $\cos(\varphi_1 - \varphi_2)$ an, so wird

$$|\mathfrak{J}_3| = +\sqrt{|\mathfrak{J}_1|^2 + |\mathfrak{J}_1||\mathfrak{J}_2|\cos(\varphi_1 - \varphi_2) + |\mathfrak{J}_2|^2}. \tag{314h}$$

Berücksichtigen wir noch den Abbildungsmaßstab nach (312a, b u. c), so erkennen wir, daß sich (314h) mit (314e) deckt. Der Zeiger $\mathfrak{J}_3$ gibt somit durch seine Länge den Effektivwert I_3 richtig wieder. Für den Winkel φ_3 lesen wir aus Abb. 314a ab

$$\cos\varphi_3 = \frac{|\mathfrak{I}_1|\cos\varphi_1 + |\mathfrak{I}_2|\cos\varphi_2}{|\mathfrak{I}_3|}, \tag{314i}$$

$$\sin\varphi_3 = \frac{|\mathfrak{I}_1|\sin\varphi_1 + |\mathfrak{I}_2|\sin\varphi_2}{|\mathfrak{I}_3|}. \tag{314k}$$

Beachten wir wieder den Maßstab, so gehen (314i u. k) in (314f u. g) über. Der Winkel φ_3, der sich durch geometrische Addition der Zeiger $\mathfrak{I}_1$ und $\mathfrak{I}_2$ ergibt, stimmt somit überein mit der Anfangsphase φ_3, die sich durch die Addition der Sinusfunktionen ergeben hat.

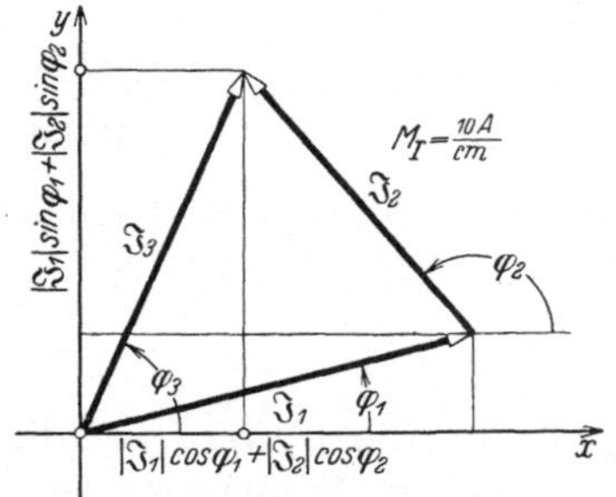

Abb. 314a. Geometrische Addition der Zeiger $\mathfrak{I}_1$ und $\mathfrak{I}_2$. Der Ausdruck $|\mathfrak{I}_2|\cos\varphi_2$ wird negativ, da φ_2 größer als $90°$ ist.

—.3) Auf gleichem Wege kann man zeigen, daß auch die geometrische Subtraktion auf einen Zeiger führt, der die Differenz der Schwingungen richtig wiedergibt. Es gilt somit die Regel: Harmonische Schwingungen kann man addieren und subtrahieren, indem man die sie veranschaulichenden Zeiger geometrisch addiert oder subtrahiert. Der dabei entstehende neue Zeiger veranschaulicht die resultierende harmonische Schwingung in gleicher Weise wie die beiden zu vereinigenden Zeiger die gegebenen harmonischen Schwingungen.

Der Ersatz von harmonischen Schwingungen durch komplexe Größen.   § 32

Die Möglichkeit des Ersatzes von harmonischen   § 321
Schwingungen durch komplexe Größen.

—.1) Die Wiedergabe von harmonischen Schwingungen durch benannte komplexe Zahlen findet ihre Rechtfertigung in drei grundlegenden Tatsachen.

—.2) Die erste dieser drei Tatsachen ist folgende: Man kann eine harmonische Schwingung als Realteil einer komplexen Größe auffassen, die einen konstanten Betrag und eine proportional mit der Zeit wachsende Phase aufweist. Es genüge beispielsweise der Sinusstrom i dem Ansatz

$$i = \sqrt{2}\,I\cos(\omega t + \varphi_i). \tag{321a}$$

Nach (1241 m) wird

$$\sqrt{2}\,I\underline{/\omega t + \varphi_i} = \sqrt{2}\,I\cos(\omega t + \varphi_i) + j\sqrt{2}\,I\sin(\omega t + \varphi_i).$$

Um auszudrücken, daß $\sqrt{2}\,I\cos(\omega t + \varphi_i)$ der Realteil von $\sqrt{2}\,I\,\underline{/\omega t + \varphi_i}$ ist, schreiben wir (§ 122.3)

$$\sqrt{2}\,I\cos(\omega t + \varphi_i) = \mathfrak{Re}\bigl(\sqrt{2}\,I\,\underline{/\omega t + \varphi_i}\bigr).$$

Für i finden wir damit

$$i = \Re\left(\sqrt{2}\,I\,\underline{/\varphi\,t + \varphi_i}\right).\tag{321 b}$$

Wie die Abb. 321a zeigt, kommt der Ersatz von (321a) durch (321b) in geometrischer Deutung darauf hinaus, daß man die Koordinaten eines in der Abszissenachse schwingenden Punktes auffaßt als die Abszisse eines um den Nullpunkt des Koordinatensystems rotierenden Punktes, dessen Lage durch Polarkoordinaten beschrieben wird.

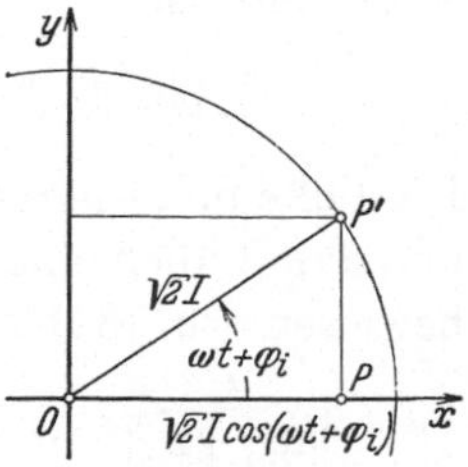

—.3) Nach (133b) wird $\underline{/\omega t + \varphi_i} = \underline{/\omega t}\ \underline{/\varphi_i}$. Fassen wir noch I und $\underline{/\varphi_i}$ zu einer komplexen Größe $\mathfrak{J}$ zusammen, so gilt

$$\mathfrak{J} = I\,\underline{/\varphi_i},\tag{321 c}$$

und wir bekommen

$$i = \Re\left(\sqrt{2}\,\mathfrak{J}\,\underline{/\omega t}\right).\tag{321 d}$$

Abb. 321a. Geometrische Darstellung von $\sqrt{2}\,I\cos(\omega t + \varphi_i)$ und von $\sqrt{2}\,I\underline{/\omega t + \varphi_i}$ durch die Punkte P und P'.

—.4) Seltener, aber ebenso richtig, ist der Ersatz von

$$i = \sqrt{2}\,I\sin(\omega t + \varphi_i)\tag{321 e}$$

durch

$$i = \Im\left(\sqrt{2}\,\mathfrak{J}\,\underline{/\omega t + \varphi_i}\right)\tag{321 f}$$

und

$$i = \Im\left(\sqrt{2}\,\mathfrak{J}\,\underline{/\omega t}\right).\tag{321 g}$$

In der Zeichnung läuft der Ersatz von (321e) durch (321f) darauf hinaus, daß man statt der Abszisse die Ordinate verwendet[321a].

—.5) Die zweite grundlegende Tatsache ist die, daß der Realteil einer Summe von komplexen Zahlen gleich der Summe ihrer Realteile ist (§ 131.1) und daß dies entsprechend auch für die Differenz der Fall ist. Es gilt somit die Gleichung

$$\Re\left(\sqrt{2}\,\mathfrak{J}_1\underline{/\omega t} \pm \sqrt{2}\,\mathfrak{J}_2\underline{/\omega t} \pm \cdots\right) = \Re\left(\sqrt{2}\,\mathfrak{J}_1\underline{/\omega t}\right) + \Re\left(\sqrt{2}\,\mathfrak{J}_2\underline{/\omega t}\right) \pm \cdots.\tag{321 h}$$

—.6) Die dritte grundlegende Tatsache ist die, daß der Realteil des Differentialquotienten und des Integrales einer komplexen Größe mit zeitlich linear wachsender Phase gleich dem Differentialquotienten und dem Integral des Realteiles dieser komplexen Größe sind. Es gelten die Gleichungen

$$\Re\left(\frac{d}{dt}\sqrt{2}\,\mathfrak{J}\,\underline{/\omega t}\right) = \frac{d}{dt}\left(\Re\left(\sqrt{2}\,\mathfrak{J}\,\underline{/\omega t}\right)\right),\tag{321 i}$$

$$\Re\left(\int_{t_0}^{t}\sqrt{2}\,\mathfrak{J}\,\underline{/\omega t}\,dt\right) = \int_{t_0}^{t}\Re\left(\sqrt{2}\,\mathfrak{J}\,\underline{/\omega t}\,dt\right).\tag{321 k}$$

[321a] Den den Zahlenwert des Imaginärteiles benützenden Ersatz verwendet z. B. Banneitz, Fritz: Taschenbuch der drahtlosen Telegraphie und Telephonie, S. 49. Berlin: Julius Springer 1927.

§ 321.6 Sinusförmig veränderliche Größen von Wechselstromkreisen.

Überzeugen wir uns zuerst von der Richtigkeit von (321i). Einerseits ist

$$\Re\left(\frac{d}{dt}\sqrt{2}\,\mathfrak{J}\,\underline{/\omega t}\right) = \Re\left(\frac{d}{dt}\sqrt{2}\,\mathfrak{J}(\cos(\omega t) + j\sin(\omega t))\right)$$

$$= \Re\left(\sqrt{2}\,\mathfrak{J}\,\omega\,(-\sin(\omega t) + j\cos(\omega t))\right) = -\sqrt{2}\,\mathfrak{J}\,\omega\sin(\omega t).$$

Anderseits ist

$$\frac{d}{dt}\,\Re\left(\sqrt{2}\,\mathfrak{J}\,\underline{/\omega t}\right) = \frac{d}{dt}\sqrt{2}\,\mathfrak{J}\cos(\omega t) = -\sqrt{2}\,\mathfrak{J}\,\omega\sin(\omega t).$$

Die linke und die rechte Seite von (321i) sind demnach derselben Größe und damit auch einander gleich. Damit ist (321i) bewiesen. Ganz analog beweisen wir (321k). Einerseits ist

$$\Re\int_{t_0}^{t}\sqrt{2}\,\mathfrak{J}\,\underline{/\omega t}\,dt = \Re\left(\int_{t_0}^{t}\sqrt{2}\,\mathfrak{J}\cos(\omega t)\,dt + \int_{t_0}^{t}j\sqrt{2}\,\mathfrak{J}\sin(\omega t)\,dt\right)$$

$$= \Re\left(\sqrt{2}\,\mathfrak{J}\,\frac{1}{\omega}\,[\sin(\omega t)]_{t_0}^{t} - j\sqrt{2}\,\mathfrak{J}\,\frac{1}{\omega}\,[\cos(\omega t)]_{t_0}^{t}\right) = \sqrt{2}\,\mathfrak{J}\,\frac{1}{\omega}\,[\sin(\omega t)]_{t_0}^{t}.$$

Anderseits ist

$$\int_{t_0}^{t}\Re\left(\sqrt{2}\,\mathfrak{J}\,\underline{/\omega t}\right)dt = \int_{t_0}^{t}\sqrt{2}\,\mathfrak{J}\cos(\omega t)\,dt = \sqrt{2}\,\mathfrak{J}\,\frac{1}{\omega}\,[\sin(\omega t)]_{t_0}^{t}.$$

—.7) Man bekommt somit dasselbe Ergebnis, wenn man, statt harmonische Schwingungen der Form $\sqrt{2}\,I\cos(\omega t + \varphi_i)$ zu addieren, zu subtrahieren, zu differentiieren oder zu integrieren, mit komplexen Größen der Form $\sqrt{2}\,\mathfrak{J}\,\underline{/\omega t}$ dieselben Operationen ausführt und nachher den Realteil nimmt. Für die Multiplikation und die Division trifft das nicht zu.

Der Übergang von der Gleichung zwischen den   § 322
harmonischen Schwingungen auf die Gleichung
zwischen den Ersatzgrößen.

—.1) Bei der Behandlung von Problemen stationärer Wechselströme stößt man auf Gleichungen von der Form

$$\begin{aligned}
c_{11}\,i_1 + c_{12}\frac{d}{dt}\,i_1 + c_{13}\int_{t_{01}}^{t} i_1\,dt +\\
c_{21}\,i_2 + c_{22}\frac{d}{dt}\,i_2 + c_{23}\int_{t_{02}}^{t} i_2\,dt +\\
\vdots \qquad \vdots \qquad \vdots \qquad \vdots \qquad \vdots \qquad \vdots\\
c_{n1}\,i_n + c_{n2}\frac{d}{dt}\,i_n + c_{n3}\int_{t_{0n}}^{t} i_n\,dt = 0
\end{aligned} \qquad (322\,\text{a})$$

Dabei sind c_{11}, c_{12} usw. von der Zeit unabhängige Größen; i_1, i_2 usw. sind harmonische Schwingungen. Die unteren Integrationsgrenzen t_{01},

t_{02} usw. spielen die Rolle von vorläufig unbestimmten Integrationskonstanten (§ 222.3).

—.2) Nun ersetzen wir in (322a) jede harmonische Schwingung nach (321d), wenden dann (321i u. k) an und machen schließlich noch von (321h) Gebrauch. So erhalten wir

$$\Re\left(c_{11}\sqrt{2}\,\Im_1\underline{/\omega t}+c_{12}\frac{d}{dt}\sqrt{2}\,\Im_1\underline{/\omega t}+c_{13}\int_{t_{01}}^{t}\sqrt{2}\,\Im_1\underline{/\omega t}\,dt\ + \right.$$
$$c_{21}\sqrt{2}\,\Im_2\underline{/\omega t}+c_{22}\frac{d}{dt}\sqrt{2}\,\Im_2\underline{/\omega t}+c_{23}\int_{t_{02}}^{t}\sqrt{2}\,\Im_2\underline{/\omega t}\,dt\ +$$
$$\vdots \qquad \vdots \qquad \vdots \qquad \vdots \qquad \vdots \qquad \vdots$$
$$\left. c_{n1}\sqrt{2}\,\Im_n\underline{/\omega t}+c_{n2}\frac{d}{dt}\sqrt{2}\,\Im_n\underline{/\omega t}+c_{n3}\int_{t_{0n}}^{t}\sqrt{2}\,\Im_n\underline{/\omega t}\,dt\right)=0. \qquad (322\,\mathrm{b})$$

Nun haben wir noch die Differentiationen und Integrationen auszuführen. Mit zweimaliger Benützung von (1241m) errechnen wir den Differentialquotienten

$$\frac{d}{dt}\sqrt{2}\,\Im_1\underline{/\omega t}=\sqrt{2}\,\Im\frac{d}{dt}(\cos\omega t+j\sin\omega t)=\omega\sqrt{2}\,\Im_1(-\sin\omega t+j\cos\omega t)$$
$$=j\omega\sqrt{2}\,\Im_1(\cos\omega t+j\sin\omega t)=j\omega\sqrt{2}\,\Im_1\underline{/\omega t}.$$

Es gilt demnach die Formel

$$\frac{d}{dt}\left(\sqrt{2}\,\Im_1\underline{/\omega t}\right)=j\omega\left(\sqrt{2}\,\Im_1\underline{/\omega t}\right). \qquad (322\,\mathrm{c})$$

Ebenso errechnen wir das Integral

$$\int_{t_{01}}^{t}\sqrt{2}\,\Im_1\underline{/\omega t}\,dt=\sqrt{2}\,\Im_1\int_{t_{01}}^{t}(\cos\omega t+j\sin\omega t)\,dt=\frac{1}{\omega}\sqrt{2}\,\Im_1[\sin\omega t-j\cos\omega t]_{t_{01}}^{t}$$
$$=-j\frac{1}{\omega}\sqrt{2}\,\Im_1[\cos\omega t+j\sin\omega t]_{t_{01}}^{t}=-j\frac{1}{\omega}\sqrt{2}\,\Im_1(\underline{/\omega t}-\underline{/\omega t_{01}}).$$

Nun bezeichnen wir das konstante Glied zur Abkürzung mit $\Re_1$. Es gilt dann

$$j\frac{1}{\omega}\sqrt{2}\,\Im_1\underline{/\omega t_{01}}=\Re_1, \qquad (322\,\mathrm{d})$$

und wir finden die Formel

$$\int_{t_{01}}^{t}\left(\sqrt{2}\,\Im_1\underline{/\omega t}\right)dt=-j\frac{1}{\omega}\left(\sqrt{2}\,\Im_1\underline{/\omega t}\right)+\Re_1. \qquad (322\,\mathrm{e})$$

§ 322.2   Sinusförmig veränderliche Größen von Wechselstromkreisen.

Nun wenden wir (322 c u. e) auf (322 b) an, klammern $\sqrt{2}\ \underline{/\omega t}$ aus und finden so

$$\Re\left\{\left(c_{11}\Im_1 + j\omega c_{12}\Im_1 - j\frac{1}{\omega}c_{13}\Im_1 + \right.\right.$$
$$c_{21}\Im_2 + j\omega c_{22}\Im_2 - j\frac{1}{\omega}c_{23}\Im_2 +$$
$$\vdots \quad \vdots \quad \vdots \quad \vdots \quad \vdots \quad \vdots \tag{322 f}$$
$$\left.c_{n1}\Im_n + j\omega c_{n2}\Im_n - j\frac{1}{\omega}c_{n3}\Im_n\right)\sqrt{2}\ \underline{/\omega t} + \Re_1 + \Re_2 + \cdots + \Re_n\right\} = 0 .$$

—.3) Der in der geschweiften Klammer stehende Ausdruck stellt geometrisch einen Punkt dar, der mit der Winkelgeschwindigkeit ω in unveränderlichem Abstand um die Spitze des Zeigers $\Re_1 + \Re_2 + \cdots + \Re_n$ kreist. Nun ist nach (322 f) der Realteil dieses Ausdruckes zu allen Zeitpunkten Null. In der geometrischen Darstellung muß somit die Abszisse des kreisenden Punktes dauernd Null sein. Dies ist nur möglich, wenn der Punkt selbst dauernd im Nullpunkt des Koordinatensystems liegt. Hiezu müssen einerseits der Zeiger $\Re_1 + \Re_2 + \cdots + \Re_n$ und anderseits der Abstand des Punktes von der Spitze dieses Zeigers, d. h. der als Faktor neben $\sqrt{2}\ \underline{/\omega t}$ stehende Ausdruck, Null sein. Zur Erfüllung von (322 f) muß somit

$$\boxed{\begin{aligned}
&c_{11}\Im_1 + j\omega c_{12}\Im_1 - j\frac{1}{\omega}c_{13}\Im_1 + \\
&c_{21}\Im_2 + j\omega c_{22}\Im_2 - j\frac{1}{\omega}c_{23}\Im_2 + \\
&\ \ \vdots \quad \vdots \quad \vdots \quad \vdots \quad \vdots \quad \vdots \\
&c_{n1}\Im_n + j\omega c_{n2}\Im_n - j\frac{1}{\omega}c_{n3}\Im_n = 0
\end{aligned}} \tag{322 g}$$

gelten. Die Gleichung (322 g) ersetzt die Ausgangsgleichung (322 a). Sie weist an Stelle der harmonischen Schwingungen i komplexe Ersatzgrößen auf, die nach (321 c) die die harmonischen Schwingungen kennzeichnenden Werte als Bestandteile aufweisen. Verschiedene gleichfrequente harmonische Schwingungen i unterscheiden sich ja nur im Effektivwert I und in der Anfangsphase φ_i.

—.4) Rein formal kann man die Gleichung der harmonischen Schwingungen (322 a) unmittelbar in die Gleichung der Ersatzgrößen (322 g) umformen, indem man folgende Regel beachtet. Man ersetzt jede harmonische Schwingung i mit dem Effektivwert I und der Anfangsphase φ_i durch die komplexe Größe $\Im$ mit dem Betrag I und der Phase φ_i, jedes Operationszeichen $\frac{d}{dt}(\quad)$ durch einen Faktor $j\omega$ und jedes Operationszeichen $\int_{t_0}^{t}(\quad)dt$ durch einen Faktor $-j\frac{1}{\omega}$. Wenn es bequemer ist, kann man den Betrag

82

der Ersatzgröße auch dem Scheitelwerte der harmonischen Schwingung gleichmachen. Treten Differentialquotienten höherer Ordnung auf, so ist jedes Operationszeichen $\dfrac{d^n}{dt^n}$ (   ) durch einen Faktor $(j\omega)^n$ zu ersetzen. Wünscht man von einer komplexen Ersatzgröße $\mathfrak{J}$ wieder zur harmonischen Schwingung i zurückzugehen, so benützt man (321 d).

—.5) In (322 g) kann man die Ersatzgrößen ausklammern. Den dabei entstehenden Faktor der Form $\left(c_{11} + j\omega c_{12} - j\dfrac{1}{\omega}c_{13}\right)$ nennt man Operator.

Der Vorteil des Ersatzes harmonischer Schwingungen durch komplexe Größen.   § 323

—.1) Man kann durch den Übergang von der zwischen den harmonischen Schwingungen bestehenden Gleichung auf eine Gleichung zwischen komplexen Ersatzgrößen an Schriftzeichen sparen und die Rechnung abkürzen. Die Gründe sind folgende. Die gebrauchten komplexen Ersatzgrößen werden einfacher bezeichnet als trigonometrische Funktionen. Für komplexe Größen besteht im Gegensatz zu den trigonometrischen Funktionen eine Produktform (Kennellysche Form, Exponentialform), die viele Operationen erleichtert. Wie der Vorteil in Erscheinung tritt, sei an einem Beispiel gezeigt, das zum Vergleich einmal mit den komplexen Ersatzgrößen und einmal mit Sinusgrößen durchgerechnet wird.

—.2) Wir wollen den Effektivwert des Stromes I und die Phasenverschiebung φ des Stromes berechnen, den eine Drosselspule aufnimmt, wenn diese an einer Spannung vom Effektivwert U liegt, den Widerstand R und die Induktivität L aufweist. Aus (224 b) und (223 e) erhalten wir die Gleichung

$$Ri + L\frac{di}{dt} = u.\tag{323a}$$

Dabei wird als bekannt vorausgesetzt, daß i ein Sinusstrom wird, wenn u eine Sinusspannung ist und wenn man von den Einschaltvorgängen absieht (§ 3.2).

—.3) Für die Rechnung mit den komplexen Ersatzgrößen seien

$$\mathfrak{J} = I\,\underline{/\varphi} \quad \text{und} \quad \mathfrak{U} = U\,\underline{/0} = U$$

angesetzt. Nach der in § 322.4 angegebenen Regel geht (323 a) über in

$$R\mathfrak{J} + j\omega L\mathfrak{J} = U.$$

Durch Auflösung nach $\mathfrak{J}$ erhalten wir

$$\mathfrak{J} = \frac{1}{R + j\omega L}\,U.$$

6*

Durch Erweiterung mit dem konjugiert komplexen Nenner wird daraus

$$\mathfrak{I} = \frac{R - j\omega L}{R^2 + \omega^2 L^2}\, U. \qquad (323\,\mathrm{b})$$

Die zugehörige Betragsgleichung lautet nach (1241a)

$$I = +\sqrt{\frac{R^2 + \omega^2 L^2}{(R^2 + \omega^2 L^2)^2}}\, U,$$

und wir erhalten für den gesuchten Effektivwert

$$I = \frac{1}{+\sqrt{R^2 + \omega^2 L^2}}\, U. \qquad (323\,\mathrm{c})$$

Dividieren wir (323b) durch (323c), so erhalten wir die Drehergleichung

$$\underline{/\varphi_1} = \frac{R - j\omega L}{+\sqrt{R^2 + \omega^2 L^2}}.$$

Nach der Bedeutung des Drehers $\underline{/\varphi}$ folgt hieraus

$$\cos\varphi = \frac{R}{+\sqrt{R^2 + \omega^2 L^2}} \quad \text{und} \quad \sin\varphi = \frac{-\omega L}{+\sqrt{R^2 + \omega^2 L^2}}.$$

Für die Phasenverschiebung selbst ergibt sich

$$\varphi = 0° \cdots - 90°.$$

—.4) Für die Rechnung mit Sinusströmen seien

$$i = \sqrt{2}\,I \cos(\omega t + \varphi) \quad \text{und} \quad u = \sqrt{2}\,U \cos(\omega t)$$

angesetzt. Damit geht (323a) über in

$$R\sqrt{2}\,I \cos(\omega t + \varphi) + L\sqrt{2}\,I \frac{d}{dt} \cos(\omega t + \varphi) = \sqrt{2}\,U \cos(\omega t).$$

Differenzieren und dividieren wir durch den Faktor $\sqrt{2}$, so wird

$$RI \cos(\omega t + \varphi) - \omega L I \sin(\omega t + \varphi) = U \cos(\omega t).$$

Unter Anwendung der Additionstheoreme der Trigonometrie wird daraus

$$RI(\cos(\omega t)\cos\varphi - \sin(\omega t)\sin\varphi) - \omega L I(\sin(\omega t)\cos\varphi + \cos(\omega t)\sin\varphi)$$
$$= U \cos(\omega t),$$

und wir erhalten durch Ordnen

$$I(R\cos\varphi - \omega L\sin\varphi)\cos(\omega t) - I(R\sin\varphi + \omega L\cos\varphi)\sin(\omega t)$$
$$= U \cos(\omega t).$$

Diese Gleichung ist nur dann für jeden Wert von t erfüllt, wenn die beiden Gleichungen

$$I(R\cos\varphi - \omega L\sin\varphi)\cos(\omega t) = U \cos(\omega t)$$

und

$$I(R\sin\varphi + \omega L\cos\varphi)\sin(\omega t) = 0$$

gleichzeitig erfüllt sind. Hiezu muß

und

$$I(R\cos\varphi - \omega L\sin\varphi) = U \qquad (323\,\mathrm{d})$$

$$I(R\sin\varphi + \omega L\cos\varphi) = 0 \qquad (323\,\mathrm{e})$$

sein. Aus (323 e) folgt

$$\operatorname{tg}\varphi = -\frac{\omega L}{R}.$$

Daraus entnehmen wir mit vorläufig unbestimmtem Vorzeichen

$$\cos\varphi = \frac{R}{\pm\sqrt{R^2+\omega^2 L^2}} \quad\text{und}\quad \sin\varphi = \frac{R}{\pm\sqrt{R^2+\omega^2 L^2}}.$$

Aus (323 d) folgt

$$I = \frac{1}{R\cos\varphi - \omega L\sin\varphi}\, U,$$

und wir finden durch Einsetzen

$$I = \frac{1}{\pm\sqrt{R^2+\omega^2 L^2}}\, U.$$

Da der Effektivwert I nur positiv sein kann, muß für die im Nenner stehende Wurzel das positive Vorzeichen gewählt werden. Wir finden dann endgültig

$$I = \frac{1}{+\sqrt{R^2+\omega^2 L^2}}\, U,$$

ferner

$$\cos\varphi = \frac{1}{+\sqrt{R^2+\omega^2 L^2}} \quad\text{und}\quad \sin\varphi = \frac{-\omega L}{+\sqrt{R^2+\omega^2 L^2}}$$

und hieraus

$$\varphi = 0° \cdots - 90°.$$

—.5) Die Schwerfälligkeit der Handhabung trigonometrischer Funktionen hat bewirkt, daß Wechselstromprobleme sehr häufig komplex berechnet werden.

Der Übergang von der komplexen Gleichung zum Zeigerbild.   § 324

—.1) Für einen Stromkreis sei nach der Regel von § 322.4 die komplexe Gleichung

$$\left(c_{11} + j\omega c_{12} - j\frac{1}{\omega}c_{13}\right)\mathfrak{J}_1 + \cdots + \left(c_{n1} + j\omega c_{n2} - j\frac{1}{\omega}c_{n3}\right)\mathfrak{J}_n = 0 \qquad (324\,\mathrm{a})$$

aufgestellt worden. Dabei vertreten die komplexen Ersatzgrößen $\mathfrak{J}_1$ bis $\mathfrak{J}_n$ die harmonischen Schwingungen $i_1 = \sqrt{2}\,I_1\cos(\omega t + \varphi_n)$ bis $i_2 = \sqrt{2}\,I_2\cos(\omega t + \varphi_n)$. Zur Abkürzung setzen wir

$$\begin{aligned}
\mathfrak{U}_1 &= \left(c_{11} + j\omega c_{12} - j\frac{1}{\omega}c_{13}\right)\mathfrak{J}_1,\\
&\ \vdots \qquad\qquad\qquad\qquad\qquad\quad \\
\mathfrak{U}_n &= \left(c_{n1} + j\omega c_{n2} - j\frac{1}{\omega}c_{n3}\right)\mathfrak{J}_n.
\end{aligned} \qquad (324\,\mathrm{b})$$

An Stelle von (324a) erhalten wir so

$$\mathfrak{U}_1 + \mathfrak{U}_2 + \cdots + \mathfrak{U}_{n-1} + \mathfrak{U}_n = 0 \,. \tag{324c}$$

Setzen wir $-\mathfrak{U}_n = \mathfrak{U}_n^*$, so können wir dafür auch

$$\mathfrak{U}_1 + \mathfrak{U}_2 + \cdots + \mathfrak{U}_{n-1} = \mathfrak{U}_n^* \tag{324d}$$

schreiben.

—.2) Da wir komplexe Größen durch Zeiger veranschaulichen können (§ 126.3), gehört auch zu jeder Gleichung zwischen komplexen Ersatzgrößen ein Zeigerbild. Dabei werden die Beträge unter Vermittlung eines Maßstabes durch die Längen der Zeiger dargestellt, und die Phasen werden unmittelbar durch die Winkel wiedergegeben, um die die Zeiger aus der Richtung der Realachse verdreht sind. Die Beträge der Ersatzgrößen sind die Effektivwerte (oder Scheitelwerte), und die Phasen sind die Anfangsphasen der vertretenen harmonischen Schwingungen (§ 322.4).

—.3) Wir suchen zuerst das Zeigerbild zu (324b). Nach der Produktformel (133c) erhalten wir

$$\mathfrak{U}_1 = \left| c_{11} + j\omega c_{12} - j\frac{1}{\omega} c_{13} \right| |\mathfrak{I}_1| \underline{\Big/ \mathrm{arc}\left(c_{11} + j\omega c_{12} - j\frac{1}{\omega}c_{13}\right) + \varphi_{11}} \,.$$

Wählen wir die Maßstäbe M_I und M_U, so bekommen die $\mathfrak{I}_1$ und $\mathfrak{U}_2$ darstellenden Zeiger die Längen $|\mathfrak{I}_1| M_I$ und

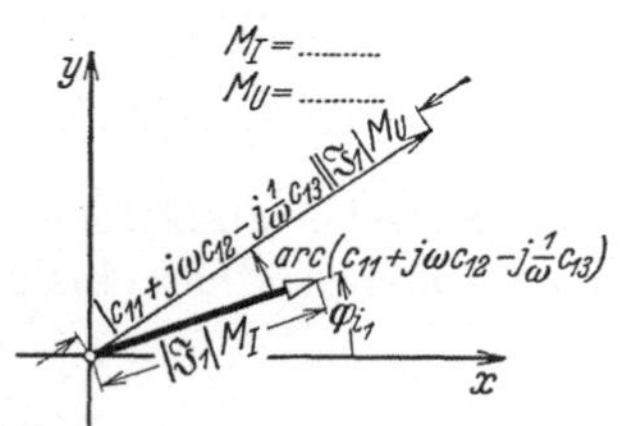

Abb. 324a. Ein Zeiger von der Länge $|\mathfrak{I}_1| M_I$ wird auf die Länge $\left| c_{11} + j\omega c_{12} - j\dfrac{1}{\omega}c_{13} \right| |\mathfrak{I}_1| M_u$ gestreckt und um den Winkel $\mathrm{arc}\left(c_{11} + j\omega c_{12} - j\dfrac{1}{\omega}c_{13}\right)$ gedreht.

$$|\mathfrak{U}_1| M_U = \left| c_{11} + j\omega c_{12} - j\frac{1}{\omega} c_{13} \right| |\mathfrak{I}_1| M_U,$$

und aus der Realachse sind sie um die Winkel φ_{i_1} und

$$\varphi_{u_1} = \mathrm{arc}\left(c_{11} + j\omega c_{12} - j\frac{1}{\omega} c_{13}\right) + \varphi_{i_1}$$

verdreht (Abb. 324a). Der Faktor

$$\left(c_{11} + j\omega c_{12} - j\frac{1}{\omega} c_{13}\right)\frac{M_U}{M_I}$$

ist ein Drehstrecker (§ 133.6), er dreht und streckt den $\mathfrak{I}_1$ darstellenden Zeiger, so daß der $\mathfrak{U}_1$ darstellende Zeiger entsteht, wie Abb. 324a zeigt. Wir können in (324b) mit $\mathfrak{I}_1$ ausmultiplizieren. So erhalten wir

$$\mathfrak{U}_1 = c_{11}\mathfrak{I}_1 + j\omega c_{12}\mathfrak{I}_1 - j\frac{1}{\omega}c_{13}\mathfrak{I}_1 \,. \tag{324e}$$

$\mathfrak{U}_1$ erscheint hier als Summe von drei Gliedern. Der $c_{11}\mathfrak{I}_1$ darstellende Zeiger unterscheidet sich von dem $\mathfrak{I}_1$ darstellenden Zeiger nur im Betrag. Der erstere hat die Länge $c_{11}|\mathfrak{I}_1| M_U$, der andere $|\mathfrak{I}_1| M_I$. Da j als rechtwinkliger Dreher (§ 133.6) im Zeigerbild eine Verdrehung von $90°$ bewirkt, steht der $j\omega c_{12}\mathfrak{I}_1$ darstellende Zeiger vorgedreht senkrecht auf dem Zeiger von $\mathfrak{J}_1$. Ebenso steht der $-j\,\dfrac{1}{\omega}\,c_{13}\,\mathfrak{J}_1$ darstellende Zeiger zurückgedreht senkrecht auf dem Zeiger von $\mathfrak{J}_1$. Den $\mathfrak{U}_1$ dar-stellenden Zeiger finden wir nun, indem wir die Zeiger der Summanden geometrisch ad-dieren (§ 131.6), wie Abb. 324b zeigt.

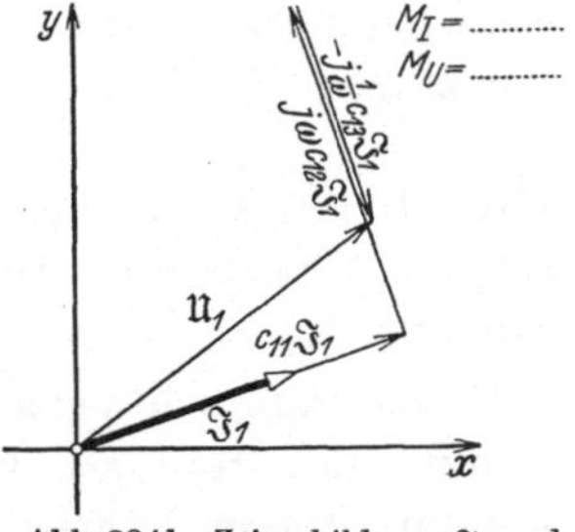

Abb. 324b. Zeigerbild von $\mathfrak{J}_1$ und
$$\mathfrak{U}_1 = c_{11}\mathfrak{J}_1 + j\,\omega\,c_{12}\mathfrak{J}_1 - j\,\frac{1}{\omega}\,c_{13}\mathfrak{J}_1.$$

—.4) Nun suchen wir die Zeigerbilder von (324c u. d). Es liegen Summen vor, die Summanden-Zeiger sind dementsprechend geometrisch zu addieren. In (324c) ist die Summe Null, die Spitze des Zeigers von $\mathfrak{U}_n$ fällt somit in den Fußpunkt des Zeigers von $\mathfrak{U}_1$. Dagegen fällt der Fußpunkt von $\mathfrak{U}_n^*$ mit dem Fußpunkt von $\mathfrak{U}_1$ zusammen, und die Spitze von $\mathfrak{U}_n^*$ liegt in der Spitze von $\mathfrak{U}_{n-1}$. Für $n = 4$ erhalten wir beispielsweise Abb. 324c u. d.

—.5) Die Phasen der komplexen Ersatzgrößen $\mathfrak{J}_1 \ldots \mathfrak{J}_n$, $\mathfrak{U}_1 \ldots \mathfrak{U}_n$ stimmen überein mit den Anfangsphasen $\varphi_{i_1} \ldots \varphi_{i_n}$, $\varphi_{u_1} \ldots \varphi_{u_n}$ der von ihnen vertretenen harmonischen Schwingungen $i_1 \ldots i_n$, $u_1 \ldots u_n$. Da man den Nullpunkt der Zeitzählung beliebig wählen kann, sind alle Anfangsphasen nur bis auf eine gemeinsame, willkürlich wählbare additive Konstante be-

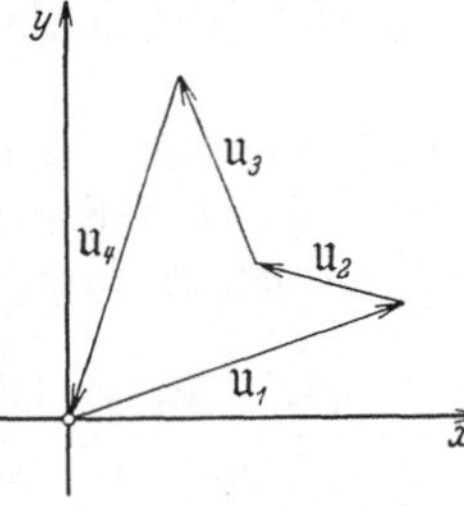

Abb. 324c. Zeigerbild von
$\mathfrak{U}_1 + \mathfrak{U}_2 + \mathfrak{U}_3 + \mathfrak{U}_4 = 0$.

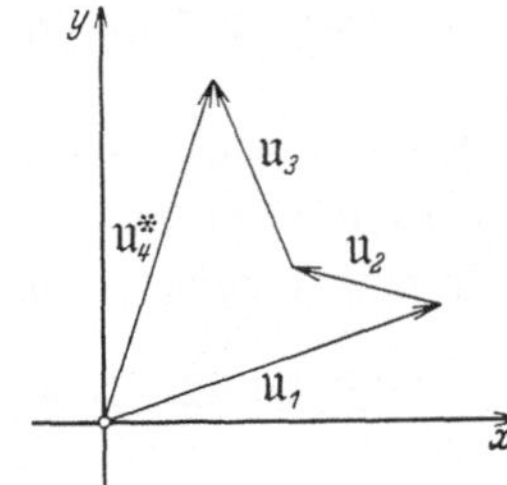

Abb. 324d. Zeigerbild von
$\mathfrak{U}_1 + \mathfrak{U}_2 + \mathfrak{U}_3 = \mathfrak{U}_4^*$.

stimmt. Nur die Differenzen $\varphi_{i_1} - \varphi_{i_2}$, $\varphi_{i_1} - \varphi_{u_1}$ usw. liegen fest, da sich die Konstante bei der Subtraktion heraushebt. Nun werden aber die Anfangsphasen durch die Winkel wiedergegeben, um die die Zeiger aus der Realachse verdreht sind. Da die Anfangsphasen hinsichtlich einer gemeinsamen additiven Konstanten willkürlich sind, sind es auch diese Winkel. Man läßt aus diesem Grunde für solche Zeigerbilder das Koordinatensystem meistens weg. Man begnügt sich damit, die praktisch allein wichtigen Phasenverschiebungen wiederzu-geben, und verzichtet auf die Anfangsphasen. Die Lage irgendeines Zeigers kann man dann beliebig wählen. Die komplexen Größen

$$c_{11} + j\,\omega\,c_{12} - j\,\frac{1}{\omega}\,c_{13} \quad\text{bis}\quad c_{n1} + j\,\omega\,c_{n2} - j\,\frac{1}{\omega}\,c_{n3}$$ weisen keine willkürliche additive Konstante in ihrer Phase auf. In einem Zeigerdiagramm ohne Koordinatensystem kann man sie daher nicht zur Darstellung bringen. Dies ist indessen kein Nachteil, da bei der Veranschaulichung harmoni-

scher Schwingungen nur solche Zeiger von Interesse sind, die harmonische Schwingungen vertreten.

—.6) Die Zeiger, die wir nach obigen Wegleitungen für harmonische Schwingungen erhalten, decken sich mit den Zeigern, die wir nach § 312 bekommen.

Die Möglichkeit des komplexen Ersatzes räumlicher Vektoren, die sich zeitlich sinusförmig ändern.   § 325

—.1) Ein räumliches elektrisches Feld kann durch Angabe des in jedem Punkte des Raumes bestehenden Feldstärkevektors $\mathfrak{E}$ beschrieben werden. Dieser Vektor kann von Punkt zu Punkt nach Betrag und Richtung verschieden sein. Liegt im Raume ein geradlinig rechtwinkliges Achsenkreuz fest, so kann man den in einem Punkte bestehenden räumlichen Vektor $\mathfrak{E}$ parallel zu den drei Achsen in drei vektorielle Komponenten $\mathfrak{E}_x$, $\mathfrak{E}_y$ und $\mathfrak{E}_z$ zerlegen. Es wird dann

$$\mathfrak{E} = \mathfrak{E}_x + \mathfrak{E}_y + \mathfrak{E}_z .$$

Auch die drei Komponenten können von Punkt zu Punkt verschieden sein.

—.2) Tritt ein solches räumliches Feld in einem Problem stationärer Wechselströme auf, so werden die drei Komponenten in Funktion der Zeit sinusförmig pulsieren. Es gelten dann die Ansätze

$$\mathfrak{E}_{xt} = \sqrt{2}\,\mathfrak{E}_x \cos(\omega t + \varphi_x), \quad \mathfrak{E}_{yt} = \sqrt{2}\,\mathfrak{E}_y \cos(\omega t + \varphi_y), \left.\right\}$$
$$\mathfrak{E}_{zt} = \sqrt{2}\,\mathfrak{E}_z \cos(\omega t + \varphi_z) . \qquad (325\,\mathrm{a})$$

Zur Vereinfachung der Schreibweise kann man dann jede dieser drei Vektorkomponenten als Realteil eines komplexen Vektors darstellen. Für die x-Komponente erhält man so

$$\mathfrak{E}_x = \mathfrak{Re}\left(\sqrt{2}\,\mathfrak{E}_x\,\underline{/\omega t + \varphi_x}\right) = \mathfrak{Re}\left(\sqrt{2}\,\mathfrak{E}_x\,\underline{/\omega t}\,\underline{/\varphi_x}\right).$$

Setzt man noch

$$\dot{\mathfrak{E}}_x = \mathfrak{E}_x\,\underline{/\varphi_x} ,$$

so erhält man

$$\mathfrak{E}_x = \mathfrak{Re}\left(\sqrt{2}\,\dot{\mathfrak{E}}_x\,\underline{/\varphi_x}\right).$$

Es ist nun, wie in § 322 gezeigt wurde, möglich und zur Vereinfachung der Schreibweise üblich, das Operationszeichen $\mathfrak{Re}(\ )$ wegzulassen und dann noch durch den Faktor $\sqrt{2}\,\underline{/\omega t}$ zu dividieren. Statt mit den drei wirklichen Vektorkomponenten zu rechnen, rechnet man dann noch mit den drei komplexen Ersatz-Vektorkomponenten

$$\dot{\mathfrak{E}}_x, \ \dot{\mathfrak{E}}_y \ \text{und} \ \dot{\mathfrak{E}}_z .$$

Man bedient sich der komplexen räumlichen Vektoren besonders bei den Problemen des Wirbelstromes und der elektromagnetischen Welle im Raum. Es sei hier verwiesen auf:

Küpfmüller, K.: Einführung in die theoretische Elektrotechnik, S. 189—201 u. S. 249—260. Berlin: Julius Springer 1932.

Die Möglichkeit des komplexen Ersatzes von nicht sinusförmig veränderlichen Größen. § 326

—.1) Eine nicht sinusförmig veränderliche Größe läßt sich dem Realteil einer benannten komplexen Zahl gleichsetzen, von der nicht nur die Phase, sondern auch der Betrag in geeigneter Weise veränderlich sind. Auf dieser Grundlage und unter Benützung der Theorie der Funktionen komplexer Veränderlicher lassen sich besondere Rechenverfahren begründen, die sich für die Behandlung von Ausgleichsvorgängen eignen. In die Elektrotechnik wurden sie von O. Heaviside eingeführt. Es sei verwiesen auf:

Wallot, J.: Theorie der Schwachstromtechnik, S. 271—294. Berlin: Julius Springer 1932.

Carson, John R.: Elektrische Ausgleichvorgänge und Operatorenrechnung, erweiterte deutsche Bearbeitung von F. Ollendorff u. K. Pohlhausen. Berlin: Julius Springer 1929.

Rothe, R., F. Ollendorff, u. K. Pohlhausen: Funktionentheorie und ihre Anwendung in der Technik. Berlin: Julius Springer 1931.

Sind Wechselstromgrößen komplex? § 327

—.1) Spricht man von komplexen Strömen, Spannungen usw., so meint man damit die komplexen Ersatzgrößen, mit denen man an Stelle der wirklichen Größen rechnet. Wechselstromgrößen selbst sind nie komplex. Wenn die Lösung von Differentialgleichungen auf komplexe Ergebnisse führt, von denen nur der Realteil gültig sein kann, so ist daran der im Lösungsverfahren gemachte Ansatz schuld. Dieser könnte — abgesehen von der dadurch bedingten Erschwerung der Rechnung — auch so gestaltet werden, daß das Ergebnis nur die gültige, reelle Lösung aufweist.

Komplexe Gleichungen und Zeigerbilder der harmonischen Schwingungen einfacher Zweipole. § 33

Allgemeines über komplexe Gleichungen und Zeigerbilder harmonischer Schwingungen. § 331

—.1) Alle komplexen Gleichungen und Zeigerbilder harmonischer Schwingungen stellen nur dann eine sinnvolle Beschreibung von Zusammenhängen dar, wenn der Sitz und die positiven Werten zukommende Richtung der schwingenden Größen festgelegt sind. Für Wechselstromkreise erfolgen diese Festsetzungen am einfachsten durch ein Schaltungsschema, in das die Zeichen der Größen[331a] und die Bezugssinne (§ 212) eingetragen sind.

—.2) Man kann die Lesbarkeit von Zeigerbildern dadurch erleichtern, daß man sie einheitlich aufbaut. Insbesondere empfiehlt es sich, die Zeiger mit den für die dargestellten Größen benützten Zeichen unmittelbar zu beschriften und nicht Zwischenzeichen einzuführen, die in einer Legende oder sogar im Text erklärt werden. Weiterhin wollen wir verschiedene Größenarten noch durch verschiedene Stricharten unterscheiden. Dabei halten wir uns an die nachfolgende Tabelle.

Größe	Buchstabensymbol	Zeichnerische Ausführung des Zeigers
Spannung	$\mathfrak{U}$	
Strom	$\mathfrak{J}$	
Induktionsfluß . .	$\dot{\Phi}$ $\dot{\Psi}$	

Abb. 331 a. Symbole und Stricharten für die in Zeigerbildern häufigst gebrauchten, sinusförmig veränderlichen Größen von Wechselstromkreisen.

—.3) Den Zeiger, von dem aus die wichtigsten Phasenverschiebungen gemessen werden, gewöhnlich also den Spannungszeiger, wollen wir horizontal nach rechts zeichnen, wenn dies ohne Mehrarbeit möglich ist. Wir bleiben dann in Übereinstimmung mit der Mathematik, die die Winkel von der horizontal gezeichneten Abszisse aus mißt. Dies ermöglicht uns auch die in der Mathematik gebräuchliche Numerierung der Quadranten zu gebrauchen, die in Abb. 331 b dargestellt ist.

—.4) Da Nacheilungen von Strömen gegenüber den Klemmenspannungen häufiger darzustellen sind als Voreilungen, kommen die Zeigerbilder

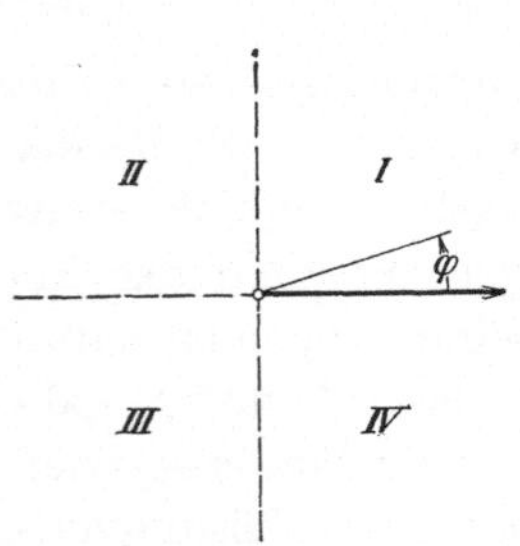

Abb. 331 b. Die Numerierung der Quadranten bei horizontal nach rechts gezeichnetem Hauptzeiger.

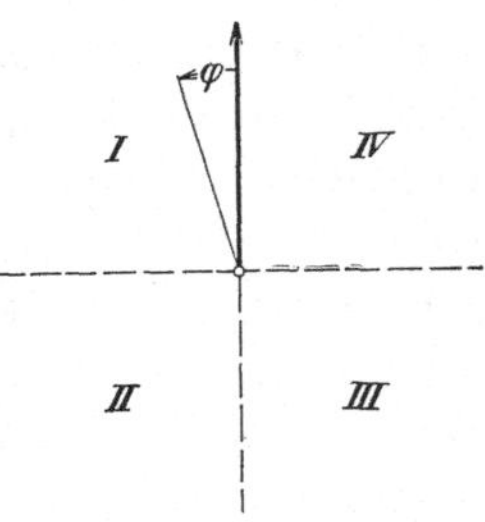

Abb. 331 c. Die Numerierung der Quadranten bei vertikal nach oben gezeichnetem Hauptzeiger.

bei horizontaler Lage des Klemmenspannungsvektors nach rechts unten zu liegen. Die Erfahrung lehrt, daß man aber lieber rechts oben zeichnet. Um dies zu erreichen, wird sehr häufig der Hauptzeiger senkrecht nach oben gezeichnet. Damit die in der Mathematik üblichen Beziehungen

---

[331a] Meist wird es zweckmäßig sein, die für die komplexen Größen und Zeiger dienenden Buchstaben zu verwenden. Es können aber auch die Zeichen der Augenblickswerte gebraucht werden.

zwischen den Winkeln und den Quadrantennummern bestehen bleiben, muß dann der links neben dem Hauptvektor liegende Quadrant die Nummer I erhalten. Wir kommen so auf die in Abb. 331c dargestellte Numerierung der Quadranten[331b].

Komplexe Gleichungen und Zeigerbilder der harmonischen Schwingungen reiner Zweipolelemente.   § 332

—.1) Wir werden vorerst idealisierte Zweipole untersuchen. Für sie ergeben sich sehr einfache Beziehungen. Wie sich nachher zeigt, lassen sich die wirklichen Zweipole als aus solchen reinen Zweipolelementen aufgebaute Schaltungen auffassen.

Reiner Widerstand.   § 3321

—.1) Wir wollen den in Abb. 3321a schematisch dargestellten idealisierten Widerstandsapparat betrachten. Er weise ausschließlich die Eigenschaft Widerstand auf. Fließt in ihm der Strom i, so besteht längs seines inneren Weges nach (221a) eine Spannung, die dem Produkte Ri gleich ist, wenn R der nach (221b) berechnete Widerstand ist. Ist u die längs des äußeren Weges bestehende Klemmenspannung, so wird die Umlaufspannung u_0 längs der Masche des inneren und äußeren Weges (§ 231) $Ri - u$. Setzen wir voraus, daß in unserem idealisierten Apparat der Strom keinen mit dieser Masche verschlungenen Induktionsfluß erzeugt und daß auch nicht aus fremden Ursachen ein solcher Fluß vorhanden sei, dann wird seine Änderungsgeschwindigkeit zu Null, und wir erhalten nach (224a)

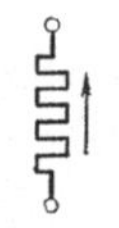

Abb. 3321a. Ein ausschließlich Widerstand aufweisender Zweipol mit eingezeichnetem Bezugssinn.

$$Ri - u = 0$$

und daraus

$$u = Ri. \qquad (3321\,\mathrm{a})$$

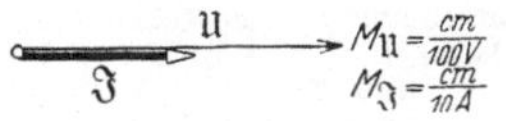

—.2) Sind u und i harmonische Schwingungen, so können wir (3321a) nach der Regel von § 322.4 überführen in die komplexe Gleichung

$$\boxed{\mathfrak{U} = R\mathfrak{J}}. \qquad (3321\,\mathrm{b})$$

Abb. 3321b. Zeigerbild eines ausschließlich Widerstand aufweisenden Zweipoles mit für Klemmenspannung und Strom gemeinsamem Bezugssinn. Die Abmessungen entsprechen den Daten $U = 220\,\mathrm{V}$ und $I = 12\,\mathrm{A}$.

Nach § 324 finden wir das diese Gleichung veranschaulichende Zeigerbild. Es ist in Abb. 3321b gezeichnet.

Induktivität.   § 3322

—.1) Nun wollen wir die in Abb. 3322a schematisch dargestellte idealisierte Drosselspule untersuchen. Sie weise ausschließlich Induktivität auf.

[331b] Diese Art der Numerierung wurde von Ernst Schönholzer der IEC vorgeschlagen. Schweiz. techn. Z. 29 (1932) S. 453.

§ 3322.1 Sinusförmig veränderliche Größen von Wechselstromkreisen.

Der Selbstinduktionskoeffizient sei konstant und sei L. Der ausschließlich im Draht fließende Strom i ruft dann nach (223e) den Induktionsfluß

$$\Psi'_t = Li \tag{3322a}$$

hervor, der mit der aus innerem und äußerem Wege gebildeten Masche (§ 231) verschlungen ist. Hat der von Klemme zu Klemme führende Draht einen verschwindend kleinen Widerstand, so ist die längs des inneren Weges bestehende Spannung Null. Ist u die Klemmenspannung, so erhält man nach (224a)

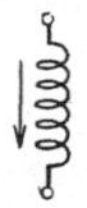

$$0 - u = -\frac{d\Psi_t}{dt}$$

und daraus

$$u = \frac{d\Psi_t}{dt}, \tag{3322b}$$

Abb. 3322a. Ein ausschließlich Induktivität aufweisender Zweipol mit eingezeichnetem Bezugssinn.

oder unter Berücksichtigung von (3322a), da L konstant ist,

$$u = L\frac{di}{dt}. \tag{3322c}$$

—.2) Sind u, Ψ_t und i harmonische Schwingungen, so finden wir nach der Regel von § 322.4 für die drei vorstehenden Gleichungen

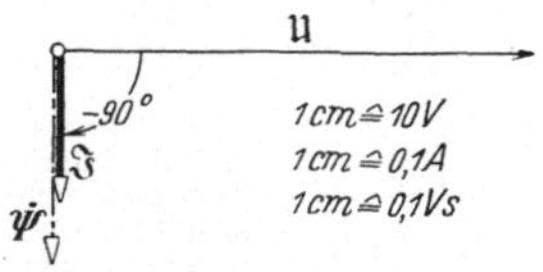

$$\frac{\dot\Psi}{\sqrt{2}} = L\Im, \tag{3322d}$$

$$\mathfrak{U} = j\omega \frac{\dot\Psi}{\sqrt{2}}, \tag{3322e}$$

$$\boxed{\mathfrak{U} = j\omega L\Im}. \tag{3322f}$$

Abb. 3322b. Zeigerbild eines ausschließlich Induktivität aufweisenden Zweipoles, dessen Bezugssinne für Strom und Klemmspannung einerseits und für den Spulenfluß anderseits sich nach einer Rechtsschraubung zugeordnet sind. Die Abmessungen entsprechen den Daten $U = 31{,}4$ V, $I = 0{,}1$ A und $\Psi = 0{,}141$ Vs.

Bei magnetischen Größen ist es üblich, durch die Buchstabensymbole den Scheitelwert zu bezeichnen. Der in den Gleichungen notwendige komplexe Effektivwert wird daher in der Form $\dfrac{\dot\Psi}{\sqrt{2}}$ geschrieben.

Lösen wir (3322f) unter Beachtung von (134o) nach dem Strome auf, so wird

$$\Im = -j\frac{1}{\omega L}\mathfrak{U}. \tag{3322g}$$

Die in diesen Gleichungen enthaltenen Zusammenhänge veranschaulicht das in Abb. 3322b gezeichnete Zeigerbild.

—.3) Stellen wir den komplexen Scheitelwert $\dot\Psi$ des Spulenflusses als Produkt des Scheitelwertes $\dot\Phi$ des Windungsflusses, der Windungszahl w und des Wicklungsfaktors ξ (sprich: Xi) dar und ersetzen wir die Kreisfrequenz ω durch die Frequenz $f = \dfrac{\omega}{2\pi}$, so wird

$$\mathfrak{U} = j\,4{,}44 \cdot f \cdot w \cdot \xi \cdot \dot\Phi. \tag{3322h}$$

92

Kapazität.   § 3323

—.1) Nun wollen wir noch den in Abb. 3323a schematisch dargestellten idealisierten Kondensator betrachten. Er weise ausschließlich **Kapazität** auf. Die Leitungen von den Klemmen zu den Belägen seien ohne Widerstand. Die ganze, längs des inneren Weges bestehende Spannung liegt deshalb am Dielektrikum. Führt dieses keinen Leitungsstrom, so ergibt sie sich nach

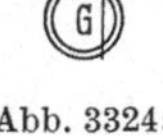

Abb. 3323a. Ein ausschließlich Kapazität aufweisender Zweipol mit eingezeichnetem Bezugssinn.

(222d) zu $\dfrac{1}{C}\displaystyle\int_{t_0}^{t} i\,dt$, wenn die Kapazität C beträgt. Ist u die Klemmenspannung und besteht dauernd kein mit der aus innerem und äußerem Wege gebildeten Masche verschlungener Induktionsfluß, so finden wir nach (224a)

$$\frac{1}{C}\int_{t_0}^{t} i\,dt - u = 0$$

oder

$$u = \frac{1}{C}\int_{t_0}^{t} i\,dt. \tag{3323a}$$

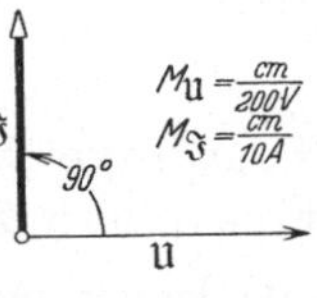

—.2) Nun sollen u und i harmonische Schwingungen sein. Nach der Regel von § 322.4 erhalten wir dann aus (3323a)

$$\boxed{\mathfrak{U} = -j\,\frac{1}{\omega C}\,\mathfrak{I}}. \tag{3323b}$$

Lösen wir nach dem Strome auf, so wird

$$\mathfrak{I} = j\,\omega C\,\mathfrak{U}. \tag{3323c}$$

Das zu diesen Gleichungen nach § 324 entworfene Zeigerbild zeigt Abb. 3323b.

Abb. 3323b. Zeigerbild eines ausschließlich Kapazität aufweisenden Zweipoles mit für Klemmenspannung und Strom gemeinsamen Bezugssinn. Die Abmessungen entsprechen den Daten $U = 380$ V und $I = 15{,}2$ A.

Reine Stromquelle.   § 3324

—.1) Eine **Stromquelle**[3324a] ist ein Zweipol, dessen Wirkleistungsaufnahme N_w negativ ist, der also Wirkleistung abgibt. Schematisch ist eine Stromquelle in Abb. 3324a dargestellt. Setzen wir ihre Klemmenspannung u und ihren Strom i als harmonische Schwingungen und für beide im Sinne von § 231.1 einen gemeinsamen Bezugssinn voraus, so gilt (2421d). Für negative Werte von N_w muß somit $\cos\varphi < 0$ sein. Daraus finden wir für die Phasenverschiebung des Stromes gegenüber der Klemmenspannung entweder $\varphi = -270° \cdots -90°$ oder $\varphi = +90° \cdots +270°$. Der sich innerhalb dieser Bereiche tatsächlich einstellende Wert von φ richtet sich ausschließlich nach dem Zweipol,

Abb. 3324a. Stromquelle mit eingezeichnetem Bezugssinn.

[3324a] Statt Stromquelle sagt man auch Stromerzeuger, Zweipolquelle oder aktiver Zweipol.

der die Stromquelle zu einem vollständigen Stromkreis schließt. Da nach Voraussetzung die Klemmenspannung und der Strom der Stromquelle harmonische Schwingungen sind, lassen sie sich durch komplexe Ersatzgrößen darstellen und als Zeiger veranschaulichen. Das entstehende Zeigerbild zeigt Abb. 3324b. Die senkrecht zum Spannungszeiger $\mathfrak{U}$ gezeichnete Hilfslinie gibt die Grenzen des Gebietes an, in dem der Stromzeiger $\mathfrak{J}$ liegen kann.

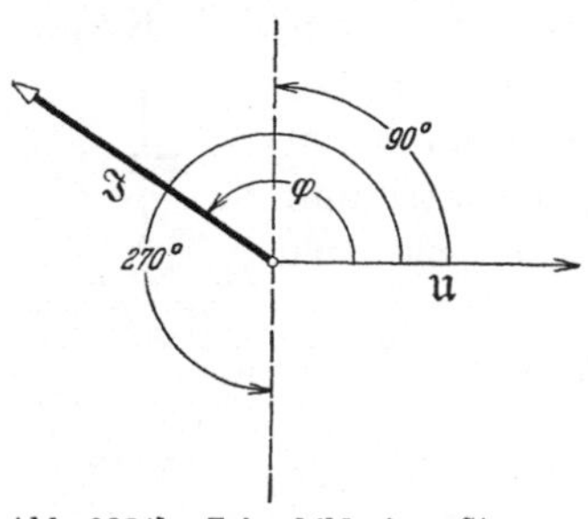

Abb. 3324b. Zeigerbild einer Stromquelle. Der Stromzeiger $\mathfrak{J}$ kann gegenüber dem Zeiger der Klemmenspannung $\mathfrak{U}$ um 90° ... 270° oder um −90° ··· −270° verdreht sein.

—.2) Als reine Stromquelle wollen wir eine Stromquelle dann bezeichnen, wenn ihre Klemmenspannung vom Strome vollständig unabhängig ist.

Komplexe Gleichungen und Zeigerbilder der wirklichen Zweipolelemente. §333

—.1) In den nachfolgenden Unterabschnitten setzen wir von vornherein voraus, daß die veränderlichen Größen harmonische Schwingungen sind, so daß wir von Beginn an mit den komplexen Ersatzgrößen rechnen können. Der Kürze halber werden wir statt „komplexe Ersatzgröße eines Stromes" nur „komplexer Strom" oder auch nur „Strom" sagen.

Luftdrosselspule. §3331

—.1) In Abb. 3331a ist schematisch eine Luftdrosselspule dargestellt. Der angedeutete Bezugssinn gilt für die Klemmenspannung und den Strom. Ein metallischer Leiter vom Widerstand R führe von Klemme zu Klemme. Die ganze Spannung längs des inneren Weges dient damit dem Stromtransport im Leiter.

Abb. 3331a. Luftdrosselspule mit eingezeichnetem Bezugssinn.

Ist der Verschiebungsstrom des neben dem Leiter liegenden Dielektrikums gegenüber dem gesamten Strom $\mathfrak{J}$ der Luftdrosselspule vernachlässigbar klein, so ist der Strom $\mathfrak{J}$ ausschließlich Leiterstrom, und es wird daher die längs des inneren Weges bestehende Spannung $R\mathfrak{J}$. Nun erzeugt der Strom einen mit der aus innerem und äußerem Weg gebildeten Masche verschlungenen Induktionsfluß, für den wir wie in §3322.2 unter Verwendung des Scheitelwertes $\dot{\Psi}/\sqrt{2}$ schreiben. Ist $\mathfrak{U}$ die Klemmenspannung, so erhalten wir für die Umlaufspannung der aus innerem und äußerem Weg gebildeten Masche $R\mathfrak{J} - \mathfrak{U}$ und damit nach (224a) und der Regel von §322.4

$$R\mathfrak{J} - \mathfrak{U} = -j\omega\,\frac{\dot{\Psi}}{\sqrt{2}}$$

oder

$$\mathfrak{U} = R\,\mathfrak{J} + j\omega\,\frac{\dot{\Psi}}{\sqrt{2}}\,.$$ (3331 a)

Verwenden wir wie in § 3322.1 den Selbstinduktionskoeffizienten, so wird

$$\boxed{\mathfrak{U} = (R + j\omega L)\,\mathfrak{J}}\,.$$ (3331 b)

—.2) Nun wollen wir einen Zweipol untersuchen, der aus der in Abb. 3331 b dargestellten Reihenschaltung eines reinen Widerstandes R und einer reinen Induktivität L besteht. Er weist an inneren Spannungen nur eine Ohmsche und eine induktive auf. Nach (231 b) und der Regel von § 322.4 gilt daher für seine Klemmenspannung

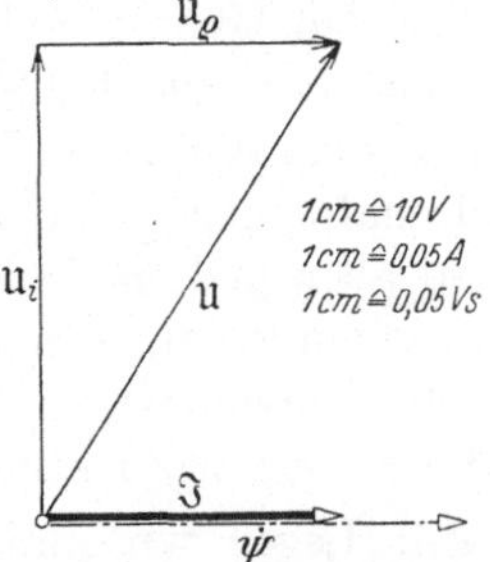

Abb. 3331 b.
Ersatzschema
einer Luftdros-
selspule.

$$\mathfrak{U} = \mathfrak{U}_{\varrho} + \mathfrak{U}_{i}\,.$$ (3331 c)

Diese Gleichung geht in Anwendung von (221 h) und (224 d) in (3331 a) über. Da diese Reihenschaltung auf dieselben Gleichungen führt wie die Luftdrosselspule, bezeichnet man deren zeichneri sche Darstellung als **Ersatzschema der Luft-drosselspule**. Es hat den Vorteil, daß es an-schaulich zeigt, daß die Klemmenspannung aus zwei zu addierenden Teilen besteht.

—.3) Die in den drei vorhergehenden Gleichungen enthaltenen Beziehungen veranschaulichen das nach § 324 gewonnene Zeigerbild von Abb. 3331 c. Damit $\mathfrak{U}_{\varrho}$ nicht mit $\mathfrak{J}$ und $\dot{\Psi}$ zusammenfällt, ist die Reihenfolge von $\mathfrak{U}_{i}$ und $\mathfrak{U}_{\varrho}$ vertauscht.

—.4) Die obigen Ableitungen gelten auch für wirkliche Widerstandsapparate. Das vom In-duktionsfluß herrührende Glied ist jedoch bei diesen meist vernachlässigbar klein gegenüber dem durch den Widerstand bedingten.

Abb. 3331 c. Zeigerbild einer Luftdrosselspule. Die Ab-messungen entsprechen den Daten $U = 37{,}3\,\mathrm{V}$, $U_i = 31{,}4\,\mathrm{V}$, $U_\varrho = 20\,\mathrm{V}$, $I = 0{,}1\,\mathrm{A}$ und $\dot{\Psi} = 0{,}1414\,\mathrm{Vs}$, die beispielsweise einem Normal der Selbstinduk-tion für $L = 1\,\mathrm{H}$, $R = 200\,\Omega$ und $f = 50\,\mathrm{Hz}$ zukommen.

Drosselspule mit Eisenkern. § 3332

—.1) Bei der Ummagnetisierung von Eisen besteht zwischen der magne-tischen Induktion B und der magnetischen Feldstärke H ein kompli-zierter Zusammenhang, der meist zeichnerisch durch die Hysteresis-schleife gegeben wird. Eine solche zeigt Abb. 3332 a. Der rechte Ast gilt für ansteigende, der linke für fallende Induktion. Ändert die In-duktion in Funktion der Zeit nach dem Ansatz $B_t = B\cos\omega t$, so kann man für jeden Wert B_t den zugehörigen Wert H_t in der Hysteresis-schleife abgreifen. Trägt man dann B_t und H_t in Funktion der Zeit auf, so erhält man ein Linienbild nach Abb. 3332 b. Beide Größen er-reichen im selben Zeitpunkt ihren Scheitelwert. Bezüglich des Nulldurchganges zeigt dagegen B_t eine Nacheilung. Diese hat der Erscheinung ihren Namen gegeben. Hysteresis ist ein griechisches Kunstwort und bedeutet auf Deutsch etwa das Späterkommen oder das Nacheilen.

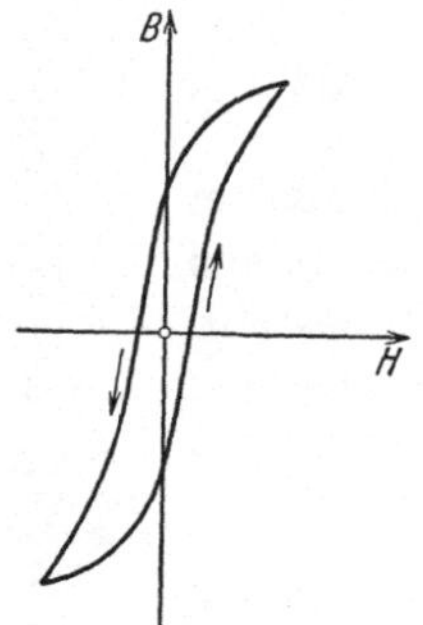

Abb. 3332 a. Hysteresisschleife von Dynamoblech.

Abb. 3332 b. Linienbild der Magnetisierung von Dynamoblech, das eine Hysteresisschleife nach Abb. 3332 a aufweist.

—.2) Ungefähr dieselbe veränderliche Phasenverschiebung besteht zwischen dem die Feldstärke H_t erzeugenden magnetisierenden Strom i_m und dem durch die Induktion B_t bedingten Spulenfluß Ψ_t. Sie können deshalb nicht gleichzeitig harmonische Schwingungen sein. Will man sie aber in komplexe Ersatzgrößen umrechnen und durch Zeiger veranschaulichen, so muß man sie zuerst (näherungsweise) durch harmonische Schwingungen ersetzen. Dabei weist dann der Strom i_m gegenüber dem Spulenfluß Ψ_t die (unveränderliche) Phasenverschiebung δ auf. Legen wir nun den Ψ_t darstellenden Zeiger $\dot{\Psi}$ in die Realachse, so gelten folgende Ansätze:

$$\frac{\dot{\Psi}}{\sqrt{2}} = \frac{\Psi}{\sqrt{2}}, \tag{3332a}$$

(d. h. $\operatorname{arc}(\dot{\Psi}) = 0$) und

$$\mathfrak{J}_m = I_m \,\underline{/\delta}\,. \tag{3332b}$$

—.3) Infolge der Flußänderungen treten im Eisenkern Wirbelströme auf. Sie erzeugen magnetische Felder, zu deren Kompensation die Wicklung einen kleinen, zusätzlichen Strom i_w aufnimmt. Er eilt dem Induktionsfluß Ψ_t beinahe um $90°$ vor. Ist ε ein kleiner Winkel, so gilt der Ansatz

$$i_w = I_w \sqrt{2} \cos(\omega t + 90° - \varepsilon),$$

und es entspricht ihm der komplexe Strom

$$\mathfrak{J}_w = I_w \,\underline{/90° - \varepsilon}\,. \tag{3332c}$$

Für den im Leiter fließenden Strom erhält man so

$$\boxed{\mathfrak{J} = \mathfrak{J}_m + \mathfrak{J}_w}\,. \tag{3332d}$$

Mit $\mathfrak{J}$ und $\dfrac{\dot{\psi}}{\sqrt{2}}$ gilt nun wie für die Luftdrosselspule (3331a) und damit auch (3331c). Diese und die obenstehenden komplexen Gleichungen sind in dem Zeigerbild von Abb. 3332c veranschaulicht.

—.4) In der Fernmeldetechnik ist es üblich, die Klemmenspannung $\mathfrak{U}$, wie in dem in Abb. 3331c gezeichneten Zeigerbild, in zwei gegeneinander 90° Phasenverschiebung aufweisende Komponenten zu zerlegen. Mit den in Abb. 3332c eingeführten Bezeichnungen sind dies $\mathfrak{U}'_i$ und $\mathfrak{U}'_\varrho$. Definieren wir durch die Ansätze

$$\mathfrak{U}'_\varrho = R'\,\mathfrak{J} \qquad \text{und} \qquad \mathfrak{U}'_i = j\,\omega\,L\,\mathfrak{J} \qquad\qquad (3332\,\text{e u. f})$$

einen Ersatzwiderstand R' und eine Ersatzinduktivität L, so wird

$$\boxed{\mathfrak{U} = (R' + j\,\omega\,L)\,\mathfrak{J}}\;. \quad (3332\text{g})$$

Es gilt dann als Ersatzschema der Drosselspule mit Eisenkern das in Abb. 3331b gezeichnete Ersatzschema der Luftdrosselspule, wenn man u_ϱ durch u'_ϱ und u_i durch u'_i ersetzt. Die beiden Ersatzgrößen R' und L wollen wir nun berechnen. Hierzu ist die Kenntnis des Winkels notwendig, um den $\mathfrak{J}$ gegen $\mathfrak{J}_m$ verdreht ist. Er ist durch $\mathfrak{J}_w$ bedingt. Linear mit

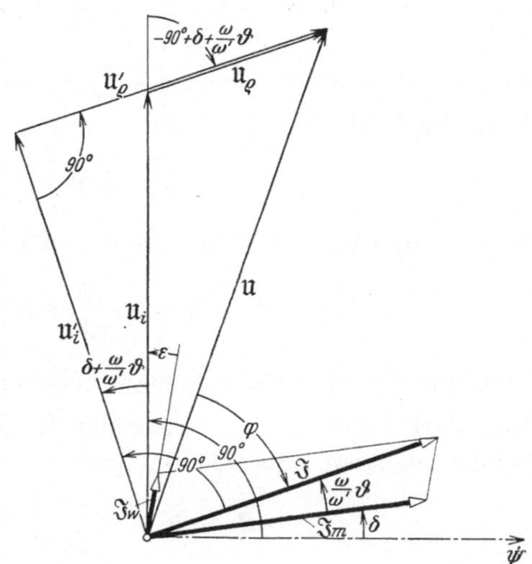

Abb. 3332c. Zeigerbild einer Drosselspule mit Eisenkern.

der Kreisfrequenz ω wachsen die Wirbelströme und damit auch $\mathfrak{J}_w$. Da der betrachtete Winkel sehr klein ist, gilt mit ausreichender Genauigkeit der Ansatz

$$\sphericalangle\ \mathfrak{J}_m,\ \mathfrak{J} = \frac{\omega}{\omega'}\,\vartheta\;.$$

ω' ist hierbei die Kreisfrequenz, für die der Winkel einem Festwert ϑ gleich ist.

—.5) Aus Abb. 3332c lesen wir ab

$$|\mathfrak{U}'_\varrho| = |\mathfrak{U}_i|\,\sin\!\left(\delta + \frac{\omega}{\omega'}\,\vartheta\right) + |\mathfrak{U}_\varrho|\;.$$

$\mathfrak{U}'_\varrho$ ist gegenüber $\mathfrak{U}_i$ um $-90° + \delta + \dfrac{\omega}{\omega'}\,\vartheta$ verdreht. Es gilt daher

$$\mathfrak{U}'_\varrho = \mathfrak{U}_\varrho + \mathfrak{U}_i \sin\!\left(\delta + \frac{\omega}{\omega'}\,\vartheta\right)\!\Big/\!\underline{-90° + \delta + \frac{\omega}{\omega'}\,\vartheta}$$

oder nach (133 b) und nach § 1241.7

$$\mathfrak{U}'_\varrho = \mathfrak{U}_\varrho - j\mathfrak{U}_i \sin\left(\delta + \frac{\omega}{\omega'}\,\vartheta\right)\Big/\delta + \frac{\omega}{\omega'}\,\vartheta \,.$$

Ersetzen wir $\mathfrak{U}_\varrho$ durch $R\mathfrak{J}$ und $\mathfrak{U}_i$ durch $j\omega\dfrac{\dot\psi}{\sqrt2}$, so erhalten wir unter Berücksichtigung von $j^2 = -1$

$$\mathfrak{U}'_\varrho = R\mathfrak{J} + \omega\frac{\dot\psi}{\sqrt2}\sin\left(\delta + \frac{\omega}{\omega'}\,\vartheta\right)\Big/\delta + \frac{\omega}{\omega'}\,\vartheta \,.$$

Durch Vergleich mit dem Ansatz (3332e) finden wir hier aus

$$R' = R + \omega\frac{\dot\psi}{\sqrt2}\sin\left(\delta + \frac{\omega}{\omega'}\,\vartheta\right)\Big/\delta + \frac{\omega}{\omega'}\,\vartheta \;\frac{1}{\mathfrak{J}}$$

Da nach Abb. 3332c $\mathfrak{J}$ um $\delta + \dfrac{\omega}{\omega'}\,\vartheta$ gegenüber $\dot\Psi$ verdreht ist, und da $\dot\Psi$ in die Realachse fällt, gilt

$$\mathfrak{J} = I \Big/\delta + \frac{\omega}{\omega'}\,\vartheta \,.$$

Hiermit und nach (3332a) erhalten wir dann

$$R' = R + \omega\frac{\Psi}{\sqrt2\,I}\sin\left(\delta + \frac{\omega}{\omega'}\,\vartheta\right).$$

In den praktisch vorkommenden Fällen ist $\delta + \dfrac{\omega}{\omega'}\vartheta$ ein kleiner Winkel. Man darf daher mit ausreichender Genauigkeit den Sinus durch den Winkel ersetzen. So erhalten wir

$$R' \approx R + \omega\frac{\Psi}{\sqrt2\,I}\left(\delta + \frac{\omega}{\omega'}\,\vartheta\right).$$

Aus Abb. 3332c lesen wir ferner ab

$$|\mathfrak{U}'_i| = |\mathfrak{U}_i|\cos\left(\delta + \frac{\omega}{\omega'}\,\vartheta\right).$$

$\mathfrak{U}'_i$ ist gegenüber $\mathfrak{U}_i$ um $\delta + \dfrac{\omega}{\omega'}\vartheta$ verdreht. Es gilt daher

$$\mathfrak{U}'_i = \mathfrak{U}_i\cos\left(\delta + \frac{\omega}{\omega'}\,\vartheta\right)\Big/\delta + \frac{\omega}{\omega'}\,\vartheta \,.$$

Wir gehen wieder wie vorher von $\mathfrak{U}_i$ auf $\mathfrak{J}$ über und beachten, daß der Kosinus kleiner Winkel praktisch gleich 1 ist. Dann wird

$$\mathfrak{U}'_i = j\omega\frac{\Psi}{\sqrt2\,I}\,.$$

Durch Vergleich mit dem Ansatz (3332f) finden wir dann

$$\boxed{\,L = \frac{\Psi}{\sqrt2\,I}\,} \tag{3332h}$$

und damit

$$\boxed{R' \approx R + \omega L\left(\delta + \frac{\omega}{\omega'}\,\vartheta\right)}\,.\qquad(3332\,\mathrm{i})$$

—.6) Nach (2421 d) finden wir für die Wirkleistungsaufnahme $N_w = |\mathfrak{U}|\,|\mathfrak{I}|\cos\varphi$. Aus der Abb. 3332c können wir ablesen $|\mathfrak{U}|\cos\varphi = |\mathfrak{U}'_\varrho|$. Weiterhin ist $|\mathfrak{I}| = I$, und wir finden so aus (3332 e u. i)

$$|\mathfrak{U}|\cos\varphi = \left(R + \omega L\left(\delta + \frac{\omega}{\omega'}\,\vartheta\right)\right)I$$

und damit

$$N_w = R I^2 + \omega L\left(\delta + \frac{\omega}{\omega'}\,\vartheta\right)I^2\,.\qquad(3332\,\mathrm{j})$$

Die Wirkleistungsaufnahme deckt den im Wicklungskupfer entstehenden Wärmestrom Q_{Cu} und den im Eisenkern entstehenden Wärmestrom Q_{Fe}. Es gilt somit anderseits

$$N_w = Q_{Cu} + Q_{Fe}\,.\qquad(3332\,\mathrm{k})$$

Nach dem Gesetz von Joule gilt

$$Q_{Cu} = R I^2\,.\qquad(3332\,\mathrm{l})$$

Wir finden somit aus (3332 j, k u. l)

$$Q_{Fe} = \omega L\left(\delta + \frac{\omega}{\omega'}\,\vartheta\right)I^2\,.\qquad(3332\,\mathrm{m})$$

Nach der Bedeutung der Winkel stellt hierin $\omega L\delta I^2$ die Hysteresiswärme und $\omega^2 L\dfrac{\vartheta}{\omega'}I^2$ die Wirbelstromwärme dar. Beide Ausdrücke zeigen die nach der Theorie der Eisenverluste zu fordernde Abhängigkeit von der Kreisfrequenz. Der in (3332 i) auftretende zusätzliche Widerstand $\omega L\left(\delta + \frac{\omega}{\omega'}\,\vartheta\right)$ repräsentiert somit in einwandfreier Weise die Eisenverluste.

—.7) In der Starkstromtechnik ist es üblich, den Strom $\mathfrak{I}$ in zwei gegeneinander 90° Phasenverschiebung aufweisende Komponenten $\mathfrak{I}_\mu$ und $\mathfrak{I}_{Fe}$ zu zerlegen, von denen $\mathfrak{I}_\mu$ mit $\dot{\Psi}$ in Phase ist. Das in Abb. 3332d gezeichnete Zeigerbild veranschaulicht diese Zusammenhänge. Definieren wir durch den Ansatz

$$\frac{\dot{\Psi}}{\sqrt{2}} = L\mathfrak{I}_\mu\qquad(3332\,\mathrm{n})$$

einen Selbstinduktionskoeffizienten L und durch den Ansatz

$$\mathfrak{U}_i = R_{Fe}\mathfrak{I}_{Fe}\qquad(3332\,\mathrm{o})$$

eine Größe R_{Fe}, so gelten die komplexen Gleichungen

$$\mathfrak{J} = \mathfrak{J}_\mu + \mathfrak{J}_{Fe}, \tag{3332p}$$

$$\mathfrak{U}_i = j\omega L\,\mathfrak{J}_\mu, \tag{3332q}$$

$$\mathfrak{U}_\varrho = R\mathfrak{J}, \tag{3332r}$$

$$\mathfrak{U} = \mathfrak{U}_i + \mathfrak{U}_\varrho. \tag{3332s}$$

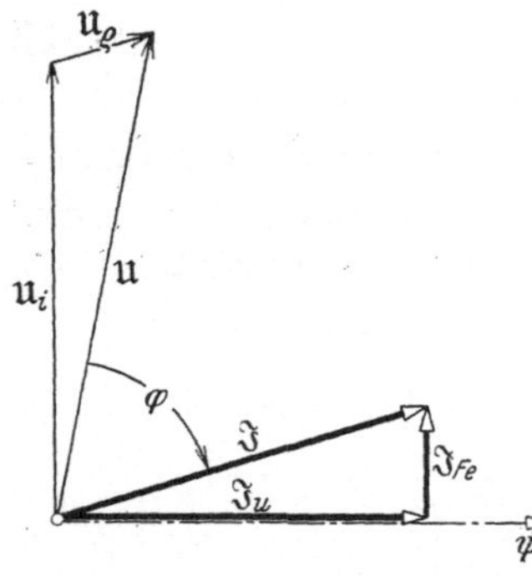

Abb. 3332 d. Zeigerbild einer Drosselspule der Starkstromtechnik.

Wir wollen nun prüfen, was für eine Schaltung reiner Zweipolelemente auch auf diese Gleichungen führt. (3332 s) setzt in Verbindung mit (3332 q) und (3332 r) die Reihenschaltung des Widerstandes R und der Induktivität L voraus, (3332 p) bedingt eine Verzweigung. (3332 q) und (3332 o) zeigen, daß der Induktivität L die Größe R_{Fe}

parallelgeschaltet ist. Da $\mathfrak{J}_{Fe}$ ein gegenüber $\dot{\Psi}$ um 90° voreilender Strom ist, liegt er mit $\mathfrak{U}_i$ in Phase. R_{Fe} ist somit ein Widerstand. So erhalten wir das in Abb. 3332 e gezeichnete Ersatzschema einer Drosselspule mit Eisenkern.

—.8) In den Widerständen R und R_{Fe} entstehen die Wärmeströme $R I^2$ und $R_{Fe} I^2$. Zusammen sind sie gleich der Wirkleistungsaufnahme der ganzen Ersatzschaltung. Es wird

$$N_w = R I^2 + R_{Fe} I^2.$$

Abb. 3332 e. Ersatzschema einer Drosselspule mit Eisenkern, bestehend aus einem reinen Widerstande R, einer reinen Induktivität L und einem reinen, den Eisenverlusten entsprechenden Widerstande R_{Fe}.

Da die Ersatzschaltung und die betrachtete Drosselspule dasselbe Zeigerbild aufweisen, haben sie auch die gleiche Wirkleistungsaufnahme N_w. Nun gelten aber für die Drosselspule (3332 k) und (3332 l). Hieraus folgt

$$Q_{Fe} = R_{Fe} I_{Fe}^2.$$

Der in dem Widerstand R_{Fe} entstehende Wärmestrom repräsentiert die Eisenverluste der Drossel. Aus (3332 o) folgt

$$U_i = R_{Fe} I_{Fe}$$

und daraus

$$Q_{Fe} = U_i I_{Fe}. \tag{3332t}$$

Der Effektivwert I_{Fe} ergibt mit dem Effektivwert U_i die Eisenverluste. $\mathfrak{J}_{Fe}$ heißt daher Eisenverluststrom. Anderseits ist $\mathfrak{J}_\mu$ der Strom, der für eine verlustfreie Magnetisierung notwendig ist. Er heißt idealler Magnetisierungsstrom.

Der Kondensator.   § 3333

—.1) Gegenüber dem die Beläge eines Kondensators ladenden und entladenden Stromes $\mathfrak{J}_c$ eilt die am Dielektrikum liegende Spannung $\mathfrak{U}_\varepsilon$

um 90° nach, es gilt nach (3323 b)

$$\mathfrak{U}_\varepsilon = -j\,\frac{1}{\omega C'}\,\mathfrak{J}_C'\,. \tag{3333a}$$

Da der Widerstand R' des Dielektrikums aber nie wirklich unendlich groß ist, vermag das in der Spannung $\mathfrak{U}_\varepsilon$ zum Ausdruck kommende, von den Ladungen der Beläge erzeugte elektrische Feld im Dielektrikum einen sehr kleinen Leitungsstrom $\mathfrak{J}_R'$ aufrechtzuerhalten. Er ist in Phase mit $\mathfrak{U}_\varepsilon$, nach (3321 b) gilt

$$\mathfrak{U}_\varepsilon = R'\,\mathfrak{J}_R'^{\,3333\,\mathrm{a}}\,. \tag{3333b}$$

In den Zuleitungen zu den Belägen fließt der Strom $\mathfrak{J}$, er setzt sich aus $\mathfrak{J}_C$ und $\mathfrak{J}_R$ zusammen,

$$\boxed{\mathfrak{J} = \mathfrak{J}_C + \mathfrak{J}_R}\,. \tag{3333c}$$

Weisen die von den Klemmen zu den Belägen führenden Leiter einen Widerstand R'' auf, so bedingt das längs

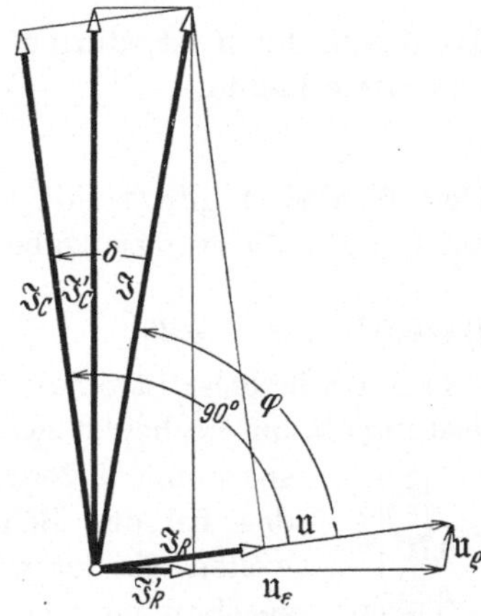

Abb. 3333a. Zeigerbild eines Kondensators.

ihnen bestehende elektrische Feld die Spannung $\mathfrak{U}_\varrho$, und es wird nach (3321 b)

$$\mathfrak{U}_\varrho = R''\mathfrak{J}\,. \tag{3333d}$$

Die Klemmenspannung des Kondensators wird

$$\boxed{\mathfrak{U} = \mathfrak{U}_\varepsilon + \mathfrak{U}_\varrho}\,. \tag{3333e}$$

Die in diesen komplexen Beziehungen zusammengefaßten Größen werden durch das in Abb. 3333 a gezeichnete Zeigerbild veranschaulicht. Dasselbe Zeigerbild kommt auch der in Abb. 3333 b gezeichneten Schaltung zu.

—.2) Um die Phasenverschiebung des Stromes $\mathfrak{J}$ gegenüber der Klemmenspannung $\mathfrak{U}$ zu erklären, genügt auch das einfachere, in Abb. 3333 c gezeichnete **Ersatzschema des Kondensators**. Es entspricht der Aufspaltung des Stromes $\mathfrak{J}$ in die zwei gegeneinander 90° Phasenverschiebung aufweisenden Komponenten $\mathfrak{J}_C$ und $\mathfrak{J}_R$, wobei $\mathfrak{J}_R$ mit der Klemmenspannung $\mathfrak{U}$ in Phase ist. Nennt man die Phasenverschiebung, die $\mathfrak{J}_C$ gegenüber $\mathfrak{J}$ aufweist, δ, so gilt

$$\varphi + \delta = 90°\,. \tag{3333f}$$

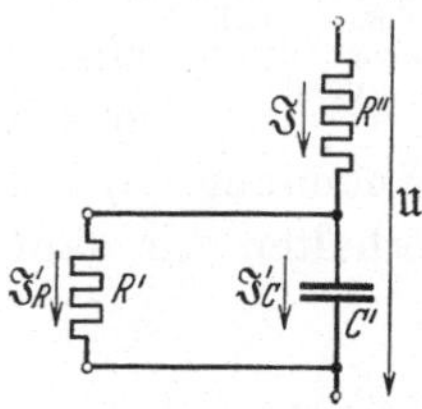

Abb. 3333 b. Ersatzschaltung, der das Zeigerbild von Abb. 3333 a zukommt.

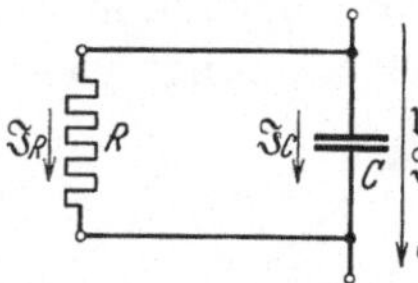

Abb. 3333 c. Ersatzschema für einen Kondensator, bestehend aus einer Kapazität C und einem, den Verlusten im Dielektrikum entsprechenden Widerstand R.

[3333 a] Die verwickelten Nachladungserscheinungen berücksichtigen wir summarisch in $\mathfrak{J}_R'$.

§ 3333.2 Sinusförmig veränderliche Größen von Wechselstromkreisen.

Nach (2421 d) finden wir für die Wirkleistungsaufnahme $N_w = |\mathfrak{U}|\,|\mathfrak{J}|\cos\varphi$. Sie setzt sich ganz in Wärme um, ist also ein Verlust. Nach (2422 a) gilt für die Blindleistungsabgabe $N_b = |\mathfrak{U}|\,|\mathfrak{J}|\sin\varphi$. Damit wird

$$\frac{N_w}{N_b} = \frac{\cos\varphi}{\sin\varphi} = \operatorname{cotg}\varphi = \operatorname{tg}\delta\,.$$

Da δ sehr klein ist, dürfen wir den Tangens für den Winkel setzen, und wir erhalten

$$N_w \approx \delta N_b\,. \tag{3333g}$$

Der Winkel δ gibt somit die relative Höhe der Verluste in bezug auf die Blindleistungsabgabe des Kondensators an.

Wirkliche Stromquelle. § 3334

—.1) Die wirkliche Stromquelle gibt wie die reine Stromquelle Wirkleistung ab, unterscheidet sich von ihr aber dadurch, daß ihre Klemmenspannung $\mathfrak{U}$ vom Strome $\mathfrak{J}$ abhängig ist. In Anlehnung an das bei der Behandlung galvanischer Elemente Übliche wollen wir der wirklichen Stromquelle ein Ersatzschema zuschreiben, das aus der Reihenschaltung einer reinen Stromquelle mit der eingeprägten Spannung $\mathfrak{U}_e$, eines Widerstandes R_i und einer Induktivität L_i besteht[3334a]. Es ist in Abb. 3334a gezeichnet. R_i heißt innerer Widerstand, und L_i nennen wir innere Induktivität. Tritt ein Strom $\mathfrak{J}$ auf, so sind nach (3321b) und (3322f) noch eine Ohmsche Spannung $\mathfrak{U}_\varrho = R_i\mathfrak{J}$ und eine induzierte Spannung $\mathfrak{U}_i = j\omega L_i\mathfrak{J}$ vorhanden. Für die Klemmenspannung $\mathfrak{U}$ erhalten wir dann nach (231b)

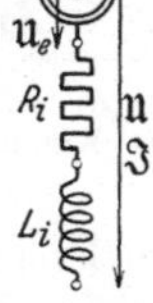

Abb. 3334a. Ersatzschema einer wirklichen Stromquelle.

$$\mathfrak{U} = \mathfrak{U}_e + \mathfrak{U}_\varrho + \mathfrak{U}_i \tag{3334a}$$

oder

$$\boxed{\mathfrak{U} = \mathfrak{U}_e + (R_i + j\omega L_i)\,\mathfrak{J}}\,. \tag{3334b}$$

Das zugehörige Zeigerbild enthält Abb. 3334b. Die Lage des Stromzeigers hängt wie bei der reinen Stromquelle von dem Zweipol ab, der die Stromquelle zu einem geschlossenen Stromkreis ergänzt.

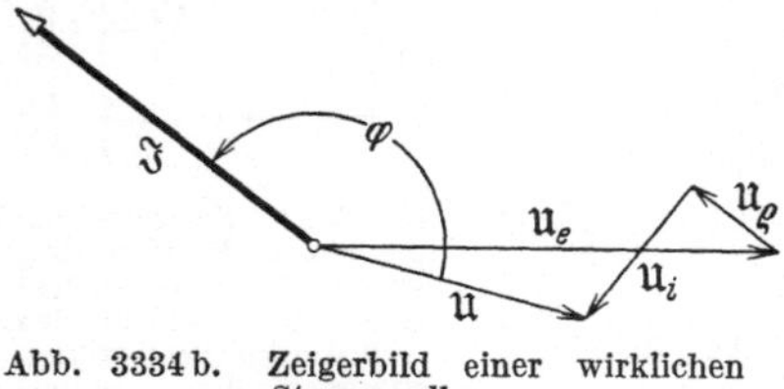

—.2) Mit der Einführung des Ersatzschemas nach Abb. 3334a wollen wir hinsichtlich der Art der Entstehung der drei inneren Spannungen $\mathfrak{U}_e$, $\mathfrak{U}_\varrho$ und $\mathfrak{U}_i$ einige Vorbehalte

Abb. 3334b. Zeigerbild einer wirklichen Stromquelle.

[3334a] Die Kapazität wird hier nicht berücksichtigt, da sie gewöhnlich keine Rolle spielt.

102

machen. So setzen wir mit der Einführung von $\mathfrak{U}_e$ nicht voraus, daß diese Spannung im Sinne der §§ 2148 und 2147 der Ausdruck atomarer Vorgänge sei, wie sie beispielsweise in einem wechselnd belichteten Photoelement auftreten. Wir wollen darunter lediglich eine stromunabhängige innere Spannung verstehen. So kann beispielsweise $\mathfrak{U}_e$ eine von einem mit Gleichstrom erregten Elektromagneten im betrachteten Zweipol induzierte Spannung sein. Ebenso soll $\mathfrak{U}_e$ lediglich eine mit $\mathfrak{J}$ in Phase oder Gegenphase liegende Spannung und $\mathfrak{U}_i$ eine gegenüber $\mathfrak{J}$ um 90° vor- oder nacheilende Spannung sein, die dem Strome selbst proportional ist. R_i und L_i können somit fiktive Widerstände und Induktivitäten sein, die als solche in besonderen Fällen auch negativer Werte fähig sind.

—.3) Die Differenz $|\mathfrak{U}_e| - |\mathfrak{U}|$ heißt Spannungsänderung. Für den Nennstrom der Stromquelle bestimmt und auf die Klemmenspannung bezogen heißt sie relative Spannungsänderung[3334b]. Bezeichnet man sie mit ε_φ, so wird

$$\varepsilon_\varphi = \frac{|\mathfrak{U}_e| - |\mathfrak{U}|}{|\mathfrak{U}|}. \tag{3334 c}$$

Sie hängt bei konstantem Effektivwert des Stromes offenbar von der Phasenverschiebung φ ab. Je nach den Werten, die diese annimmt, kann sie positiv oder negativ werden.

—.4) Als Leerlauf einer wirklichen Stromquelle bezeichnet man den Zustand, in dem der Strom $\mathfrak{J}$ Null ist. Dies ist dann der Fall, wenn der Stromkreis unterbrochen ist. Die im Leerlauf vorhandene Klemmenspannung heißt Leerlaufspannung. Bezeichnet man sie mit $\mathfrak{U}_0$, so findet man aus (3334 b)

$$\mathfrak{U}_0 = \mathfrak{U}_e. \tag{3334 d}$$

Viele Autoren nennen daher $\mathfrak{U}_e$ Leerlaufspannung. Nach der hier dargestellten Auffassung ist jedoch $\mathfrak{U}_0$ eine äußere, $\mathfrak{U}_e$ dagegen eine innere Spannung (§ 231.3). Sie sind zwar gleich groß, aber nicht identisch. Sie unterscheiden sich hinsichtlich ihres Sitzes.

—.5) Als Kurzschluß einer wirklichen Stromquelle bezeichnet man den Zustand, in dem die Klemmenspannung Null ist. Dies ist dann der Fall, wenn die Klemmen einer Stromquelle durch einen Leiter verbunden werden, dessen Widerstand und Induktivität Null sind. Der dabei auftretende Strom heißt Kurzschlußstrom. Bezeichnen wir ihn mit $\mathfrak{J}_k$, so finden wir aus (3334 b)

$$0 = \mathfrak{U}_e + (R_i + j\,\omega L_i)\,\mathfrak{J}_k$$

[3334b] Diese Definitionen decken sich mit den textlich allerdings etwas verschiedenen Festsetzungen der „Regeln für Bewertung und Prüfung von Transformatoren" (R. E. T./1930), § 16, und der „Regeln für die Bewertung und Prüfung elektrischer Maschinen" (R. E. M./1930), § 72.

oder

$$\mathfrak{J}_k = -\frac{\mathfrak{U}_e}{R_i + j\omega L_i}.$$ (3334e)

Setzen wir (3334d) und (3334e) in (3334b) ein, so wird

$$\mathfrak{U} = \mathfrak{U}_0\left(1 - \frac{\mathfrak{J}}{\mathfrak{J}_k}\right).$$ (3334f)

—.6) Wir wollen nun einen geschlossenen Stromkreis betrachten, der aus einer Stromquelle und einem daran angeschlossenen beliebigen Zweipol besteht. Dieser hat die Klemmenspannung $\mathfrak{U}^*$, den Strom $\mathfrak{J}^*$ und die Phasenverschiebung φ^*. Gilt für ihn wie für die Stromquelle je ein im Sinne von § 231 für Klemmenspannung und Strom gemeinsamer Bezugssinn, so sind die beiden in Abb. 3334c gezeichneten Schemata a und b möglich.

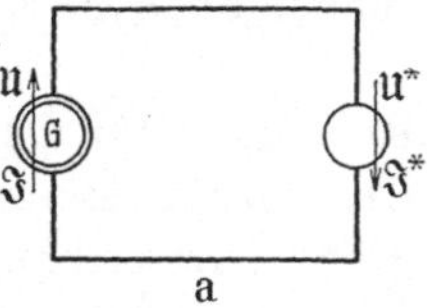
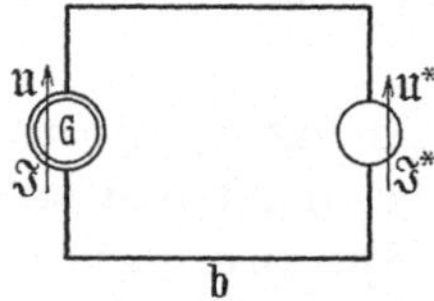

Abb. 3334c. Aus einer Stromquelle und einem beliebigen Zweipol bestehende Stromkreise.

Für das Schema a finden wir nach der Maschenregel und nach der Knotenregel die Gleichungen

$$\mathfrak{U} = -\mathfrak{U}^*, \qquad \mathfrak{J} = \mathfrak{J}^*.$$

Ebenso finden wir für das Schema b

$$\mathfrak{U} = \mathfrak{U}^*, \qquad \mathfrak{J} = -\mathfrak{J}^*.$$

Diesen beiden Gleichungspaaren entsprechen die in Abb. 3334d gezeichneten Zeigerbilder a und b. Wir lesen aus beiden dieselbe Gleichung

$$\varphi = 180° + \varphi^*$$ (3334g)

ab. Sie bestimmt die Phasenverschiebung der Stromquelle.

—.7) Häufig werden für Stromquellen Zeigerbilder gezeichnet, die zwischen dem Spannungs- und dem Stromzeiger Winkel des Bereiches $-90° \ldots + 90°$ aufweisen.

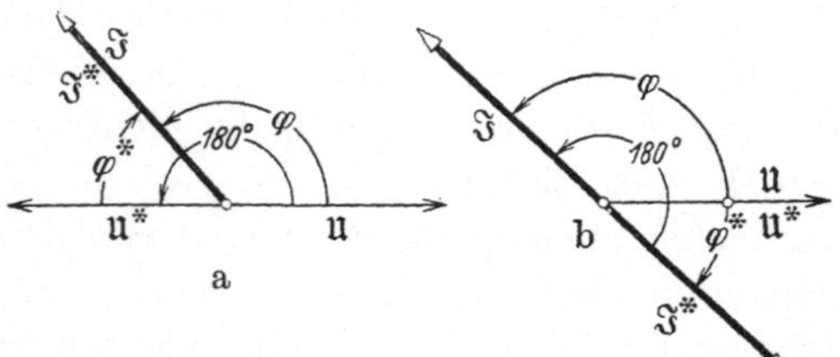

Abb. 3334d. Zeigerbilder der in Abb. 3334c dargestellten Schemata.

Solche Zeigerbilder setzen Bezugssinne nach Schema a von Abb. 3334c voraus und verwenden den Strom $\mathfrak{J} = \mathfrak{J}^*$ und die Spannung $\mathfrak{U}^*$, sie veranschaulichen somit die Phasenverschiebung des an die Stromquelle angeschlossenen Verbrauchers. Die Klemmenspannung ist dann nach (231d) aus den inneren Spannungen der Stromquelle zu berechnen.

Komplexe Gleichungen und Zeigerbilder zusammengesetzter oder gekuppelter Zweipole, deren Induktivitäten konstant sind.   § 34

—.1) Als zusammengesetzt bezeichnen wir einen Zweipol, wenn er aus verschiedenen Zweipolelementen besteht. Verschiedene Zweipole sind gekuppelt, wenn zwischen ihnen magnetische oder elektrische Verbindungen bestehen, so daß Gebilde mit mehr als zwei Polen (Klemmen) entstehen. Außer den Induktivitäten setzen wir auch alle vorkommenden Widerstände und Kapazitäten als konstant voraus.

Das Zweispulenproblem, mit Selbst- und Gegeninduktivität behandelt.   § 341

—.1) Es sollen nach Abb. 341a zwei Drahtspulen *1* und *2* gegeben sein. Ihre Widerstände sind R_1 und R_2, ihre Selbstinduktivitäten L_1 und L_2

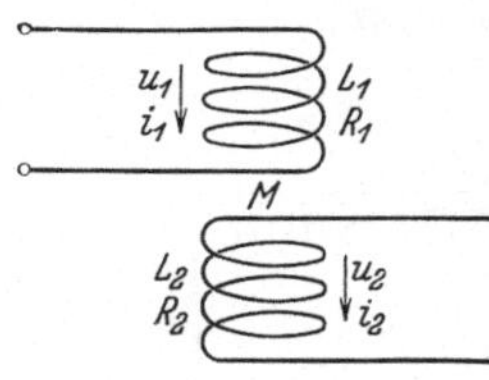

Abb. 341a. Zwei Drahtspulen mit im Sinne von § 2122.8 gleichsinnigen Bezugssinnen.

und die Gegeninduktivität M. Nach (231b) erhalten wir allgemein für die Klemmenspannung

$$u = u_\varrho + u_i. \qquad (341\,\text{a})$$

Nach (221h) finden wir für die Ohmschen Spannungen $u_{\varrho_1} = R_1 i_1$ und $u_{\varrho_2} = R_2 i_2$. Da die Induktivitäten konstant sind, errechnen wir aus (224g)

$$u_{i_1} = L_1 \frac{d i_1}{dt} + M \frac{d i_2}{dt}, \qquad u_{i_2} = L_2 \frac{d i_2}{dt} + M \frac{d i_1}{dt}.$$

Nach (341a) ergeben sich so die beiden Klemmenspannungen zu

$$u_1 = R_1 i_1 + L_1 \frac{d i_1}{dt} + M \frac{d i_2}{dt}, \qquad (341\,\text{b})$$

$$u_2 = R_2 i_2 + L_2 \frac{d i_2}{dt} + M \frac{d i_1}{dt}. \qquad (341\text{c})$$

—.2) Sind alle veränderlichen Größen harmonische Schwingungen, so erhalten wir aus diesen beiden Gleichungen nach der Regel von § 322.4 mit einer kleinen Umstellung die komplexen Gleichungen

$$\mathfrak{U}_1 = j\omega L_1 \mathfrak{J}_1 + j\omega M \mathfrak{J}_2 + R_1 \mathfrak{J}_1, \qquad (341\,\text{d})$$

$$\mathfrak{U}_2 = j\omega L_2 \mathfrak{J}_2 + j\omega M \mathfrak{J}_1 + R_2 \mathfrak{J}_2. \qquad (341\,\text{e})$$

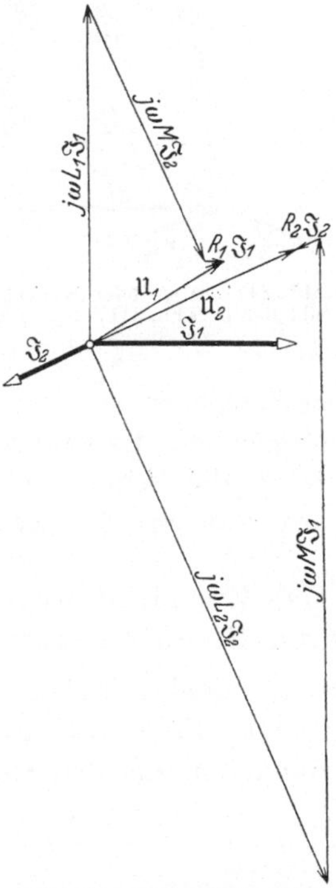

Abb. 341b. Zeigerbild zweier magnetisch gekuppelter Spulen, die die Gegeninduktivität M, die Selbstinduktivitäten L_1 und L_2 und die Widerstände R_1 und R_2 aufweisen. $L_1 : M = 1{,}6 : 3$, $L_2 : M = 6{,}2 : 3$.

Nach § 324 finden wir das zugehörige Zeigerbild, das in Abb. 341b gezeichnet ist.

—.3) Subtrahieren und addieren wir $j\omega M\mathfrak{J}_1$ in (341 d) und $j\omega M\mathfrak{J}_2$ in (341 e), so erhalten wir bei entsprechender Umstellung

$$\mathfrak{U}_1 = j\omega M(\mathfrak{J}_1 + \mathfrak{J}_2) + j\omega(L_1 - M)\mathfrak{J}_1 + R_1\mathfrak{J}_1, \qquad (341\,\text{f})$$

$$\mathfrak{U}_2 = j\omega M(\mathfrak{J}_1 + \mathfrak{J}_2) + j\omega(L_2 - M)\mathfrak{J}_2 + R_2\mathfrak{J}_2. \qquad (341\,\text{g})$$

Die beiden Klemmenspannungen enthalten nun die gemeinsame Komponente $j\omega M(\mathfrak{J}_1 + \mathfrak{J}_2)$. Diese können wir auffassen als die Klemmenspannung einer Spule mit dem Selbstinduktionskoeffizienten M, die vom Strome $\mathfrak{J}_1 + \mathfrak{J}_2$ durchflossen ist. Von den beiden Differenzen $L_1 - M$ und $L_2 - M$ kann eine negativ werden. Der ihr entsprechende Zweipol wirkt dann wie ein Kondensator, dessen Kapazität aus der Gleichung

$$\frac{1}{\omega C} = \omega\,|L - M|$$

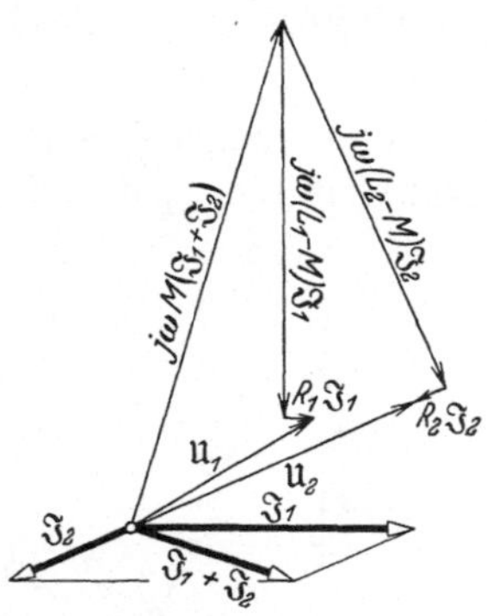

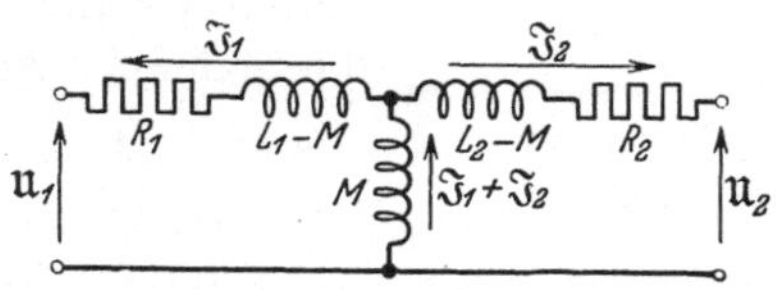

Abb. 341 c. Abgeändertes Zeigerbild der in Abb. 341 b behandelten Spulen.

Abb. 341 d. Ersatzschema für zwei magnetisch gekuppelte Spulen, die die Gegeninduktivität M, die Selbstinduktivitäten L_1 und L_2 und die Widerstände R_1 und R_2 aufweisen.

zu berechnen ist. Das zu (341 f u. g) gehörende Zeigerbild ist in Abb. 341 c gezeichnet. Es paßt auch zu der in Abb. 341 d wiedergegebenen Schaltung, die keine gegenseitige Induktivität aufweist. Sie ist das **Ersatzschema für zwei magnetisch gekuppelte Spulen**.

Das Zweispulenproblem, mit resultierendem Fluß § 342 und Streuinduktivitäten behandelt.

—.1) Bei elektrischen Maschinen ist es üblich, von den Induktivitäten L_1 und L_2 die **Streuinduktivitäten** S_1 und S_2 abzuspalten. Man verwendet hierzu den als **Übersetzung** bezeichneten Faktor

$$\ddot{u} = \frac{w_1\xi_1}{w_2\xi_2}, \qquad (342\,\text{a})$$

in den die Windungszahlen w_1 und w_2 und die **Wicklungsfaktoren** ξ_1 und ξ_2[342a] eingehen. Es gelten dann die Definitionsgleichungen

$$S_1 = L_1 - \ddot{u}M, \qquad (342\,\text{b})$$

$$S_2 = L_2 - \frac{1}{\ddot{u}}M. \qquad (342\,\text{c})$$

[342a] Für Transformatoren wird $\xi_1 = \xi_2 = 1$.

Aus (341 d u. e) erhalten wir unter Verwendung der Streuinduktivitäten nach einigen Umstellungen

$$\mathfrak{U}_1 = j\,\omega\,M\,\ddot{u}\Big(\mathfrak{J}_1 + \frac{1}{\ddot{u}}\,\mathfrak{J}_2\Big) + j\,\omega\,S_1\mathfrak{J}_1 + R_1\mathfrak{J}_1, \qquad (342\,\mathrm{d})$$

$$\mathfrak{U}_2 = j\,\omega\,M\Big(\mathfrak{J}_1 + \frac{1}{\ddot{u}}\,\mathfrak{J}_2\Big) + j\,\omega\,S_2\mathfrak{J}_2 + R_2\mathfrak{J}_2. \qquad (342\,\mathrm{e})$$

—.2) Der Vorteil dieser Formulierung ist der, daß sich die in den beiden Spannungsgleichungen nunmehr auftretenden Induktionsflüsse leicht örtlich unterteilen lassen. Die Spulenflüsse $\sqrt{2}\,S_1\mathfrak{J}_1$ und $\sqrt{2}\,S_2\mathfrak{J}_2$ sind die **Streuflüsse**, die im idealisierten Feldbild je nur mit einer Wicklung verkettet sind. Anderseits ist der durch die Gleichungen

$$\dot{\Phi}_r = \frac{\sqrt{2}\,M\,\ddot{u}}{w_1\xi_1}\Big(\mathfrak{J}_1 + \frac{1}{\ddot{u}}\,\mathfrak{J}_2\Big) = \frac{\sqrt{2}\,M}{w_2\xi_2}\Big(\mathfrak{J}_1 + \frac{1}{\ddot{u}}\,\mathfrak{J}_2\Big) \qquad (342\,\mathrm{f})$$

definierte **resultierende oder gemeinsame Fluß** ein Windungsfluß, der von der aus Primär- und Sekundärstrom resultierenden Durchflutung im magnetischen Kreis erzeugt wird. Er ist sowohl mit der Primär- wie mit der Sekundärwicklung verkettet. Er ist beiden gemeinsam. Man rechnet gerne mit ihm, da er unmittelbar für die praktisch wichtige Induktion im magnetischen Kreis verantwortlich ist. Unter Verwendung von $\dot{\Phi}_r$ erhalten wir aus (342 d) und (342 e) mit $\omega = 2\pi f$

$$\mathfrak{U}_1 = j\,4{,}44\,f\cdot w_1\xi_1\,\dot{\Phi}_r + j\,2\pi f\,S_1\mathfrak{J}_1 + R_1\mathfrak{J}_1, \quad (342\,\mathrm{g})$$

$$\mathfrak{U}_2 = j\,4{,}44\,f\cdot w_2\xi_2\,\dot{\Phi}_r + j\,2\pi f\,S_2\mathfrak{J}_2 + R_2\mathfrak{J}_2. \quad (342\,\mathrm{h})$$

Führen wir noch die vom resultierenden Fluß induzierten Spannungen

$$\mathfrak{U}_{r_1} = j\,4{,}44\,f\,w_1\xi_1\,\dot{\Phi}_r, \qquad (342\,\mathrm{i})$$

$$\mathfrak{U}_{r_2} = j\,4{,}44\,f\,w_2\xi_2\,\dot{\Phi}_r, \qquad (342\,\mathrm{k})$$

die **Streuspannungen**

$$\mathfrak{U}_{\sigma_1} = j\,2\pi f\,S_1\mathfrak{J}_1, \quad \mathfrak{U}_{\sigma_2} = j\,2\pi f\,S_2\mathfrak{J}_2 \quad (342\,\mathrm{l\ u.\ m})$$

und die **Ohmschen Spannungen**

$$\mathfrak{U}_{\varrho_1} = R_1\mathfrak{J}_1, \quad \mathfrak{U}_{\varrho_2} = R_2\mathfrak{J}_2 \qquad (342\,\mathrm{n\ u.\ o})$$

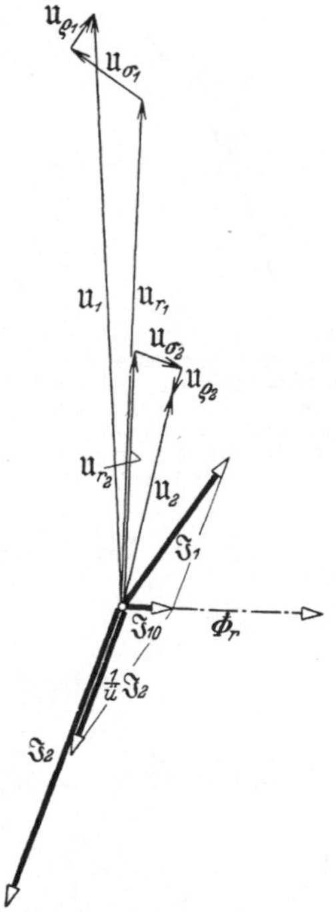

Abb. 342a. Zeigerbild einer auf das Zweispulenproblem zurückführbaren elektrischen Maschine, z. B. eines Einphasen-Transformators ohne Eisenverluste.

ein, so erhalten wir schließlich für die Klemmenspannungen

$$\mathfrak{U}_1 = \mathfrak{U}_{r_1} + \mathfrak{U}_{\sigma_1} + \mathfrak{U}_{\varrho_1}, \qquad (342\,\mathrm{p})$$

$$\mathfrak{U}_2 = \mathfrak{U}_{r_2} + \mathfrak{U}_{\sigma_2} + \mathfrak{U}_{\varrho_2}. \qquad (342\,\mathrm{q})$$

—.3) In den praktisch vorkommenden Fällen sind die Streuspannungen und die Ohmschen Spannungen viel kleiner als die Klemmenspannungen, so daß die vom resultierenden Fluß induzierten Spannungen und dieser Fluß selbst nur wenig von den Werten abweichen, die sich im Leerlauf für $\mathfrak{J}_2 = 0$ ergeben. Nach (342f) muß demnach auch der Ausdruck $\mathfrak{J}_1 + \dfrac{1}{\ddot{u}}\,\mathfrak{J}_2$ den im Leerlauf auftretenden Wert beibehalten. Bezeichnet man den primären Leerlaufstrom mit $\mathfrak{J}_{10}$, so kann man zur Abkürzung

$$\mathfrak{J}_1 + \frac{1}{\ddot{u}}\,\mathfrak{J}_2 \approx \mathfrak{J}_{10} \tag{342r}$$

schreiben. Für den resultierenden Fluß erhalten wir so

$$\dot{\Phi}_r = \frac{\sqrt{2}\,M\,\ddot{u}}{w_1\,\xi_1}\,\mathfrak{J}_{10} = \frac{\sqrt{2}\,M}{w_2\,\xi_2}\,\mathfrak{J}_{10}\,. \tag{342s}$$

Das (342i, k, l, m, n, o, p, q, r, s) veranschaulichende Zeigerbild zeigt Abb. 342a.

—.4) Nun multiplizieren wir die Sekundärspannungen mit $\ddot{u}$, die Sekundärströme mit $\dfrac{1}{\ddot{u}}$ und den Widerstand und die Selbstinduktivität mit $\ddot{u}^2$. Wir erhalten so die Sekundärgrößen für den Fall, daß die Sekundärseite ohne Änderung der Leistungsverhältnisse mit der Windungszahl und dem Wicklungsfaktor der Primärseite ausgeführt wäre. Man bezeichnet die Sekundärgrößen dann als auf die Primärseite bezogen. Wir erhalten so die Gleichungen

$$\ddot{u}\,\mathfrak{U}_{r_2} = \mathfrak{U}_{r_1}, \tag{342t}$$

$$\ddot{u}\,\mathfrak{U}_2 = \mathfrak{U}_{r_1} + j\,2\pi f(\ddot{u}^2 S_2)\,\frac{\mathfrak{J}_2}{\ddot{u}} + (\ddot{u}^2 R_2)\,\frac{\mathfrak{J}_2}{\ddot{u}}\,. \tag{342u}$$

Es gilt dann das in Abb. 342b gezeichnete Zeigerbild, und diesem entspricht das in Abb. 342c dargestellte Ersatzschema des **Einphasentransformators ohne Eisenverluste**.

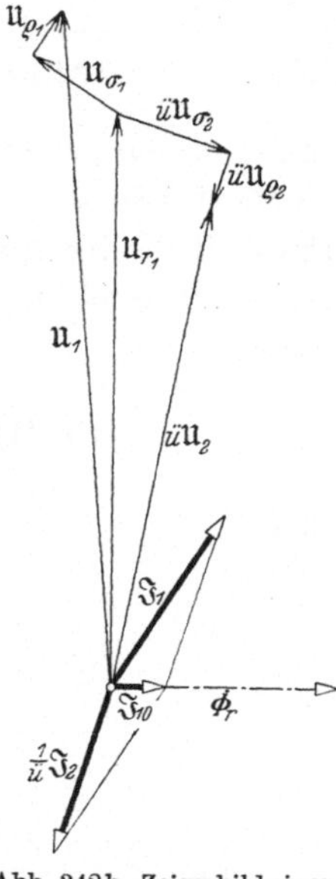

Abb. 342b. Zeigerbild einer auf das Zweispulenproblem zurückgeführten elektrischen Maschine, ohne Eisenverluste, mit auf die Primärseite reduzierten Sekundärgrößen.

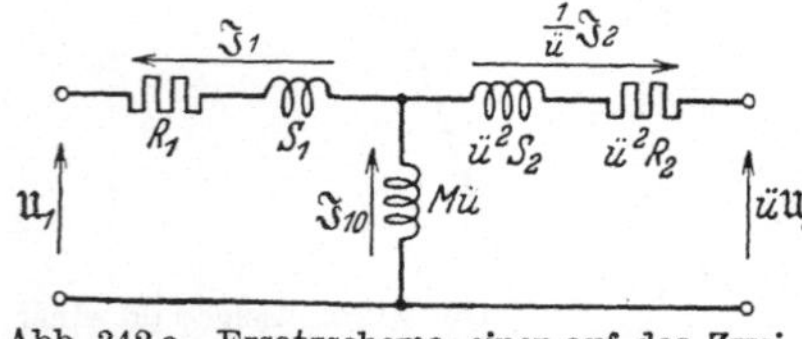

Abb. 342c. Ersatzschema einer auf das Zweispulenproblem zurückgeführten elektrischen Maschine ohne Eisenverluste.

Symmetrische Stern- und Dreieckschaltungen.   § 343

—.1) Wir setzen voraus, daß die auftretenden Ströme und Spannungen vollständig symmetrisch, also gleich groß und um 120° phasenverschoben, und ferner, daß sie sinusförmig veränderlich sind. Damit diese Bedingungen erfüllt sein können, müssen die Zweipolelemente für jeden Strang gleich groß und konstant sein. Die Klemmen der Schaltung nennen wir U, V und W und die verkettenden Spannungen $\mathfrak{U}_{UV}$, $\mathfrak{U}_{VW}$ und $\mathfrak{U}_{WU}$. Wegen der verlangten Symmetrie gelten folgende drei Beziehungen

$$\mathfrak{U}_{UV} = \mathfrak{U}, \qquad \mathfrak{U}_{VW} = \underline{/-120°}\,\mathfrak{U} \quad \text{und} \quad \mathfrak{U}_{WU} = \underline{/-240°}\,\mathfrak{U}. \qquad (343\,\text{a})$$

Die durch die drei Klemmen fließenden Ströme nennen wir $\mathfrak{J}_U$, $\mathfrak{J}_V$ und $\mathfrak{J}_W$. Wie für die verketteten Spannungen wird

$$\mathfrak{J}_U = \mathfrak{J}, \qquad \mathfrak{J}_V = \underline{/-120°}\,\mathfrak{J} \quad \text{und} \quad \mathfrak{J}_W = \underline{/-240°}\,\mathfrak{J}. \qquad (343\,\text{b})$$

—.2) Für Sternschaltung wählt man die Bezugssinne der drei Stränge zweckmäßigerweise[343a] parallel und vom Sternpunkt wegweisend, wie dies in Abb. 343a geschehen ist. Wegen der Symmetrie der Ströme und wegen der Gleichheit der Zweipole der drei Stränge werden auch die Sternspannungen symmetrisch. Heißen sie $\mathfrak{U}_U$, $\mathfrak{U}_V$ und $\mathfrak{U}_W$, so wird

$$\mathfrak{U}_U = \mathfrak{U}_\curlywedge, \qquad \mathfrak{U}_V = \underline{/-120°}\,\mathfrak{U}_\curlywedge \quad \text{und} \quad \mathfrak{U}_W = \underline{/-240°}\,\mathfrak{U}_\curlywedge. \qquad (343\,\text{c})$$

—.3) Nun legen wir für die verketteten Spannungen Integrationswege fest. In Abb. 343a sind sie entsprechend den in § 343.1 gebrauchten Doppelindexen noch mit Bezugspfeilen versehen. Mit der Maschenregel (§ 233.1) können wir dann die drei Gleichungen aufstellen, die je eine verkettete und zwei Sternspannungen enthalten. Für die verketteten Spannungen finden wir daraus die drei Ausdrücke

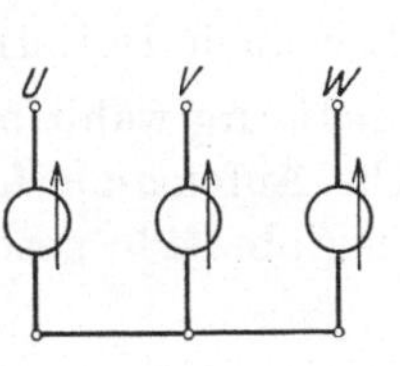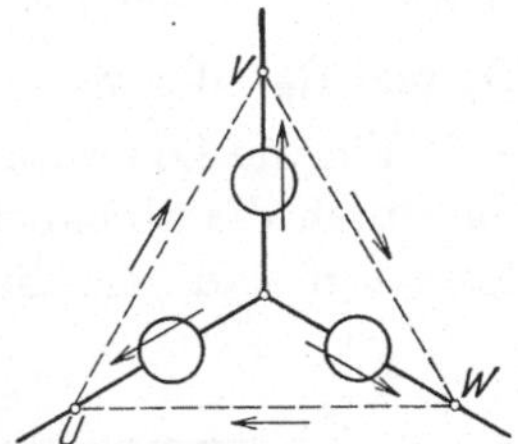

$$\mathfrak{U}_{UV} = -\mathfrak{U}_U + \mathfrak{U}_V. \qquad (343\,\text{d})$$

$$\mathfrak{U}_{VW} = -\mathfrak{U}_V + \mathfrak{U}_W, \qquad (343\,\text{e})$$

$$\mathfrak{U}_{WU} = -\mathfrak{U}_W + \mathfrak{U}_U. \qquad (343\,\text{f})$$

Abb. 343a. Sternschaltungen von Zweipolen mit eingezeichneten Bezugssinnen der drei Stränge. Rechts sind auch die Integrationswege und die Bezugssinne der verketteten Spannungen angegeben.

Berücksichtigen wir noch die zwischen den Sternspannungen bestehenden Beziehungen (343c), so wird aus (343d)

$$\mathfrak{U}_{UV} = \mathfrak{U}_U\,(-1 + \underline{/-120°})$$

und daraus nach (1241 m)

$$\mathfrak{U}_{UV} = \mathfrak{U}_U\left(-\frac{3}{2} - j\frac{\sqrt{3}}{2}\right).$$

Für den Betrag des die Sternspannung $\mathfrak{U}_U$ in die verkettete Spannung $\mathfrak{U}_{UV}$

[343a] Wählt man wie üblich für die Sternspannungszeiger einen gemeinsamen Anfangspunkt, so entsprechen sich nur für vom Sternpunkt wegweisende Bezugssinne das Zeigerbild der Spannungen und das Schaltungsschema Strich für Strich.

überführenden Drehstreckers erhalten wir unter Benutzung von (1241a)

$$\left| -\frac{3}{2} - \jmath\,\frac{\sqrt{3}}{2} \right| = +\sqrt{3}.$$

Ist ferner φ die Phase dieses Drehstreckers, so finden wir nach (1241c u. d)

$$\sin\varphi = -\frac{1}{2}, \qquad \cos\varphi = -\frac{\sqrt{3}}{2}, \qquad \varphi = -150°.$$

Damit wird schließlich

$$\mathfrak{U}_{UV} = \sqrt{3}\,\underline{/-150°}\,\mathfrak{U}_U. \tag{343g}$$

Diese Gleichung drückt die bekannte Tatsache aus, daß der Betrag der verketteten Spannung das $\sqrt{3}$fache des Betrages der Sternspannung be-

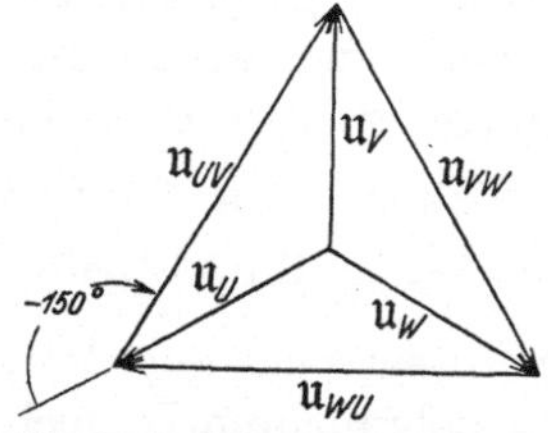

Abb. 343b. Zeigerbild der verketteten und der Sternspannungen der in Abb. 343a dargestellten Sternschaltungen.

trägt. Sie gibt außerdem noch die Phasenverschiebung an.

—.4) Analoge Ergebnisse lassen sich auch für die Spannungen $\mathfrak{U}_{VW}$ und $\mathfrak{U}_{WU}$ ableiten. Das in Abb. 343b gezeichnete Zeigerbild stellt die zwischen den verketteten und den Sternspannungen bestehenden Zusammenhänge zeichnerisch dar. Die in den drei Strängen bestehenden Sternströme sind gleich den durch die Klemmen fließenden Strömen $\mathfrak{J}_U$, $\mathfrak{J}_V$ und $\mathfrak{J}_W$, die gelegentlich auch Leitungsströme genannt werden.

—.5) Für die Dreieckschaltung wählt man fortlaufende Bezugssinne, die durch die alphabetische Aufeinanderfolge der Klemmenbuchstaben festgelegt sind, wie dies in Abb. 343c geschehen ist. Die längs der drei

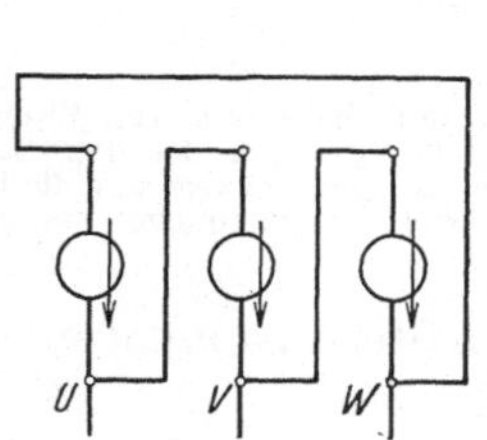
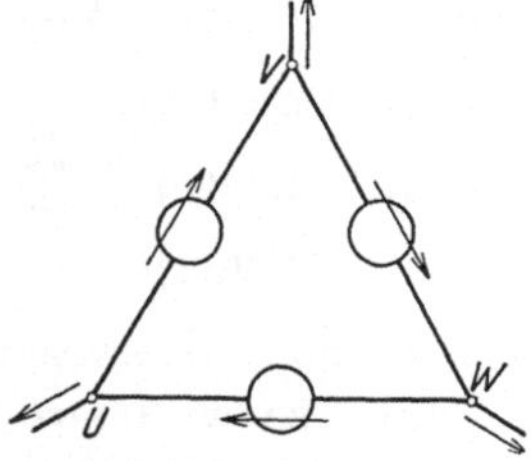

Abb. 343c.   Dreieckschaltungen von Zweipolen mit eingezeichneten Bezugssinnen der drei Stränge.
Rechts sind auch die Bezugssinne der Leitungsströme angegeben.

Stränge bestehenden Dreieckspannungen sind die verketteten Spannungen $\mathfrak{U}_{UV}$, $\mathfrak{U}_{VW}$ und $\mathfrak{U}_{WU}$. Sind diese symmetrisch und die Zweipole der drei Stränge einander gleich, so werden auch die Dreieckströme zueinander symmetrisch. Heißen sie $\mathfrak{J}_{UV}$, $\mathfrak{J}_{VW}$ und $\mathfrak{J}_{WU}$, so wird

$$\mathfrak{J}_{UV} = \mathfrak{J}_\triangle, \qquad \mathfrak{J}_{VW} = \underline{/-120°}\,\mathfrak{J}_\triangle \quad \text{und} \quad \mathfrak{J}_{WU} = \underline{/-240°}\,\mathfrak{J}_\triangle. \tag{343h}$$

—.6) Nun seien die Bezugssinne der Leitungsströme $\mathfrak{J}_U$, $\mathfrak{J}_V$ und $\mathfrak{J}_W$ als von der Dreieckschaltung wegweisend eingeführt. Mit der Knotenregel

(§ 232.1) können wir dann die nachfolgenden drei Gleichungen aufstellen, die je einen Leitungsstrom und zwei Dreieckströme enthalten

$$\mathfrak{J}_U = -\mathfrak{J}_{UV} + \mathfrak{J}_{WU}, \qquad (343\,\text{i})$$

$$\mathfrak{J}_V = -\mathfrak{J}_{VW} + \mathfrak{J}_{UV}, \qquad (343\,\text{k})$$

$$\mathfrak{J}_W = -\mathfrak{J}_{WU} + \mathfrak{J}_{VW}. \qquad (343\,\text{l})$$

Analog wie in § 343.3 finden wir mit (343 h)

$$\mathfrak{J}_U = \sqrt{3}\ \underline{/+150°}\ \mathfrak{J}_{UV}. \qquad (343\,\text{m})$$

Diese Gleichung bringt die bekannte Tatsache zum Ausdruck, daß der Betrag des Leitungsstromes das $\sqrt{3}$fache des Betrages des Dreieckstromes beträgt. Es gilt für die Ströme das in Abb. 343 d gezeichnete Zeigerbild.

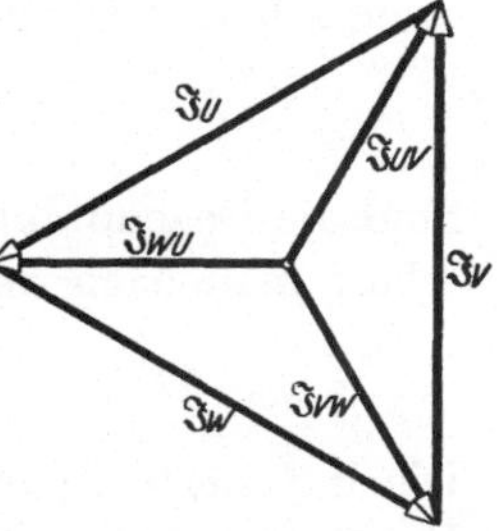

Abb. 343 d.   Zeigerbild der Stern- und Dreieckströme der in Abb. 343 c dargestellten Schaltungen.

—.7) Sind die drei in Stern oder Dreieck zusammengeschlossenen Zweipole nur über die Klemmen miteinander gekuppelt, so kann man jeden für sich allein untersuchen. Man hat hiezu mit der an ihm liegenden **Strangspannung** und mit dem in ihm fließenden **Strangstrom** zu rechnen, bei Sternschaltung also mit Sternspannung und Leitungsstrom, bei Dreieckschaltung mit verketteter Spannung und Dreieckstrom.

—.8) Häufig kommt es vor, daß die Zweipole der drei Stränge miteinander nicht nur über die Klemmen, sondern auch direkt magnetisch gekuppelt sind. Dies ist z. B. bei den verschiedenen Strängen der Wicklung einer Drehstrommaschine der Fall. Man kann auch dann jeden Zweipol (Wicklungsstrang) für sich allein behandeln, wenn man an Stelle seiner Induktivität mit seiner **Drehinduktivität** rechnet. Erzeugt der allein stromführende Wicklungsstrang U den Spulenfluß Li_U, so erzeugen nach der Theorie des Drehfeldes (§ 610.7) alle drei Wicklungsstränge zusammen den gleichphasigen Spulenfluß $\tfrac{3}{2}Li_U$, wenn die drei Strangströme symmetrisch sind und wenn die Induktion im Luftspalt längs der Umfangsrichtung sinusförmig verteilt ist. Der Einfluß der stromführenden Nachbarstränge macht sich nur darin bemerkbar, daß der Spulenfluß um 50 % ansteigt. Er ist deshalb vollständig berücksichtigt, wenn man mit der Drehinduktivität $L_\triangle$ statt mit der Stranginduktivität L rechnet und

$$L_\triangle = \tfrac{3}{2}L \qquad (343\,\text{n})$$

setzt.

Komplexe Gleichungen harmonischer Schwingungen zusammengesetzter und gekuppelter Zweipole mit veränderlichen Induktivitäten.   § 35

—.1) Veränderliche Induktivitäten treten besonders bei elektrischen Maschinen auf, bei denen Wicklungen ihre gegenseitige Lage ändern. Die dabei auftretenden Änderungen des Induktionsflusses berücksichtigen wir durch Einführung der induzierten Spannung u_i. Für die von einer stromführenden Wicklung in eine andere Wicklung induzierte Spannung erhalten wir nach dem Induktionsgesetz in Beachtung von (224g)

$$u_i = \frac{d}{dt}\,(M\,i)\,.$$

Sind die Gegeninduktivität M und der Strom i zeitlich veränderlich, so erhält man nach den Regeln der Differentialrechnung

$$u_i = M\,\frac{di}{dt} + i\,\frac{dM}{dt}\,. \tag{35a}$$

Die induzierte Spannung setzt sich somit aus zwei Teilen zusammen. Der erste ist durch die Veränderlichkeit des Stromes, der zweite ist durch die Veränderlichkeit der Gegeninduktivität bedingt. Wir bezeichnen nun

$$u_T \equiv M\,\frac{di}{dt} \tag{35b}$$

als Transformationsspannung und

$$u_R = i\,\frac{dM}{dt} \tag{35c}$$

als Rotationsspannung. Für die induzierte Spannung erhalten wir so

$$u_i = u_T + u_R\,. \tag{35d}$$

Das mit Gleichstrom erregte Polrad und die Ankerwicklung einer Synchronmaschine. § 351

—.1) Bei einer Synchronmaschine bestehe zwischen der Polradwicklung und einem Strang der Statorwicklung zur Zeit t die gegenseitige Induktivität M_t. Sie ist eine Funktion der Zeit, da sich infolge der Relativbewegung von Ständer und Polrad die gegenseitige Lage der beiden Wicklungen dauernd ändert. Im Nullpunkt der Zeitrechnung möge der Mittelpunkt einer Spulengruppe des betrachteten Statorwicklungsstranges in die Mittellinie eines Nordpoles des Polrades fallen. Die Bezugssinne seien überdies so festgelegt, daß sie im Zeitnullpunkt gleichsinnig (§ 2122.8) sind. In solchen Zeitpunkten, in denen sie gegensinnig werden, hat die gegenseitige Induktivität M_t negative Werte. Sollen die vom Polrad im betrachteten Statorstrang induzierten Spannungen sinusförmig sein, so muß sich auch die Induktivität M_t in Funktion der Zeit sinusförmig ändern. Da sie überdies im Zeitnullpunkt ein Maximum ist, gilt der Ansatz

$$M_t = M\cos\omega t\,.$$

Den das Polrad erregenden Gleichstrom wollen wir mit I_E bezeichnen.

—.2) Die in den betrachteten Statorstrang induzierte Spannung möge u_e heißen. Nach (35a) wird

$$u_e = M\cos(\omega t)\,\frac{dI_E}{dt} + I_E\,\frac{d(M\cos\omega t)}{dt}\,.$$

Da die Änderungsgeschwindigkeit eines Gleichstromes Null ist, wird das erste Glied Null, und wir finden

$$u_e = I_E \omega M \cos(\omega t + 90°).$$ (351a)

—.3) Vernachlässigen wir die Krümmung der Magnetisierungskurve des Eisens, so werden allfällige Ankerströme lediglich Induktionsflüsse erzeugen, die sich dem vom Polrad gelieferten Fluß linear überlagern. Die Spannung wird dann immer als die vom Polrad herrührende Komponente der vom gesamten Fluß induzierten Spannung bestehen bleiben. Sie ist vom Ankerstrom unabhängig und spielt deshalb für den Ankerstromkreis die Rolle einer eingeprägten Spannung (§ 3334.2). Da sie (351a) genügt, kann sie nach § 322 durch die komplexe Spannung $\mathfrak{U}_e$ wiedergegeben werden, die vom komplexen Ankerstrom $\mathfrak{J}$ ganz unabhängig ist.

Der Kommutatoranker im Wechselfeld.   § 352

—.1) Bei der Behandlung von Kommutatormaschinen wollen wir wie üblich den Rotor schematisch durch ein Symbol darstellen, das sich aus einem zweipoligen Ringanker ableitet. In Abb. 352a ist ein solcher Ringanker und in Abb. 352b das daraus abgeleitete Symbol wiedergegeben. In einem rechtsgewickelten Ringanker möge ein Strom in Richtung eines beliebig gewählten Bezugssinnes über die eine Bürste ein- und über die andere austreten. Der Ringanker wird dann so ma-

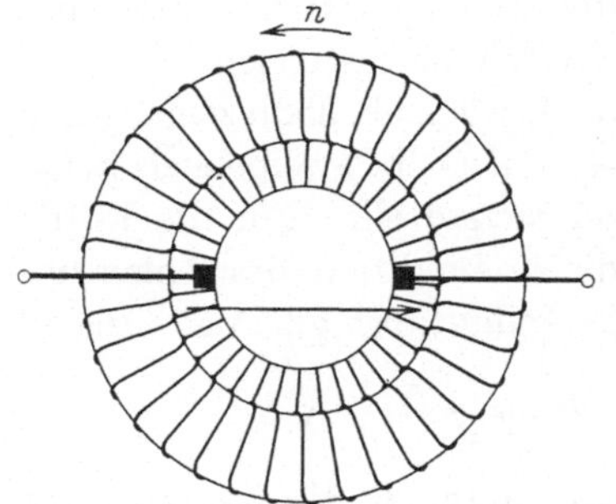

Abb. 352a. Zweipoliger Ringanker. Es sind die Bezugssinne der Wicklung und der Drehzahl eingezeichnet.

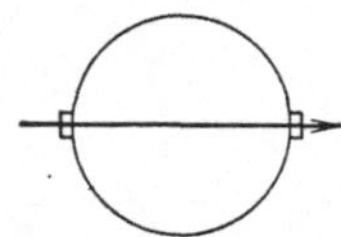

Abb. 352b. Zeichnerisches Symbol eines Kommutatorankers mit Bezugssinn der Wicklung (Bürstenachse).

gnetisiert, daß sich sein Feld symmetrisch zur Verbindungslinie der beiden Bürsten ausbildet. In der Verlängerung der Spitze des Bezugspfeiles weist er einen Nordpol und ebenso beim Schaftende einen Südpol auf. Es kann somit wie bei einer rechtsgewickelten Spule ein einziger Bezugspfeil gleichermaßen als Bezugssinn für die elektrischen und für die magnetischen Größen des zweipoligen Ringankers dienen.

—.2) Die meisten Maschinen werden in Wirklichkeit mit vielpoligen Trommelankern ausgerüstet. Dabei sind die Wicklungen meist ungekreuzt, sie können aber auch gekreuzt ausgeführt werden[352a]. Bei

---

[352a] Näheres s. Richter, Rudolf: Elektrische Maschinen Bd. 1, S. 19, 93. Berlin: Julius Springer 1924.

ungekreuzten Wicklungen ist — von der Kommutatorseite aus gesehen — der radial über die Bürsten angegebene Bezugssinn der elektrischen Größen (Bürstenachse) gegen den Bezugssinn der magnetischen Größen (Feldachse) im Gegenuhrzeigersinn um den einer halben Polteilung entsprechenden Winkel verdreht, wie dies Abb. 352 c zeigt. Bei gekreuzten Wicklungen erfolgt die Verdrehung um denselben Betrag im Uhrzeigersinne. Praktisch läuft dieser für die beiden Wicklungsarten bestehende Unterschied darauf hinaus, daß sich bei gleicher Lage der magnetischen Felder die Polarität der Bürsten vertauscht.

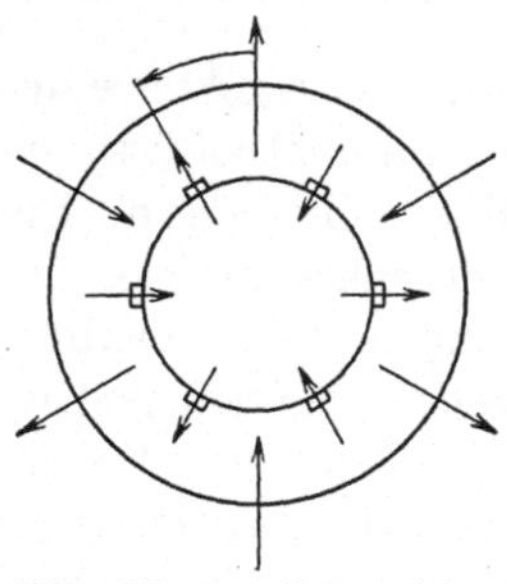

Abb. 352 c.   Gegenseitige räumliche Lage der gleichgerichteten Bezugssinne der elektrischen Größen (Bürstenachsen) und der magnetischen Größen (Feldachsen) eines 6 poligen Kommutatorankers mit ungekreuzter Trommelwicklung.

—.3) Von der Kommutatorseite aus betrachtet sei in Übereinstimmung mit der früheren Festsetzung des Bezugssinnes von Drehwinkeln der Gegenuhrzeigersinn[352 b] der Bezugssinn für die Drehzahl.

—.4) Eine Kommutatormaschine weise ein längs des Bohrungsumfanges sinusförmig verteiltes magnetisches Feld auf, dessen halbe Wellenlänge sich über eine Polteilung erstrecke. Die Feldachse (Bezugssinn) sei, wie Abb. 352 d zeigt, gegen den Bezugssinn des Ankers im zweipoligen Schema um den Winkel α verdreht. Für die F e l d - k u r v e , also für die in Funktion des Ankerumfanges dargestellte Induktion, gilt der Ansatz

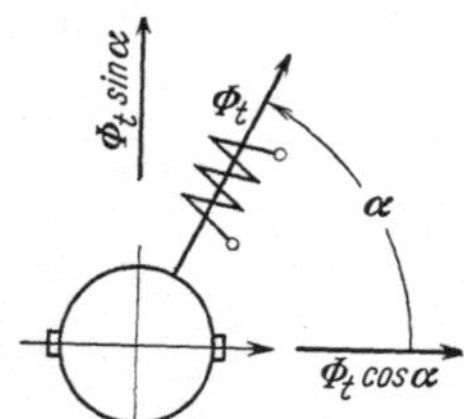

Abb. 352 d.   Schematische Darstellung einer Kommutatormaschine, bei der die Achse des Statorfeldes im zweipoligen Schema um den Winkel α gegen die Ankerachse verdreht ist.

$$B_x = B \cos\left(x\,\frac{\pi}{\tau} - \alpha\right).$$

Dabei verstehen wir unter B die Induktion in der Feldachse, unter x den Abstand des betrachteten Punktes des Ankerumfanges von der durch die positive Ankerhalbachse gekennzeichneten Nullstelle und unter τ die Polteilung. Nach den Regeln der Trigonometrie können wir diesen Ausdruck in eine Summe umschreiben. Es wird

$$B_x = B \cos x\,\frac{\pi}{\tau}\cos\alpha + B \cos\left(\left(x - \frac{\tau}{2}\right)\frac{\pi}{\tau}\right)\sin\alpha .$$

Die Feldkurve läßt sich somit als Überlagerung von zwei Feldkurven

---

[352 b] Nach § 76 der „Regeln für die Bewertung und Prüfung elektrischer Maschinen, R. E. M./1930" gilt, von der vom Kommutator entgegengesetzten Seite aus gesehen, der Uhrzeigersinn als normaler Drehsinn. Eine nach diesen Regeln normal laufende Maschine weist nach der Festsetzung von § 352.3 eine positive Drehzahl auf.

114

darstellen. Die Achse der Teilfeldkurve $B \cos x \dfrac{\pi}{\tau} \cos \alpha$ fällt mit der positiven Ankerhalbachse zusammen. Dagegen ist die Achse der andern Teilfeldkurve um den einer halben Polteilung entsprechenden Winkel, im zweipoligen Schema demnach um 90°, vorgedreht. Die Achsinduktionen der beiden neuen Feldkurven sind $B \cos \alpha$ und $B \sin \alpha$.

—.5) Der vom Stator erzeugte Induktionsfluß, der über eine zur Feldachse symmetrisch gelegene Polteilung besteht, heiße Φ_t. Hat das Feld in Richtung der Welle der Maschine die Länge l_i, so wird

$$\Phi_t = \int\limits_{\alpha \frac{\tau}{\pi} - \frac{\tau}{2}}^{\alpha \frac{\tau}{\pi} + \frac{\tau}{2}} B_x\, l_i\, dx\,.$$

Berücksichtigen wir den für die Feldkurve gemachten Ansatz, so erhalten wir durch Auswertung des Integrales

$$\Phi_t = \frac{2}{\pi}\, \tau\, l_i\, B\,.$$

Der Fluß Φ_t ist somit direkt der Induktion B proportional. Dementsprechend wird der Fluß der ersten Teilfeldkurve $\Phi_t \cos \alpha$, da sich seine Achsinduktion um den Faktor $\cos \alpha$ vom Scheitelwert der ursprünglichen Feldkurve unterscheidet. Seine Achse ist die positive Ankerhalbachse. Analog findet man den Wert $\Phi_t \sin \alpha$ für den Fluß der zweiten Teilfeldkurve. Der gesamte Fluß Φ_t läßt sich somit in zwei Teilflüsse $\Phi_t \cos \alpha$ und $\Phi_t \sin \alpha$ aufspalten, deren Achsen zueinander senkrecht stehen. Es sei nun vorausgesetzt, daß sich die Induktion B in Funktion der Zeit sinusförmig ändere. Wegen des für die Feldkurve gemachten Ansatzes ändern dann alle Induktionen, die derselben Halbwelle angehören, phasengleich, die der benachbarten Halbwellen gegenphasig usw. Daraus folgt, daß auch der Induktionsfluß Φ_t und seine beiden Komponenten in Funktion der Zeit sinusförmig schwingen. Sie sind alle in Phase miteinander, solange $\sin \alpha$ und $\cos \alpha$ positiv sind. Es besteht ein Wechselfeld. Für die Bestimmung der von ihm in den Anker induzierten Spannungen werden die Wirkungen der beiden Teilflüsse getrennt untersucht.

—.6) Es sollen vorerst die Rotationsspannungen bestimmt werden, die die beiden Flußkomponenten hervorbringen. Dabei darf wie mit konstanten Flüssen gerechnet werden, da die Wirkung der Flußschwankungen nachher in den Transformationsspannungen ihren Ausdruck findet. Wie in Abb. 352e dargestellt ist, soll sich eine Ankerspule, deren Weite gleich der Polteilung τ ist, mit konstanter Ankerumfangsgeschwindigkeit v unter dem Statoreisen wegbewegen. Ihr für Strom und Spannung geltender Bezugssinn sei so angenommen, daß er mit dem Bezugssinn des zugehörigen Stranges der Ankerwicklung läuft, der durch Bezugspfeile über den Bürsten angegeben ist. Der Windungsfluß der betrachteten Ankerspule heiße φ, sein Bezugssinn sei dem für Strom und Spannung geltenden Bezugssinn der Spule nach einer Rechtsschraubung zugeordnet. Ist wieder l_i die Länge des Feldes in der Richtung der Welle der Maschine, so umschließt die an der Stelle x liegende Spulenseite nach einem Zeitintervall dt zusätzlich einen Fluß $B_x l_i dx$ und die andere,

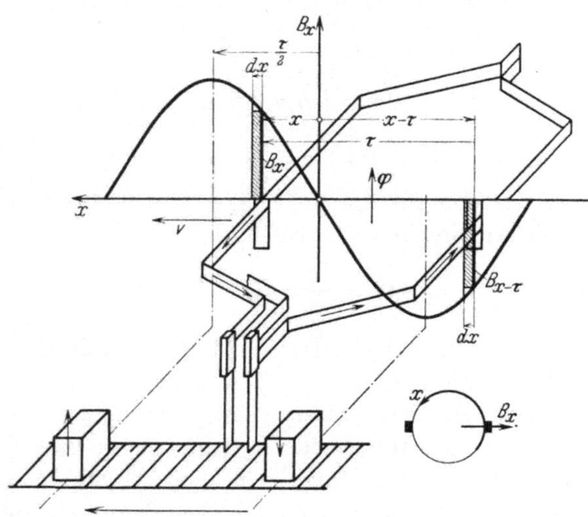

Abb. 352 e.   Darstellung der Lage einer Windung eines Trommelankers in Bezug auf die Teilfeldkurve $B_x = B \cos\left(\left(x - \dfrac{\tau}{2}\right)\dfrac{\pi}{\tau}\right) \cos\alpha$. Das Koordinatensystem fällt einerseits mit der Abwicklung des Ankerumfanges, anderseits mit der Ankerachse zusammen.

an der Stelle $x - \tau$ liegende Spulenseite hat einen Fluß $B_{x-\tau} l_i dx$ aus der Umschlingung entlassen. Es wird somit die gesamte Änderungsgeschwindigkeit des Windungsflusses

$$\frac{d\varphi}{dt} = \frac{B_x l_i dt - B_{x-\tau} l_i dt}{dt}.$$

Wegen der als sinusförmig vorausgesetzten Verteilung der Induktion am Ankerumfang sind die beiden Induktionen B_x und $B_{x-\tau}$ einander entgegengesetzt gleich, da sie Punkten zukommen, die um eine halbe Wellenlänge auseinander liegen. Die Änderungsgeschwindigkeit des Windungsflusses wird damit

$$\frac{d\varphi}{dt} = 2 l_i v B_x,$$

da dx/dt die Ankerumfangsgeschwindigkeit v darstellt. Hat die Maschine

116

$2p$ Pole und die Drehzahl n, so wird $v = \tau\, 2pn$, und wir erhalten

$$\frac{d\varphi}{dt} = 4\,l_i\,\tau\,pn\,B_x\,.$$

—.7) Zur gesamten Rotationsspannung tragen alle diejenigen Spulen bei, die zu einem Ankerstromzweig gehören, der von einer Bürste bis zur benachbarten Bürste führt. Bei einer Schleifenwicklung liegen die vorauseilenden Seiten solcher Spulen im Gebiete der Polteilung $x = 0 \ldots \tau$. Bei Wellenwicklungen liegen sie auch in den andern Polteilungen, jedoch an Stellen mit jeweils praktisch gleicher Induktion. Ist z die totale Leiterzahl der Ankerwicklung, so entfallen auf den zwischen den zwei aufeinanderfolgenden Bürsten liegenden Wicklungsstrang $z/2a$ Stäbe oder $z/4a$ Windungen, wenn die Zahl der Ankerstromzweige wie üblich mit $2a$ bezeichnet wird. Betrachtet man die Wicklung als vollständig gleichmäßig längs des Ankerumfanges verteilt [352 c], so entfallen auf ein Element dx des Ankerumfanges die vorauseilenden Seiten von $\dfrac{z}{4a}\dfrac{dx}{\tau}$ Windungen. Es wird somit in den zu dx gehörenden Teil des Wicklungsstranges die Rotationsspannung

$$du_R = \frac{z}{4a}\,\frac{dx}{\tau}\,\frac{d\varphi}{dt} = l_i\,z\,\frac{p}{a}\,n\,B_x\,dx$$

induziert. Für den ganzen Wicklungsstrang erhalten wir

$$u_R = z\,\frac{p}{a}\,n\int_0^{\tau} B_x\,l_i\,dx\,. \tag{352 a}$$

Soll nun die Wirkung des Flusses $\Phi_t \sin\alpha$ bestimmt werden, so ist zu beachten, daß die Induktion B_x der Teilfeldkurve $B\cos\!\left(\!\left(x - \dfrac{\tau}{2}\right)\dfrac{\pi}{\tau}\right)\sin\alpha$ angehört. Durch Auswertung des Integrals finden wir dann das Ergebnis

$$\int_0^{\tau} B\cos\!\left(\!\left(x - \frac{\tau}{2}\right)\frac{\pi}{\tau}\right)\sin\alpha\,l_i\,dx = \Phi_t \sin\alpha\,.$$

Für die Rotationsspannung erhalten wir somit

$$u_R = z\,\frac{p}{a}\,n\,\Phi_t \sin\alpha\,.$$

Nimmt nun der Fluß Φ_t im Laufe der Zeit verschiedene Werte an, so tut dies auch die Rotationsspannung u_R, da sie ihm ja unmittelbar proportional ist. Ändern die beiden Größen sinusförmig, so kann man sie durch komplexe Ersatzgrößen oder durch Zeiger darstellen. Weist der

---

[352 c] Daß die Ankerwicklung in Wirklichkeit nicht stetig am Umfang verteilt, sondern in Nuten untergebracht wird, findet seinen Ausdruck in höher frequenten Oberschwingungen der induzierten Spannungen, die meistens vernachlässigt werden.

Fluß den Scheitelwert Φ auf, so gilt für den komplexen Effektivwert der Rotationsspannung

$$\mathfrak{U}_R = \frac{1}{\sqrt{2}}\, z\, \frac{p}{a}\, n\, \dot{\Phi} \sin\alpha\,. \tag{352b}$$

Hierin ist $\dot{\Phi}$ der komplexe Scheitelwert des Windungsflusses. Für eine Wellenwicklung wird $a = 1$, für eine Schleifenwicklung dagegen $a = p$. Je nach dem Vorzeichen der Drehzahl n und des Winkels α, je nachdem also die Drehrichtung mit der Verdrehung der Feldachse gegen die Bürstenachse übereinstimmt oder nicht, sind die Rotationsspannung und der Fluß in Phase oder Gegenphase.

—.8) Werten wir (352a) für die der Flußkomponente $\Phi_t \cos\alpha$ entsprechende Teilfeldkurve $B \cos\left(x\,\frac{\pi}{\tau}\right)\cos\alpha$ aus, so wird das Ergebnis zu Null. Diese Flußkomponente bringt somit im Anker keine an den Bürsten in Erscheinung tretende Rotationsspannung hervor. Die in den einzelnen Windungen auftretenden Teilspannungen heben sich gegenseitig auf.

—.9) Wir wollen nun die Transformationsspannungen untersuchen, die in den Anker induziert werden. Der Windungsfluß der in Abb. 352e dargestellten Spule wird

$$\varphi = \int\limits_{x-\tau}^{x} B_x\, l_i\, dx\,.$$

Prüfen wir nun zuerst die Wirkung der Flußkomponente $\Phi_t \cos\alpha$, so ist zu beachten, daß die Induktion B_x der Teilfeldkurve $B \cos\left(x\,\frac{\pi}{\tau}\right)\cos\alpha$ angehört. Durch Auswertung des Integrales finden wir dann das Ergebnis

$$\int\limits_{x-\tau}^{x} B \cos\left(x\,\frac{\pi}{\tau}\right)\cos\alpha\, l_i\, dx = \sin\left(x\,\frac{\pi}{\tau}\right)\Phi_t \cos\alpha\,.$$

In die auf das Element dx des Ankerumfanges entfallenden $\dfrac{z}{4a}\dfrac{dx}{\tau}$ Windungen wird dann die Transformationsspannung

$$d u_T = \frac{1}{4}\, z\, \frac{1}{a\,\tau}\, \sin\left(x\,\frac{\pi}{\tau}\right) dx\, \frac{d}{dt}\, \Phi_t \cos\alpha$$

induziert. Für den ganzen Wicklungsstrang erhalten wir

$$u_T = \frac{1}{4}\, z\, \frac{1}{a\,\tau} \int\limits_{0}^{\tau} \sin\left(x\,\frac{\pi}{\tau}\right) dx\, \frac{d}{dt}\, \Phi_t \cos\alpha$$

und durch Auflösung des Integrales

$$u_T = \frac{1}{2\,\pi}\, z\, \frac{1}{a}\, \frac{d}{dt}\, \Phi_t \cos\alpha\,.$$

Ändert der Fluß Φ_t in Funktion der Zeit sinusförmig mit der Kreisfrequenz $\omega = 2\pi f$ und ist Φ sein Scheitelwert, so finden wir nach den Regeln von § 322.4 für den komplexen Effektivwert der Transformationsspannung

$$\boxed{\mathfrak{U}_T = j\frac{1}{\sqrt{2}}z\frac{1}{a}f\dot{\Phi}\cos\alpha}. \qquad (352\,\mathrm{c})$$

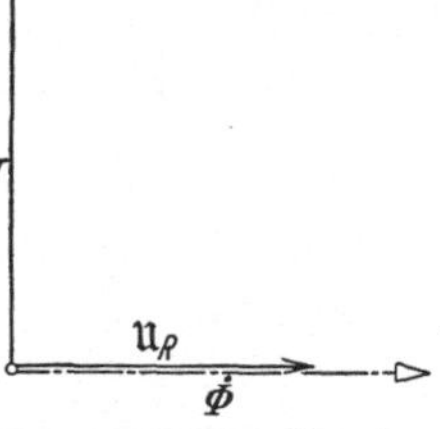

Abb. 352 f. Zeigerbild eines Kommutatorankers im Wechselfeld.

Wiederum wird für die Wellenwicklung $a = 1$ und für die Schleifenwicklung $a = p$. Je nach dem Werte des Winkels α eilt die Transformationsspannung dem Fluß um 90° vor oder nach.

—.10) Berechnen wir analog die durch die Flußkomponente $\Phi_t \sin\alpha$ induzierte Transformationsspannung, so wird sie zu Null. Die in einzelnen Windungen induzierten Transformationsspannungen heben sich innerhalb eines Ankerzweiges gegenseitig auf.

—.11) Abb. 352 f veranschaulicht die gegenseitige Lage der in (352b u. c) enthaltenen Größen $\mathfrak{U}_R$, $\mathfrak{U}_T$ und $\dot{\Phi}$.

Komplexe Gleichungen für Elektronenröhren. §36

Der Verlauf und die Bezeichnungen der Spannungen und Ströme. §361

—.1) In Schaltungen, die Elektronenröhren enthalten, treten im stationären Zustand periodische Spannungen und Ströme auf, die man als Überlagerung eines unveränderlichen und eines harmonisch veränderlichen Teiles auffaßt. Den gesamten Augenblickswert bezeichnet man mit kleinen, die Gleichkomponente mit großen lateinischen Buchstaben. Für den Augenblickswert der Wechselkomponente verwenden wir kleine lateinische Buchstaben, die mit einem hochgestellten Strich versehen sind. So schreiben wir beispielsweise für die Anodenspannung

$$u_a = U_a + u_a'. \qquad (361\,\mathrm{a})$$

Für den Effektivwert der Wechselkomponente verwenden wir große lateinische Buchstaben mit hochgestelltem Strich. Für den Effektivwert der Wechselkomponente der Anodenspannung haben wir somit U_a' zu schreiben.

—.2) Treten zwischen Größen, die eine Gleich- und eine Wechselkomponente aufweisen, Gleichungen auf, so müssen diese von den Gleich- und Wechselkomponenten je gesondert erfüllt sein, da eine unveränderliche Größe einer veränderlichen Größe nicht dauernd gleich sein kann. Es zerfällt deshalb jede Gleichung zwischen solchen Größen in eine Gleichung zwischen den Gleichkomponenten und in eine Gleichung zwischen den

Wechselkomponenten. Letztere können wir dann nach der Regel von § 322.4 in eine Gleichung zwischen komplexen Ersatzgrößen umschreiben. Die komplexen Ersatzgrößen bezeichnet man allgemein mit Frakturbuchstaben; beispielsweise die komplexe Anodenspannung mit $\mathfrak{U}_a$. Dabei gilt nach (321 c)

$$\mathfrak{U}_a = U'_a \underline{/\varphi_{u'_a}} \, . \tag{361 b}$$

Nach (321 d) erhalten wir dann für den Augenblickswert der Wechselkomponente

$$u'_a = \mathfrak{Re}\!\left(\sqrt{2}\,\mathfrak{U}_a \underline{/\omega t}\right) \tag{361 c}$$

und für den gesamten Augenblickswert

$$u_a = U_a + \mathfrak{Re}\!\left(\sqrt{2}\,\mathfrak{U}_a \underline{/\omega t}\right). \tag{361 d}$$

—.3) Oft schreibt man der Kürze halber auch nur

$$u_a = U_a + \mathfrak{U}_a \, . \tag{361 d}$$

u_a ist in diesem Falle allerdings nicht mehr der eigentliche Augenblickswert, sondern eine besondere komplexe Ersatzgröße.

Gitterspannung, Anodenspannung und Anodenstrom   § 362 einer Elektronenröhre.

—.1) Schaltet man eine Elektronenröhre nach dem in Abb. 362a gezeigten Schema, so erhält man bei veränderlicher Gitterspannung u_g für den Anodenstrom i_a Kennlinien, deren prinzipieller Verlauf in Abb. 362b gezeichnet ist. Für jeden Wert der Anodenspannung u_a gilt eine andere Kurve. Für viele Verwendungszwecke kann man die Kurvenschar in dem zur Verwendung gelangenden Arbeitsbereich durch eine Schar von Geraden ersetzen. Es gilt dann die Gleichung

$$i_a = S(u_g + D u_a - A), \tag{362 a}$$

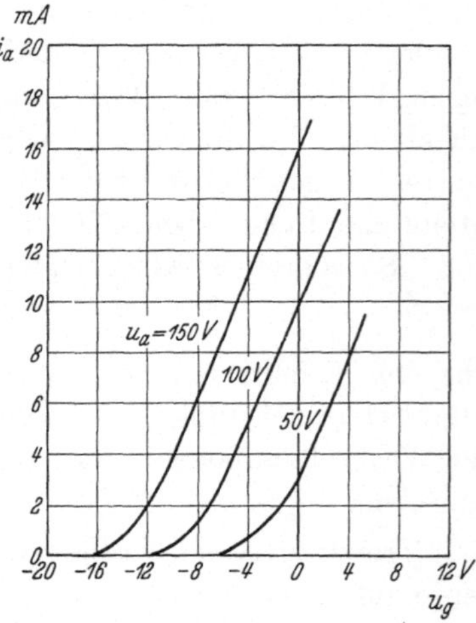

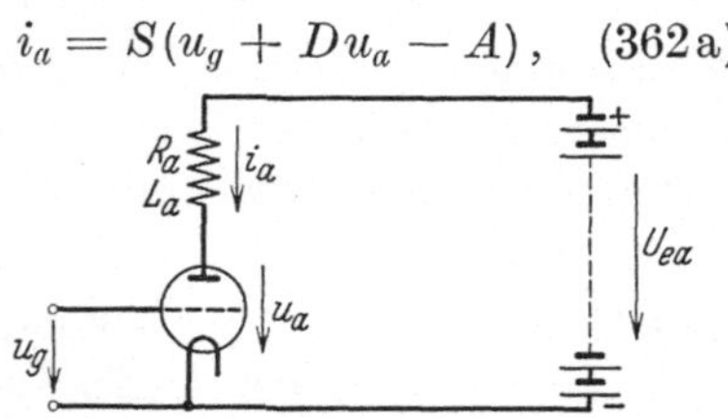

Abb. 362 a. Schaltungsschema einer Elektronenröhre.

Abb. 362b.   Anodenkennlinien einer Elektronenröhre (Triode).

in der S die Steilheit, D den Durchgriff und A eine positive Konstante bedeutet. Wenden wir auf die Schaltung von Abb. 362a die Maschenregel (§ 233.1) an, so finden wir unter Berücksichtigung der Ohmschen Spannung $R_a i_a$, der induzierten Spannung $L_a \dfrac{d i_a}{dt}$, der Anodenspannung u_a und der eingeprägten Spannung U_{e_a} der Batterie

$$R_a i_a + L_a \frac{d i_a}{dt} + u_a - U_{e_a} = 0$$

oder

$$u_a = U_{e_a} - R_a i_a - L_a \frac{d i_a}{dt} . \tag{362b}$$

—.2) Führen wir nun alle veränderlichen Größen als Summe einer Gleich- und einer Wechselspannung ein, so erhalten wir mit den Bezeichnungen nach § 361 aus (362a u. b)

$$I_a + i_a'' = S(U_g + u_g' + D U_a + D u_a' - A),$$

$$U_a + u_a'' = U_{e_a} - R_a I_a - R_a i_a'' - L_a \frac{d i_a}{dt}.$$

Nach § 361.2 entstehen hieraus je zwei Gleichungen, von denen uns hier nur die Gleichungen der Wechselkomponenten interessieren. Sie lauten

$$i_a' = \quad S(u_g' + D u_a'),$$

$$u_a' = -R_a i_a - L_a \frac{d i_a}{dt}.$$

Die Wechselkomponenten sind, mindestens näherungsweise, harmonische Schwingungen. Aus den vorstehenden Gleichungen erhalten wir deshalb nach der Regel von § 322.4

$$\mathfrak{J}_a = \quad S(\mathfrak{U}_g + D \mathfrak{U}_a), \tag{362c}$$

$$\mathfrak{U}_a = -R_a \mathfrak{J}_a - j \omega L_a \mathfrak{J}_a. \tag{362d}$$

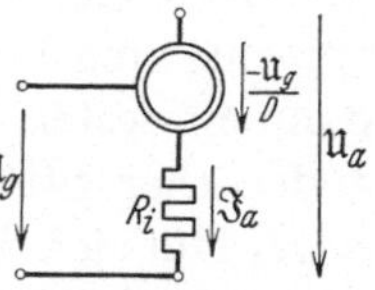

—.3) Aus (362c) finden wir

$$\boxed{\mathfrak{U}_a = \frac{-\mathfrak{U}_g}{D} + \frac{1}{S D} \mathfrak{J}_a} . \tag{362e}$$

Abb. 362c. Ersatzschema einer Elektronenröhre für kleine Frequenzen.

Nach § 3334.1 ist dies die Spannung einer Stromquelle, deren eingeprägte Spannung

$$\boxed{\mathfrak{U}_e = -\frac{\mathfrak{U}_g}{D}} \tag{362f}$$

und deren innerer Widerstand

$$\boxed{R_i = \frac{1}{S D}} \tag{362g}$$

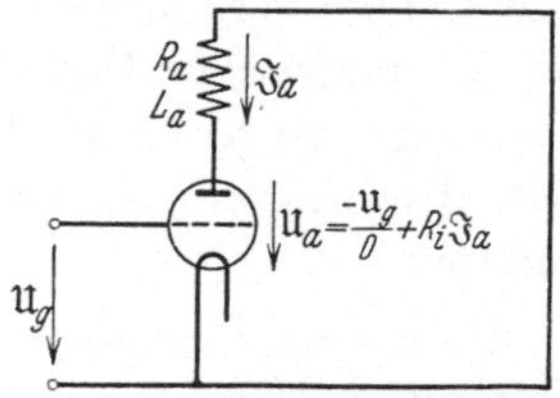

Abb. 362d. Für die Wechselkomponenten der Ströme und Spannungen gültiges Ersatzschema der in Abb. 362a dargestellten Schaltung.

ist. Ihre innere Induktivität ist Null. Es gilt somit das in Abb. 362c gezeichnete Ersatzschema einer Elektronenröhre. Anderseits gilt (362d) für die Reihenschaltung eines Zweipoles mit der Klemmenspannung $\mathfrak{U}_a$, eines Widerstandes R_a und einer Induktivität L_a. Hinsichtlich der Wechselkomponenten entspricht somit der Schaltung von Abb. 362a das Ersatzschema, das in Abb. 362d gezeichnet ist.

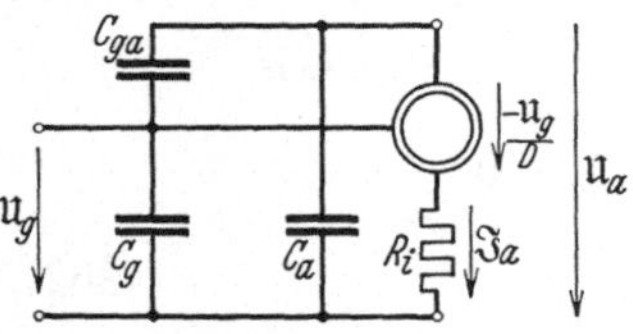

Abb. 362e. Ersatzschema einer Elektronenröhre für Hochfrequenz.

—.4) An Stelle der eingeprägten Spannung verwendet man sehr häufig die eingeprägte elektromotorische Kraft. Nach (2148a) findet man aus (362f)

$$\mathfrak{E}_e = \frac{u_g}{D}.$$ (362h)

—5.) Die Anode, das Gitter und die Kathode wirken als Beläge von Kondensatoren, für die das Vakuum der Röhre das Dielektrikum ist. Die so entstehenden Kapazitäten sind außerordentlich klein. Bei Hochfrequenz verursachen sie aber einen Verschiebungsstrom, der neben dem in i_a berücksichtigten Elektronenstrom nicht mehr vernachlässigbar klein bleibt. Für Hochfrequenz gilt daher das in Abb. 362e gezeichnete **Ersatzschema einer Elektronenröhre**.

Ortskurven der Spannungen und Ströme von Zweipolen und Zweipolschaltungen.   § 37

—.1) Ein Zweipol oder eine Zweipolschaltung möge bei konstanter Klemmenspannung, aber unter veränderlichen Betriebsbedingungen — z. B. ein Motor bei verschiedenen Belastungen — nach Betrag und Phasenverschiebung verschiedene Ströme aufweisen. Im Zeigerbild ergibt sich dann ein fester Spannungszeiger und ein nach Länge und Richtung veränderlicher Stromzeiger. Für die Gesamtheit aller möglichen Stromzeiger läßt sich der Ort ihrer Spitzen durch eine Kurve oder eine Kurvenschar angeben. Solche Kurven nennt man Ortskurven. Sie existieren auch für veränderliche Spannung bei konstant gehaltenem Strom oder für andere veränderliche Größen. In der Geometrie entsprechen ihnen die geometrischen Örter. Die Praxis hat für Ortskurven dann Interesse, wenn sie von geometrisch einfacher Form, also Gerade, Kreis oder Ellipse ist. Die bekannteste Ortskurve ist das Kreisdiagramm des Asynchronmotors.

—.2) In den folgenden Unterabschnitten sprechen wir statt von den komplexen Größen $\mathfrak{A}$ und $\mathfrak{B}$ der Kürze halber stets von den sie abbildenden Zeigern $\mathfrak{A}$ und $\mathfrak{B}$.

—.3) Nachstehend werden nur über die Gerade, den Kreis und die Ellipse[37a] einige Angaben gemacht. Als ausführliche Bearbeitung des Stoffes sei auf folgende Werke verwiesen:

[37a] Sie entstammen einer Veröffentlichung des Verfassers im Bull. schweiz. elektrotechn. Ver. 22 (1931) S. 96—99.

Hauffe, Gerhard: Ortskurven der Starkstromtechnik. Berlin: Julius Springer 1932. Das Buch enthält eine ausführliche Zusammenstellung der einschlägigen deutschen Literatur.

Oberdorfer, Günther: Die Ortskurventheorie der Wechselstromtechnik. München u. Berlin: R. Oldenbourg 1934. Der Autor hält sich nicht an die im Normblatt DIN 1323 gegebene Definition der Spannung (§ 2141.2).

Gerade. § 371

—.1) Der festgehaltene unveränderliche Zeiger heiße $\mathfrak{A}$, der veränderliche Zeiger sei $\mathfrak{B}$. Der Parameter p durchlaufe alle Werte von $-\infty$ bis $+\infty$ und beeinflusse dadurch $\mathfrak{B}$ nach Betrag und Richtung. Wir machen den Ansatz

$$\mathfrak{B} = f(p)\mathfrak{A}.$$

Unbekannt ist hierin die Funktion $f(p)$ des Parameters p, die als Faktor neben $\mathfrak{A}$ gesetzt, diesen in einen Zeiger $\mathfrak{B}$ überführt, dessen Endpunkt sich auf einer vorgegebenen Geraden bewegt, wenn der Parameter p verschiedene Werte annimmt.

—.2) Wie Abb. 371a zeigt, kann $\mathfrak{B}$ leicht als zweigliedrige Summe dargestellt werden. Der erste Summand ist ein unveränderlicher Zeiger $\mathfrak{m}\mathfrak{A}$, der vom Anfangspunkt von $\mathfrak{B}$ auf einen Punkt der vorgegebenen Geraden führt. Der zweite Summand ist das veränderliche Vielfache eines unveränderlichen, in die vorgegebene Gerade fallenden Zeigers $\mathfrak{r}\mathfrak{A}$. Ist der Parameter p der veränderliche Faktor, so erhält man für die gesuchte Gleichung der Geraden den Ausdruck

$$\boxed{\mathfrak{B} = (\mathfrak{m} + \mathfrak{r}p)\mathfrak{A}}. \qquad (371\,\text{a})$$

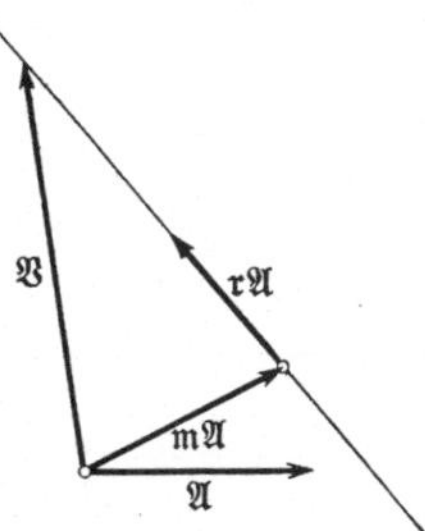

Abb. 371a. Zerlegung des eine Gerade beschreibenden Zeigers $\mathfrak{B}$ in eine Summe.

Die Konstanten $\mathfrak{m}$ und $\mathfrak{r}$ sind benannte komplexe Zahlen, die als Drehstrecker (§ 133.6) oder Operatoren (§ 322.5) bezeichnet werden. Es ist leicht ersichtlich, daß für (371a) unendlich viele Lösungen möglich sind. Es gibt auf der Geraden unendlich viele Punkte, in die der Endpunkt von $\mathfrak{m}\mathfrak{A}$ fallen kann, dementsprechend sind unendlich viele verschiedene Werte für $\mathfrak{m}$ möglich. Ebenso kann die Spitze von $\mathfrak{r}\mathfrak{A}$ auf unendlich viele Punkte der Geraden fallen, somit sind auch für $\mathfrak{r}$ unendlich viele Werte möglich. Schließlich kann noch der nach $\mathfrak{r}$ stehende Faktor irgendeine reelle Funktion des Parameters p sein. Durchläuft eine solche nicht mehr alle Werte von $-\infty$ bis $+\infty$, so kann die Gerade degenerieren. Lautet sie z. B. $\sin p$, so geht die Gerade in eine Strecke mit den durch die Zeiger $(\mathfrak{m} + \mathfrak{r})\mathfrak{A}$ und $(\mathfrak{m} - \mathfrak{r})\mathfrak{A}$ beschriebenen Endpunkten über.

—.3) Als Beispiel wollen wir die Reihenschaltung eines veränderlichen Widerstandes $R_x = R'x$ und einer Luftdrosselspule vom Widerstand R

und der Induktivität L betrachten. Für die in Abb. 371b angegebenen Bezugssinne wird nach (233b), (3321b) und (3331b)

$$\mathfrak{U} = (R + R'x + j\omega L)\mathfrak{J}. \tag{371b}$$

Soll der Strom bei unveränderlichem x konstant bleiben, so muß die Spitze des Spannungszeigers $\mathfrak{U}$ auf einer Geraden laufen. Ordnen wir (371b) nach (371a), so wird

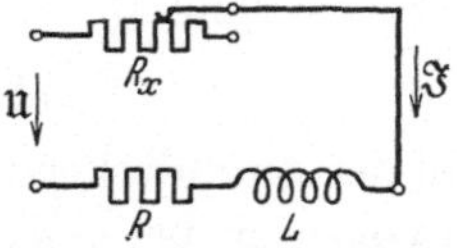

Abb. 371b. Ersatzschema der Reihenschaltung einer Luftdrosselspule und eines veränderlichen Widerstandes.

$$\mathfrak{U} = (R + j\omega L + R'x)\mathfrak{J}.$$

Für die in (371a) eingeführten Größen finden wir

$$\mathfrak{V} = \mathfrak{U}, \quad \mathfrak{m} = R + j\omega L, \quad \mathfrak{r} = R', \quad p = x, \quad \mathfrak{A} = \mathfrak{J}.$$

Die Zeiger $R'x\mathfrak{J}$ und $\mathfrak{J}$ haben gleiche Phase.

Kreis.

§ 372

—.1) Es gelten wieder die Bezeichnungen von § 371. Der den Kreis beschreibende Zeiger $\mathfrak{V}$ soll wieder in eine zweigliedrige Summe zerlegt werden. Bequem ist es, diese Zerlegung nach Abb. 372a vorzunehmen. Der erste Summand ist der vom Fußpunkt von $\mathfrak{V}$ zum Kreismittelpunkt führende, unveränderliche Zeiger $\mathfrak{m}\mathfrak{A}$. Der zweite Summand ist ein

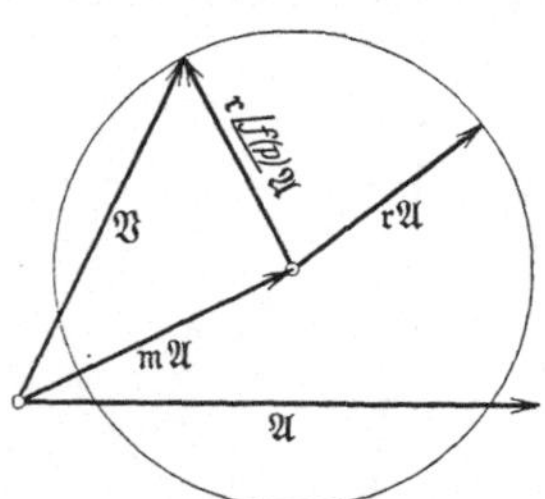

Abb. 372a. Zerlegung des einen Kreis beschreibenden Zeigers $\mathfrak{V}$ in eine Summe.

rotierender Zeiger. Sein Betrag stimmt überein mit dem Betrag eines unveränderlichen Zeigers $\mathfrak{r}\mathfrak{A}$, dessen Fußpunkt im Kreismittelpunkt liegt und dessen Spitze auf irgendeinen Punkt der Kreisperipherie fällt. Weist der $\mathfrak{r}\mathfrak{A}$ in den rotierenden Zeiger überführende Dreher als Phase eine Funktion $f(p)$ des Parameters p auf, so erhalten wir für die gesuchte Gleichung des Kreises den Ausdruck

$$\boxed{\mathfrak{V} = (\mathfrak{m} + \mathfrak{r}\,\underline{/f(p)})\,\mathfrak{A}}. \tag{372a}$$

Wiederum sind unendlich viele Lösungen möglich. Einerseits kann $\mathfrak{r}\mathfrak{A}$ jede beliebige Richtung haben, anderseits kann das Argument des Drehers irgendeine passende Funktion des Parameters p sein.

—.2) Wählen wir den Dreher ähnlich (1341),

$$\underline{/f(p)} = \frac{\tilde{\mathfrak{c}} + \tilde{\mathfrak{d}}p}{\mathfrak{c} + \mathfrak{d}p}, \tag{372b}$$

so führt dies für die Phase des Drehers auf die Funktion $2\,\mathrm{arc}(\tilde{\mathfrak{c}} + \tilde{\mathfrak{d}}p)$ des Parameters p. Es wird dann

$$\mathfrak{V} = \left(\mathfrak{m} + \mathfrak{r}\frac{\tilde{\mathfrak{c}} + \tilde{\mathfrak{d}}p}{\mathfrak{c} + \mathfrak{d}p}\right)\mathfrak{A}. \tag{372c}$$

Bringen wir den Klammerausdruck auf den gemeinsamen Nenner $\mathfrak{c} + \mathfrak{d}p$ und setzen wir zur Abkürzung

$$\mathfrak{m}\mathfrak{c} + \mathfrak{r}\tilde{\mathfrak{c}} = \mathfrak{a} \quad \text{und} \quad \mathfrak{m}\mathfrak{d} + \mathfrak{r}\tilde{\mathfrak{d}} = \mathfrak{b}, \tag{372d}$$

so geht (372a) in die Kreisgleichung

$$\boxed{\mathfrak{B} = \frac{\mathfrak{a} + \mathfrak{b}p}{\mathfrak{c} + \mathfrak{d}p}\,\mathfrak{A}}$$

(372e)

über. Für den Zusammenhang der alten Konstanten $\mathfrak{m}$ und $\mathfrak{r}$ mit den neuen Konstanten $\mathfrak{a}$, $\mathfrak{b}$, $\mathfrak{c}$ und $\mathfrak{d}$ finden wir nach (372d) die Ausdrücke

$$\mathfrak{m} = \frac{\mathfrak{a}\tilde{\mathfrak{d}} - \mathfrak{b}\tilde{\mathfrak{c}}}{\mathfrak{c}\tilde{\mathfrak{d}} - \tilde{\mathfrak{c}}\mathfrak{d}}$$

(372f)

und

$$\mathfrak{r} = \frac{\mathfrak{b}\mathfrak{c} - \mathfrak{a}\mathfrak{d}}{\mathfrak{c}\tilde{\mathfrak{d}} - \tilde{\mathfrak{c}}\mathfrak{d}}.$$

(372g)

—3.) Wir wollen ein — der Kürze halber sehr einfaches — Beispiel betrachten. Die in Abb. 371b dargestellte Schaltung liege an konstanter Spannung. Gesucht sei die Ortskurve des Stromes. Aus der zu Abb. 371b gehörenden Gleichung (371b) finden wir

$$\mathfrak{J} = \frac{1}{R + R'x + j\omega L}\,\mathfrak{U}.$$

(372h)

Trennen wir im Nenner die vom Parameter x unabhängigen und die von ihm abhängigen Glieder, so wird

$$\mathfrak{J} = \frac{1}{R + j\omega L + R'x}\,\mathfrak{U}.$$

(372i)

Diese Gleichung zeigt den Aufbau der Kreisgleichung (372e). Die dort erwähnten Größen werden

$$\mathfrak{B} = \mathfrak{J}, \quad \mathfrak{a} = 1, \quad \mathfrak{b} = 0, \quad \mathfrak{c} = R + j\omega L, \quad \mathfrak{d} = R'; \quad p = x, \quad \mathfrak{A} = \mathfrak{U}.$$

Der Stromzeiger $\mathfrak{J}$ beschreibt somit für veränderliches x einen Kreis.

—.4) Es soll nun noch die Lage und die Größe dieses Kreises geprüft werden. Für unendlich große Werte von x, praktisch also bei Unterbrechung des Stromkreises, wird der Strom nach (372i) zu Null. Der Kreis geht somit durch den gemeinsamen Fußpunkt des Spannungs- und des Stromzeigers. Für den Drehstrecker, der den nach dem Mittelpunkt weisenden Zeiger ergibt, finden wir nach (372f)

$$\mathfrak{m} = \frac{1\,R' - O(R + j\omega L)}{(R + j\omega L)R' - (R - j\omega L)R'}$$

und daraus mit Benutzung von (134o)

$$\mathfrak{m}\mathfrak{U} = -j\,\frac{1}{2\omega L}\,\mathfrak{U}.$$

(372k)

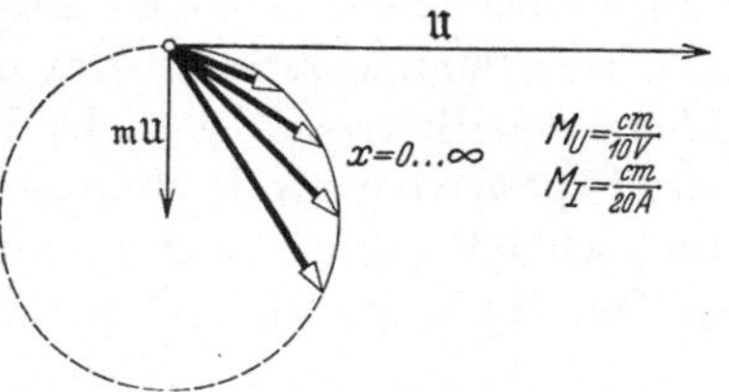

Abb. 372b. Ortskurve des Stromzeigers $\mathfrak{J}$ der Schaltung nach Abb. 361b. $U = 380$ V, $R = 5\,\Omega$, $\omega = 314\,\text{s}^{-1}$, $L = 25\,mH$, $R_x = R'x$.

Der nach dem Kreismittelpunkt weisende Zeiger ist somit um $90°$ gegenüber dem Spannungszeiger verdreht.

—.5) Es ist nun noch zu untersuchen, welches Gebiet des Kreisumfanges vom Stromzeiger tatsächlich bestrichen wird. Aus (372i) folgt für den Winkel φ, um den $\Im$ gegen $\mathfrak{U}$ verdreht ist (§ 324.3),

$$\varphi = \operatorname{arc}\left(\frac{1}{R + R'x + j\omega L}\right).$$

Nun wenden wir (134k) an und finden

$$\varphi = \operatorname{arc}(R + R'x - j\omega L).$$

Nach (1241c u. d) ergibt sich dann

$$\cos\varphi = \frac{R + R'x}{(R + R'x)^2 + \omega^2 L^2}, \qquad \sin\varphi = \frac{-\omega L}{(R + R'x)^2 + \omega^2 L^2}.$$

Da x für einen veränderlichen Widerstand $Rx = R'x$ nur positiver Werte fähig ist, bleibt $\cos\varphi$ stets positiv, und $\sin\varphi$ ist stets negativ. Für φ sind deshalb nur Werte des Bereiches $0 \ldots -90°$ möglich. Für die Abb. 372b zugrunde liegenden Werte errechnen wir für $x = 0$ als dem Betrage nach größten Winkel $\varphi = -57° 30'$.

—.6) Die Gleichung des Kreisdiagrammes des Asynchronmotors nimmt die Form von (372g) an. Dabei ist dann die Klemmenspannung der unveränderliche und der Statorstrom der veränderliche Zeiger. Der Schlupf stellt den Parameter dar.

Ellipse.   § 373

—.1) Wie die Geometrie der Kegelschnitte lehrt, kann man aus den Halbachsen nach folgender Konstruktion Punkte der Peripherie der zugehörigen Ellipse finden. Man schlägt nach Abb. 373a konzentrische Kreise, die die Halbachsen als Radien aufweisen. Durch das Zentrum zieht man einen Strahl. Durch seinen Schnittpunkt mit dem kleinen Kreis legt man eine Parallele zur großen Achse und durch seinen Schnittpunkt mit dem großen Kreis eine Parallele zur kleinen Achse. Der Schnittpunkt der beiden Parallelen ist ein Punkt der Ellipse.

—.2) Es sollen wieder die Bezeichnungen von § 371 gelten. Der die Ellipse beschreibende veränderliche Zeiger $\mathfrak{V}$ sei wie in Abb. 373a in eine dreigliedrige Summe zerlegt. Hat die große Halbachse den Betrag a, die kleine den Betrag b, ist A der Betrag des unveränderlichen Zeigers $\mathfrak{A}$, ist die positive große Halbachse um den Winkel γ gegenüber $\mathfrak{A}$ verdreht und schließt der durch das Zentrum gehende Strahl mit der positiven großen Halbachse den Winkel α ein, so gilt die Gleichung

$$\mathfrak{V} = \mathfrak{m}\,\mathfrak{A} + b \underline{/\gamma + \alpha}\,\frac{\mathfrak{A}}{A} + (a - b)\cos\alpha \underline{/\gamma}\,\frac{\mathfrak{A}}{A}.$$

Durch Ausklammern von $\mathfrak{A}$ und einige kleine Umstellungen finden wir

$$\mathfrak{V} = \left(\mathfrak{m} + \frac{b}{A}\underline{/\gamma + \alpha}\,\frac{a - b}{A}\cos\alpha \underline{/\gamma}\right)\mathfrak{A}.$$

Ersetzen wir $\cos\alpha$ nach (131 g) durch $^1/_2(\underline{/\alpha} + \underline{/-\alpha})$ und sammeln wir die Glieder mit gleichen Drehern, so wird

$$\mathfrak{B} = \left(\mathfrak{m} + \frac{a+b}{2A}\,\underline{/\gamma+\alpha} + \frac{a-b}{2A}\,\underline{/\gamma-\alpha}\right)\mathfrak{A}.$$

Nun verallgemeinern wir noch, indem wir den Ansatz

$$\alpha = \delta + f(p) \qquad (373\,\text{a})$$

einführen. Setzen wir anderseits zur Abkürzung

$$\frac{a+b}{2A}\,\underline{/\gamma} + \delta = \mathfrak{r} \qquad (373\,\text{b})$$

und

$$\frac{a-b}{2A}\,\underline{/\gamma} - \delta = \mathfrak{q}, \qquad (373\,\text{c})$$

so erhalten wir für die gesuchte Gleichung der Ellipse den Ausdruck

$$\boxed{\mathfrak{B} = (\mathfrak{m} + \mathfrak{r}\,\underline{/f(p)} + \mathfrak{q}\,\underline{/-f(p)})\mathfrak{A}}. \qquad (373\,\text{d})$$

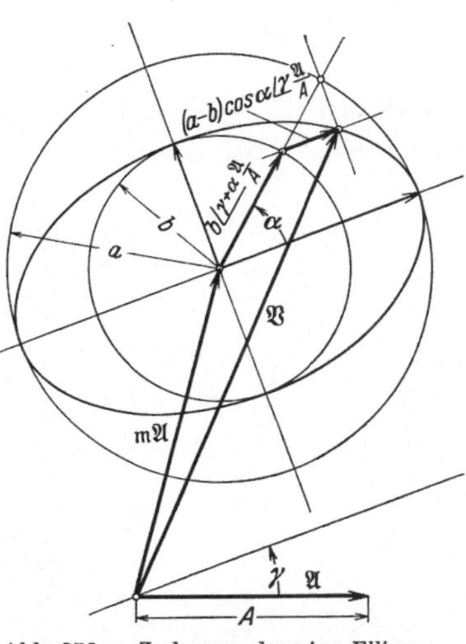

Abb. 373 a. Zerlegung des eine Ellipse beschreibenden Zeigers $\mathfrak{B}$ in eine dreigliedrige Summe.

—.3) Wird eine der Konstanten $\mathfrak{r}$ oder $\mathfrak{q}$ zu Null, so degeneriert die Ellipse in einen Kreis. Nach dem Mittelpunkt der Ellipse weist der Zeiger $\mathfrak{m}\mathfrak{A}$. Wird $\mathfrak{m}$ zu Null, so fällt der Mittelpunkt der Ellipse in den Fußpunkt von $\mathfrak{A}$. Die nach (373 b u. c) eingeführten Abkürzungen ergeben die beiden Betragsgleichungen

$$\frac{a+b}{2A} = |\mathfrak{r}| \quad \text{und} \quad \frac{a-b}{2A} = |\mathfrak{q}|$$

und die beiden Drehergleichungen

$$\underline{/\gamma} + \delta = \mathrm{arc}\,\mathfrak{r} \quad \text{und} \quad \underline{/\gamma} - \delta = \mathrm{arc}\,\mathfrak{q}.$$

Aus den beiden Betragsgleichungen finden wir für die Beträge der beiden Halbachsen

$$a = (|\mathfrak{r}| + |\mathfrak{q}|)A, \qquad (373\,\text{e})$$
$$b = (|\mathfrak{r}| - |\mathfrak{q}|)A. \qquad (373\,\text{f})$$

Aus den beiden Drehergleichungen errechnen wir für den Winkel γ, um den die positive große Halbachse gegenüber dem unveränderlichen Zeiger $\mathfrak{A}$ verdreht ist, das Ergebnis

$$\gamma = \frac{\mathrm{arc}\,\mathfrak{r} - \mathrm{arc}\,\mathfrak{q}}{2}. \qquad (373\,\text{g})$$

Arbeitsart von Zweipolen und Zweipolschaltungen.   § 38

Was bedeutet Stromaufnahme und Stromabgabe?   § 381

—.1) Jedem Zweipol fließt durch die eine Klemme so viel Strom zu, wie durch die andere wegfließt. Ein Zweipol nimmt demnach als Ganzes weder Strom auf, noch gibt er Strom ab. Wenn man dennoch von einem Zweipol behauptet, er nehme Strom auf oder er gebe Strom ab, so meint man damit, er nehme elektrische Energie auf, oder er gebe elektrische Energie ab, und ersetzt bequemlichkeitshalber elektrische Energie durch das volkstümlichere Wort Strom.

Aufnahme und Abgabe von Wirk- und Blindleistung von Zweipolen und Zweipolschaltungen. § 382

Abb. 382 a. Darstellung des Zusammenhanges der Arbeitsart eines Zweipoles oder einer Zweipolschaltung mit der Phasenverschiebung des Stromes gegenüber der Klemmenspannung. Der Klemmenspannungszeiger u ruht, die Lage des Stromzeigers ℑ ist veränderlich. Das Verhältnis der radialen Höhe der Flächenstücke ist gleich dem Verhältnis der Beträge von Wirk- und Blindleistung.

—.1) Wir setzen voraus, daß von einem Zweipol oder von einer Zweipolschaltung die Klemmenspannung, der Strom und die Phasenverschiebung bekannt sind. Diesen Angaben liegen im Sinne von § 231.1 und § 231.4 für Klemmenspannung und Strom parallele Bezugssinne zugrunde. Es hängt dann nach § 2421.4 und § 2422.2 nur von der Phasenverschiebung φ ab, ob der Zweipol Wirkleistung und Blindleistung aufnimmt oder abgibt. Die Ergebnisse sind in Abb. 382 a und in der folgenden Tabelle zusammenfassend dargestellt. Zwischen der Phasenverschiebung und der Arbeitsart besteht ein eindeutiger Zusammenhang.

Arbeitsart des Zweipoles oder der Zweipolschaltung	Phasenverschiebung des Stromes gegenüber der Klemmenspannung in Grad	Lage des Stromes in Quadrant
Aufnahme von Wirkleistung und Abgabe von Blindleistung . . .	0 ... 90 −270 ... −360	I
Abgabe von Wirkleistung und Abgabe von Blindleistung . . .	90 ... 180 −180 ... −270	II
Abgabe von Wirkleistung und Aufnahme von Blindleistung . .	180 ... 270 − 90 ... −180	III
Aufnahme von Wirkleistung und Aufnahme von Blindleistung . .	270 ... 360 0 ... − 90	IV

—.2) Wählt man im Sinne von § 231.4 für Klemmenspannung und Strom für Energieverbraucher parallele, für Stromerzeuger dagegen gegenparallele Bezugssinne, so treten keine Winkel mit Beträgen über 90° auf. Dafür kommen die Winkel mit Beträgen unter 90° zweimal vor.

Es besteht dann kein eindeutiger Zusammenhang zwischen der Phasenverschiebung und der Arbeitsart.

—.3) Bei symmetrischen Dreipolen und Mehrpolen stimmt die Arbeitsart überein mit der Arbeitsart eines Stranges.

Die Angabe der Arbeitsart in der Praxis.   § 383

—.1) Um im praktischen Betriebe die Arbeitsart einer Maschine, eines Kraftwerkes oder eines über eine Leitung angeschlossenen Partners festzustellen, verwendet man am einfachsten einen Wirkleistungsmesser (Kilowattmeter) und einen Blindleistungsmesser (Kilovarmeter). Beide Instrumente weisen in der Mitte der Skala einen Nullpunkt und beispielsweise rechts die Bezeichnung „Abgabe", links die Bezeichnung „Aufnahme" auf. Man macht sich so von den Begriffen Phasenverschiebung und Leistungsfaktor vollständig frei, was im Interesse einer einfachen Verständigung liegt, die der Kraftwerksbetrieb erheischt [383a].

—.2) Vor der Schaffung des Namens Blindleistung durch den Ausschuß für Einheiten und Formelgrößen bezeichnete man die Arbeitsart durch Angabe des Leistungsfaktors $\cos\varphi$ in Verbindung mit den Worten induktiv oder kapazitiv. Diese und der Leistungsfaktor bezogen sich nach einer stillschweigenden Übereinkunft stets auf den Energieverbraucher [383b]. Solange nur ein Energieverbraucher und ein Energieerzeuger zusammen arbeiteten, genügten diese Angaben vollständig.

—.3) Bei gekuppelten Kraftwerken kommt es vor, daß ein Kraftwerk A, das einem Kraftwerk B Energie lieferte, zum Bezug von Energie übergeht und umgekehrt. Es wurden für solche Fälle die Leistungsfaktormesser mit einer 360° umfassenden Skala geschaffen. Abb. 383a zeigt ein Ausführungsbeispiel. Bei diesem ist der Winkel, um den der

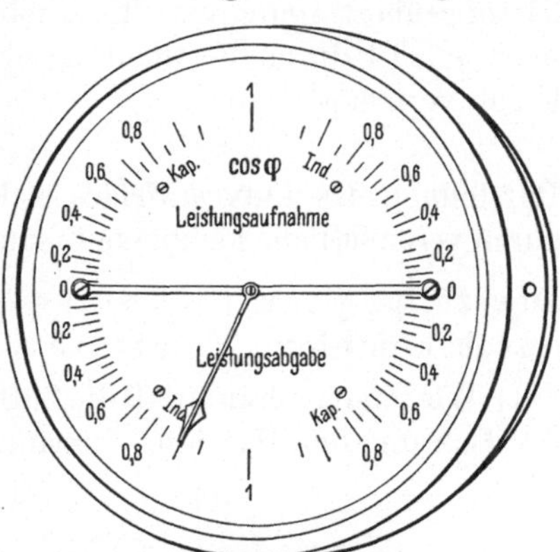

Abb. 383a. Leistungsfaktormesser für gekuppelte Kraftwerke. Die Aufschriften „Leistungsaufnahme" und „Leistungsabgabe" sind nicht bei allen Ausführungen vorhanden. Der Instrumentenzeiger entspricht dem Stromzeiger der Abb. 382a.

Instrumentenzeiger aus der senkrecht nach oben gerichteten Nullage abweicht, gleich dem Winkel, um den der Stromzeiger gegenüber dem

---

[383a] Nach Kleiner, A.: Bull. schweiz. elektrotechn. Ver. 21 (1930) S. 743 und Elektrotechn. Z. 52 (1931) S. 1337.

[383b] Wenn der Energieverbraucher induktiv arbeitet, also Blindleistung aufnimmt, gibt der Erzeuger Blindleistung ab, arbeitet also selbst kapazitiv und umgekehrt.

Spannungszeiger verdreht ist. Denkt man sich den Spannungszeiger als senkrecht nach oben weisend, dann stellt der Instrumentenzeiger bezüglich der Lage den Stromzeiger dar. Die Skala wird allgemein nicht mit den Werten des Winkels φ, sondern seines Kosinus beschriftet. Den Angaben der unteren Skalenhälfte kommt somit eigentlich das negative Vorzeichen zu. Das trotzdem angewendete positive Vorzeichen läßt sich nur so rechtfertigen, daß man nach § 3334.7 oben $\cos\varphi$ und unten $\cos\varphi^*$ anschreibt, daß man sich also oben auf das Kraftwerk bezieht, in dem das Instrument steht, unten dagegen auf den angeschlossenen Partner. Die Angaben „Leistungsaufnahme" und „Leistungsabgabe" gelten aber einheitlich für das Kraftwerk, in dem das Instrument aufgestellt ist. Die Bezeichnungen „induktiv" und „kapazitiv" beziehen sich dagegen immer auf den Energieverbraucher; im unteren Teile als auf den Partner, im oberen auf das Kraftwerk.

—.4) Wendet sich die Übertragungsrichtung der Wirkleistung, während der Partner unverändert Blindleistung aufnimmt, so bewegt sich der Zeiger beispielsweise vom Quadranten II in den Quadranten I. Der Zeiger, der auf „induktiv" deutete, weist dann auf „kapazitiv" und täuscht somit einem Uneingeweihten eine Veränderung der Blindleistungsübertragung vor. Es ergeben sich so Mißverständnisse, die man nach § 383.1 durch Verwendung eines Wirk- und Blindleistungsmessers leicht vermeiden kann.

Darstellung des Luftspaltfeldes elektrischer Maschinen durch veränderliche komplexe Ersatzgrößen und Zeiger. § 39

Darstellung räumlich sinusförmig verteilter Felder § 391
durch komplexe Ersatzgrößen und Zeiger.

—.1) Wir setzen voraus, daß die Luftinduktion längs der Umfangsrichtung der Bohrung der Maschine sinusförmig verteilt und in der Richtung der

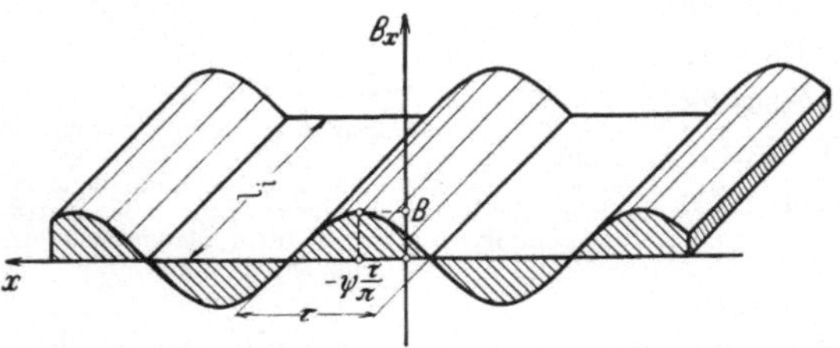

Welle der Maschine über die ganze Länge l_i konstant ist. l_i heißt im Elektromaschinenbau ideelle Feldlänge. Wir denken uns nun nach Abb. 391 a ein Koordinatensystem mit den Achsen B_x und x

Abb. 391 a. Bild eines in der Umfangsrichtung der Statorbohrung einer elektrischen Maschine sinusförmig verteilten Luftspaltfeldes.

eingeführt. Dabei ist τ die Polteilung der Maschine. Sie mißt längs des Bohrungsumfanges die halbe Wellenlänge der Induktionskurve. Die längs des Umfanges gemessene Koordinate eines Punktes des Ankerumfanges heißt x. B_x ist die Induktion in der Mantellinie mit der Koordinate x.

130

Der Winkel ψ ist die Anfangsphase [391a] der Induktion. Es gilt dann der Ansatz

$$B_x = B \cos\left(x\,\frac{\pi}{\tau} + \psi\right). \tag{391a}$$

—.2) In § 312 und in § 322 wurde gezeigt, wie Kosinusfunktionen der Veränderlichen ωt durch Zeiger und komplexe Ersatzgrößen dargestellt werden können. Jene Betrachtungen sind unabhängig von der Bezeichnung und von der Bedeutung der Veränderlichen. Sie gelten unverändert auch dann, wenn wir als Veränderliche statt des der Zeit t proportionalen Winkels ωt den der Länge x proportionalen Winkel $\frac{\pi}{\tau}\,x$ verwenden. Wir können somit und wollen auch Größen, die in Funktion einer Raumkoordinate harmonisch schwingen, durch komplexe Ersatzgrößen und Zeiger ersetzen. Da es sich hier insbesondere um magnetische Felder handelt, bei denen man allgemein nicht mit den Effektivwerten, sondern mit den Scheitelwerten rechnet, wollen wir diese für die Beträge der komplexen Ersatzgrößen und Zeiger verwenden. Die Induktion

$$B_x = B \cos\left(x\,\frac{\pi}{\tau} + \psi\right)$$

geht somit über in die komplexe Ersatzgröße

$$\mathfrak{B} = B\,\underline{/\psi}\,, \tag{391b}$$

die durch einen entsprechenden Zeiger veranschaulicht werden kann.

Wechselfeld und Drehfeld.   § 392

—.1) Als Wechselfeld wird das in Abb. 391a dargestellte Feld dann bezeichnet, wenn es eine stehende Welle ist, wenn es sich also an allen Orten in Funktion der Zeit gleichphasig sinusförmig ändert. Für seinen Augenblickswert an der Stelle x zur Zeit t finden wir durch Erweiterung von (391a)

$$B_{x_t} = B \cos\left(x\,\frac{\pi}{\tau} + \psi\right)\cos(\omega t + \varphi). \tag{392a}$$

Stellen wir nach § 391.2 $B\cos\left(x\,\frac{\pi}{\tau} + \psi\right)$ durch den Zeiger $\mathfrak{B}$ dar, so gehört zu B_{x_t} der Zeiger

$$\mathfrak{B}_t = \mathfrak{B}\cos(\omega t + \varphi). \tag{392b}$$

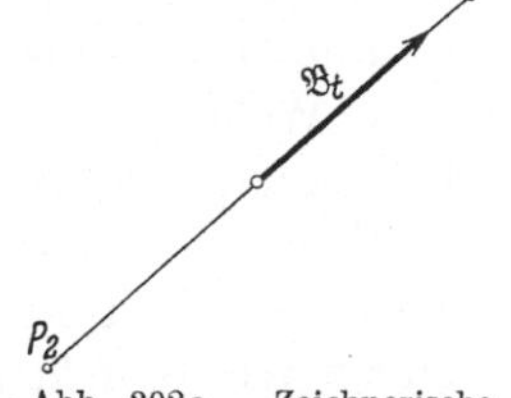

Abb. 392a.   Zeichnerische Darstellung eines Wechselfeldes durch einen pulsierenden Zeiger $\mathfrak{B}_t$. — Die Spitze des Zeigers schwingt sinusförmig zwischen den Endlagen P_1 und P_2.

Die Abb. 392a zeigt einen Augenblickswert von $\mathfrak{B}_t$. Vollständig kann dieser nur durch eine zeitliche Bilderfolge, also beispielsweise kinematographisch, abgebildet werden.

[391a] Hierunter verstehen wir in Analogie mit § 213.2 die Phase für $x = 0$.

—.2) Nach (131g) können wir

$$\underline{/\omega t + \varphi} + \underline{/{-}\omega t - \varphi} = 2\cos(\omega t + \varphi)$$

schreiben und erhalten so aus (392b)

$$\boxed{\;\mathfrak{B}_t = \tfrac{1}{2}\,\underline{/\omega t + \varphi}\,\mathfrak{B} + \tfrac{1}{2}\,\underline{/{-}\omega t - \varphi}\,\mathfrak{B}\;}\;. \qquad (392\,\mathrm{c})$$

Darin sind die beiden Summanden veränderliche komplexe Ersatzgrößen konstanten Betrages. Sie sind zeichnerisch darstellbar durch zwei rotierende Zeiger unveränderlicher Länge. Von ihnen dreht der erste mit der Winkelgeschwindigkeit ω nach links, der zweite mit der Winkelgeschwindigkeit $-\omega$, also nach rechts. Zu Ehren von Galileo Ferraris [392a] bezeichnet man die beiden Summanden als Ferrariskomponenten von $\mathfrak{B}_t$. In Abb. 392b ist ein Augenblicksbild der in (392c) ausgedrückten Zerlegung gezeichnet.

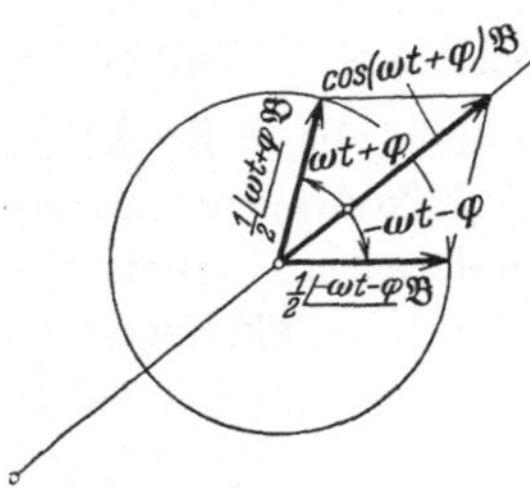

Abb. 392 b. Zerlegung eines pulsierenden Zeigers in seine entgegengesetzt umlaufenden Ferraris-Komponenten.

—.3) Einer Verdrehung eines Zeigers um den Winkel $+2\pi$ entspricht für die durch ihn dargestellte örtliche Sinuswelle eine Verrückung um die Wellenlänge 2τ in Richtung der x-Achse. Den Winkeln $\omega t + \varphi$ und $-\omega t - \varphi$ der beiden rotierenden Zeiger entsprechen demnach die Verrückungen $(\omega t + \varphi)\dfrac{\tau}{\pi}$ und $-(\omega t + \varphi)\dfrac{\tau}{\pi}$ der durch sie abgebildeten örtlichen Sinuswellen der Luftspaltinduktion. Die Verrückungen selbst wachsen proportional mit der Zeit, die Verrückungsgeschwindigkeit beträgt $\omega\dfrac{\tau}{\pi}$ für die eine und $-\omega\dfrac{\tau}{\pi}$ für die andere Welle. Mit der Frequenz $f = \omega/2\pi$ erhalten wir für die Geschwindigkeiten $2\tau f$ und $-2\tau f$. Wegen der Konstanz des Betrages der beiden rotierenden Zeiger ist die Gestalt der beiden Wellen von der Zeit unabhängig. Solche mit konstanter Geschwindigkeit und unveränderlicher Gestalt umlaufende Luftspaltfelder bezeichnet man als Drehfelder. Entsprechend der Zerlegung eines pulsierenden Zeigers in zwei entgegengesetzt umlaufende Zeiger kann man ein Wechselfeld durch zwei entgegengesetzt umlaufende Drehfelder ersetzen, deren Scheitelwerte halb so groß sind wie der größte Scheitelwert des Wechselfeldes.

Elliptische Drehfelder. § 393

—.1) Wir wollen nun das Feld untersuchen, das durch Überlagerung von n gleichfrequenten Wechselfeldern gleicher Wellenlänge entsteht. Dabei

---

[392a] Galileo Ferraris erzeugte im Jahre 1885 als erster aus zwei Wechselfeldern ein Drehfeld.

sollen diese n Wechselfelder beliebig am Statorumfang einer elektrischen Maschine verteilt und gegeneinander beliebig zeitlich phasenverschoben sein. Die gegebenen Wechselfelder lassen sich durch Zeiger von der Form

$$\mathfrak{B}_{1t} = \mathfrak{B}_1 \cos(\omega t + \varphi_1)\,, \qquad \mathfrak{B}_2 = \mathfrak{B}_2 \cos(\omega t + \varphi_2)\,, \ \ldots \qquad (393\,\text{a})$$

darstellen. Zerlegen wir jeden dieser pulsierenden Zeiger nach § 392.2 in seine Ferraris-Komponenten, so erhalten wir n positiv rotierende, linksläufige Drehzeiger von der Form

$$\mathfrak{B}_{1L_t} = \tfrac{1}{2}\,\underline{/\omega t + \varphi_1}\,\mathfrak{B}_1\,, \qquad \mathfrak{B}_{2L_t} = \tfrac{1}{2}\,\underline{/\omega t + \varphi_2}\,\mathfrak{B}_2\,, \ \ldots$$

und n negativ rotierende, rechtsläufige Drehzeiger von der Form

$$\mathfrak{B}_{1R_t} = \tfrac{1}{2}\,\underline{/-\omega t - \varphi_1}\,\mathfrak{B}_1\,, \qquad \mathfrak{B}_{2R_t} = \tfrac{1}{2}\,\underline{/-\omega t - \varphi_2}\,\mathfrak{B}_2\,, \ \ldots.$$

Wegen der Frequenzgleichheit der ursprünglichen Wechselfelder haben alle linksläufigen Drehzeiger dieselbe Winkelgeschwindigkeit. Man kann sie daher summieren und erhält so einen resultierenden linksläufigen Drehzeiger B_{L_t}. Es wird

$$\mathfrak{B}_{Lt} = \sum_{n=1}^{n} \tfrac{1}{2}\,\underline{/\omega t + \varphi_n}\,\mathfrak{B}_n = \underline{/\omega t}\sum_{n=1}^{n} \tfrac{1}{2}\,\underline{/\varphi_n}\,\mathfrak{B}_n\,.$$

Fassen wir zur Abkürzung die ruhenden Bestandteile zusammen, so wird

$$\boxed{\,\mathfrak{B}_L = \sum_{n=1}^{n} \tfrac{1}{2}\,\underline{/\varphi_n}\,\mathfrak{B}_n\,} \qquad (393\,\text{b})$$

und wir erhalten

$$\mathfrak{B}_{Lt} = \underline{/\omega t}\,\mathfrak{B}_L\,. \qquad (393\,\text{c})$$

Ebenso finden wir für die Summe der rechtsläufigen Drehzeiger einen resultierenden rechtsläufigen Drehzeiger

$$\mathfrak{B}_{Rt} = \underline{/-\omega t}\,\mathfrak{B}_R \qquad (393\,\text{d})$$

mit

$$\boxed{\,\mathfrak{B}_R = \sum_{n=1}^{n} \tfrac{1}{2}\,\underline{/-\varphi_n}\,\mathfrak{B}_n\,}\,. \qquad (393\,\text{e})$$

—.2) Aus diesen beiden resultierenden Drehzeigern setzt sich der das endgültige Feld darstellende Zeiger $\mathfrak{B}_t$ zusammen. Es wird

$$\mathfrak{B}_t = \underline{/\omega t}\,\mathfrak{B}_L + \underline{/-\omega t}\,\mathfrak{B}_R\,.$$

Klammern wir $\mathfrak{B}_L$ aus, so erhalten wir schließlich

$$\boxed{\,\mathfrak{B}_t = \left(\underline{/\omega t} + \underline{/-\omega t}\,\frac{\mathfrak{B}_R}{\mathfrak{B}_L}\right)\mathfrak{B}_L\,}\,. \qquad (393\,\text{f})$$

Der Quotient der komplexen Induktionen $\mathfrak{B}_R$ und $\mathfrak{B}_L$ ist eine komplexe Zahl. Durch Vergleich mit (373d) erkennen wir, daß (393f) eine Ellipse darstellt. Es werden $\mathfrak{m} = 0$, $\mathfrak{r} = 1$, $\mathfrak{q} = \mathfrak{B}_R/\mathfrak{B}_L$, $p = \omega t$, $\mathfrak{A} = \mathfrak{B}_L$. Der das gesuchte Luftspaltfeld darstellende Zeiger beschreibt demnach mit seiner Spitze eine Ellipse, deren Mittelpunkt in seinen Fußpunkt fällt. Das Feld selbst wird als **elliptisches Drehfeld** bezeichnet.

—.3) Finzi[393a] hat gezeigt, daß der Zeiger $\mathfrak{B}_t$ in gleichen Zeiten gleiche Flächen bestreicht. Seine Winkelgeschwindigkeit ist somit dort groß, wo sein Betrag klein ist und umgekehrt. Das elliptische Drehfeld läuft demnach mit periodisch schwankender Umlaufsgeschwindigkeit und weist dabei — bei konstanter Wellenlänge — eine in der Höhe ebenfalls periodisch schwankende Gestalt auf. Es ist eine Überlagerung von zwei entgegengesetzt umlaufenden Drehfeldern, deren Scheitelwerte verschieden sind. Wird der Scheitelwert des einen Drehfeldes zu Null, so degeneriert das elliptische Drehfeld in ein gewöhnliches kreisförmiges Drehfeld. Sind die beiden Scheitelwerte einander gleich, so degeneriert es in ein Wechselfeld. Es kann auch als Überlagerung eines Wechselfeldes und eines Drehfeldes aufgefaßt werden, wenn man

$$\mathfrak{B}_t = \underline{/\omega t}\,(\mathfrak{B}_L - \mathfrak{B}_R) + \underline{/\omega t}\,\mathfrak{B}_R + \underline{/-\omega t}\,\mathfrak{B}_R$$

schreibt. Daraus wird nämlich nach (131 g)

$$\mathfrak{B}_t = \underline{/\omega t}\,(\mathfrak{B}_L - \mathfrak{B}_R) + 2\cos\omega t\,\mathfrak{B}_R. \tag{393g}$$

Komplexe Gleichungen und Zeigerbilder für Scheinwiderstände und Scheinleitwerte.   § 4

—.1) Ersetzt man eine Gleichung zwischen harmonischen Schwingungen nach der Regel von § 322.4 durch eine komplexe Gleichung, so treten darin komplexe Größen von verschiedenen Bedeutungen auf[4a]. Die einen vertreten harmonische Schwingungen (z. B. Spannungen und Ströme), die anderen enthalten die Leiterkonstanten (z. B. Widerstand, Induktivität) und die Kreisfrequenz. Man nennt sie **Operatoren** (§ 322.5). Ihnen sind die folgenden Unterabschnitte gewidmet.

Der komplexe Scheinwiderstand.   § 41

—.1) Der Name **Scheinwiderstand** ist eine Verdeutschung des Wortes **Impedanz**, das früher allgemein gebraucht wurde. Es leitet sich ab vom lateinischen Zeitwort impedire, das auf Deutsch verhindern, hemmen bedeutet. Zur Bezeichnung des Scheinwiderstandes sind die Buchstaben Z und R_s gebräuchlich[41a]. Um den prinzipiellen Unter-

---

[393a] Arch. Elektrotechn. 22 (1929) S. 576.

[4a] Beispielsweise enthalten (3331b) und (341d) die beiden verschiedenen Arten von komplexen Größen.

[41a] Den Festsetzungen der IEC. entspricht nur Z., siehe: International Electrotechnical Commission: Letter Symbols, Publication 27. Zu beziehen durch: General Secretary of the I. E. C., 28, Victoria Street, London S.W. 1. — Elektrotechn. Z. 35 (1914) S. 689.

schied gegenüber dem mit R bezeichneten (Ohmschen) Widerstand hervorzuheben, wird nachfolgend ausschließlich der Buchstabe Z verwendet.

—.2) Der Scheinwiderstand eines Zweipoles oder einer Zweipolschaltung ist diejenige Größe, mit der man den Effektivwert I des durchfließenden Stromes multiplizieren muß, um den Effektivwert U der Klemmenspannung zu erhalten. Es gilt somit die Definitionsgleichung

$$\boxed{U = ZI}. \tag{41a}$$

—.3) Der komplexe Scheinwiderstand oder der Impedanzoperator $\mathfrak{Z}$ eines Zweipoles oder einer Zweipolschaltung ist diejenige komplexe Größe, mit der man den komplexen Strom $\mathfrak{J}$ multiplizieren muß, um die komplexe Klemmenspannung $\mathfrak{U}$ zu erhalten. Es gilt somit die Definitionsgleichung

$$\boxed{\mathfrak{U} = \mathfrak{Z}\mathfrak{J}}. \tag{41b}$$

—.4) Ersetzen wir in (41b) $\mathfrak{U}$ und $\mathfrak{J}$ nach (321c) durch die Effektivwerte U und I und durch die Anfangsphasen φ_u und φ_i, lösen wir ferner nach $\mathfrak{Z}$ auf, so wird

$$\mathfrak{Z} = \frac{U\,/\!\varphi_u}{I\,/\!\varphi_i}.$$

Hieraus wird nach (134m)

$$\mathfrak{Z} = \frac{U}{I}\,/\!\varphi_u - \varphi_i. \tag{41c}$$

Der komplexe Scheinwiderstand erscheint hier als komplexe Größe in der Kennellyschen Form (§ 1241.6). Schreiben wir allgemein

$$\mathfrak{Z} = |\mathfrak{Z}|\,/\!\varphi_\mathfrak{Z}, \tag{41d}$$

so finden wir, daß der Betrag $|\mathfrak{Z}|$ gleich ist dem in (41a) definierten Scheinwiderstand Z. Es ist somit

$$|\mathfrak{Z}| = Z. \tag{41e}$$

Für die Phase $\varphi_\mathfrak{Z}$ finden wir unter Berücksichtigung der in (213i) gegebenen Definition der Phasenverschiebung $\varphi_{\mathfrak{U}\mathfrak{J}}$, die der Strom gegenüber der Spannung aufweist,

$$\boxed{\varphi_\mathfrak{Z} = -\varphi_{\mathfrak{U}\mathfrak{J}}}. \tag{41f}$$

Dabei ist $\varphi_{\mathfrak{U}\mathfrak{J}}$ nach § 312.2 der Winkel, der vom Zeiger von $\mathfrak{U}$ bis zum Zeiger von $\mathfrak{J}$ führt. **Die Phase des komplexen Scheinwiderstandes ist entgegengesetzt gleich der Phasenverschiebung des Stromes gegenüber der Klemmenspannung.**

—.5) Als komplexe Größe kann man $\mathfrak{Z}$ auch auf die gewöhnliche Form umschreiben. So wird nach (122b)

$$\mathfrak{Z} = Z_w + jZ_b \,{}^{41\,\mathrm{b}}. \tag{41g}$$

[41b] Z_w und Z_b stehen hier für Z_x und Z_y. Die Indexe w und b erinnern an Wirk- und Blindwiderstand (§ 54).

§ 41.5   Komplexe Gleichungen und Zeigerbilder für Scheinwiderstände.

Dabei führt der Realteil Z_w den Namen **Wirkwiderstand** oder **Resistanz**, der Imaginärteil Z_b[41c] heißt **Blindwiderstand** oder **Reaktanz**. Zwischen Z_w, Z_b und $\varphi_\mathfrak{Z}$ bestehen die in § 1241 erwähnten Beziehungen.

—.6) Besteht eine Zweipolschaltung nach Abb. 41 a in einer Reihenschaltung eines Widerstandes, einer nur Induktivität aufweisenden Drosselspule und eines nur Kapazität enthaltenden Kondensators, so ist die Klemmenspannung $\mathfrak{U}$ der Schaltung bei geeigneter Wahl der Bezugssinne gleich der Summe der Spannungen der einzelnen Zweipole (§ 233.2). Es wird

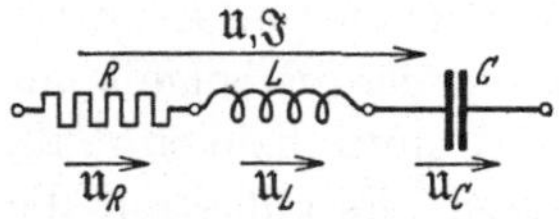

$$\mathfrak{U} = \mathfrak{U}_R + \mathfrak{U}_L + \mathfrak{U}_C.$$

Abb. 41 a. Wahl der Bezugssinne in einer Reihenschaltung eines Widerstandes, einer Drosselspule und eines Kondensators.

Für die drei Teilspannungen finden wir nach (3321 b), (3322 f) und (3323 b)

$$\mathfrak{U}_R = R\mathfrak{J}, \quad \mathfrak{U}_L = j\omega L\mathfrak{J} \quad \text{und} \quad \mathfrak{U}_C = -j\frac{1}{\omega C}\mathfrak{J}.$$

Durch Einsetzen und Ausklammern wird die Klemmenspannung

$$\mathfrak{U} = \left(R + j\left(\omega L - \frac{1}{\omega C}\right)\right)\mathfrak{J}.$$

Vergleichen wir dieses Ergebnis mit (41 b), so finden wir für den komplexen Scheinwiderstand der Reihenschaltung

$$\mathfrak{Z} = R + j\left(\omega L - \frac{1}{\omega C}\right). \tag{41 h}$$

Nach (41 g) wird der Wirkwiderstand

$$Z_w = R \tag{41 i}$$

und der Blindwiderstand

$$Z_b = \omega L - \frac{1}{\omega C}. \tag{41 k}$$

Je nach den Werten von ω, L und C wird Z_b entweder positiv oder negativ. Der Blindwiderstand dieser Zweipolschaltung ist damit von der Frequenz $f = \frac{\omega}{2\pi}$ abhängig.

Der komplexe Scheinleitwert.   § 42

—.1) Der Name **Scheinleitwert** ist eine Verdeutschung des Fremdwortes **Admittanz**. Dieses leitet sich von dem lateinischen Zeitwort admittere ab, das auf Deutsch zulassen, einlassen bedeutet. Zur Bezeichnung des Scheinleitwertes dienen die Buchstaben Y und G_s. Nachstehend wird ausschließlich der Buchstabe Y verwendet.

—.2) Der Scheinleitwert Y eines Zweipoles oder einer Zweipolschaltung ist diejenige Größe, mit der man den Effektivwert U der Klemmen-

---

[41c] Statt Z_b wird häufig X geschrieben.

136

spannung multiplizieren muß, um den Effektivwert I des durchfließenden Stromes zu erhalten. Der Scheinleitwert ist somit die zum Scheinwiderstand reziproke Größe. Es gilt somit außer der Definitionsgleichung

$$\boxed{I = YU} \tag{42a}$$

noch die Gleichung

$$\boxed{Y = \frac{1}{Z}}. \tag{42b}$$

—.3) Der komplexe Scheinleitwert oder der Admittanzoperator $\mathfrak{Y}$ eines Zweipoles oder einer Zweipolschaltung ist diejenige komplexe Größe, mit der man die komplexe Klemmenspannung $\mathfrak{U}$ multiplizieren muß, um den komplexen Strom $\mathfrak{J}$ zu erhalten. Es ist somit der komplexe Scheinleitwert die zum komplexen Scheinwiderstand reziproke Größe, und es gilt außer der Definitionsgleichung

$$\boxed{\mathfrak{J} = \mathfrak{Y}\mathfrak{U}} \tag{42c}$$

noch die Gleichung

$$\boxed{\mathfrak{Y} = \frac{1}{\mathfrak{Z}}}. \tag{42d}$$

—.4) Ganz gleich wie in § 41.4 für den komplexen Scheinwiderstand, findet man für den komplexen Scheinleitwert die Gleichungen

$$\mathfrak{Y} = \frac{I}{U} \,\underline{/\varphi_i - \varphi_u}, \tag{42e}$$

$$\mathfrak{Y} = |\mathfrak{Y}| \,\underline{/\varphi_\mathfrak{Y}}, \tag{42f}$$

$$|\mathfrak{Y}| = Y, \tag{42g}$$

$$\boxed{\varphi_\mathfrak{Y} = \varphi_{u\mathfrak{J}}}. \tag{42h}$$

Die Phase des komplexen Scheinleitwertes ist gleich der Phasenverschiebung des Stromes gegenüber der Klemmenspannung.

—.5) Als komplexe Größe kann man auch $\mathfrak{Y}$ auf die gewöhnliche Form umschreiben. So wird

$$\mathfrak{Y} = Y_w + jY_b. \tag{42i}$$

Der Realteil Y_w heißt Wirkleitwert oder Konduktanz, und der Imaginärteil Y_b wird Blindleitwert oder Suszeptanz genannt.

—.6) Besteht eine Zweipolschaltung nach Abb. 42a aus einer Parallelschaltung eines Widerstandes, einer nur Induktivität aufweisenden Drosselspule und eines nur Kapazität enthaltenden Kondensators, so ist nach der Knotenregel (§ 232) der gesamte Strom $\mathfrak{J}$ bei geeigneter Wahl der Bezugssinne gleich der Summe der Ströme der einzelnen Zweipole. Es wird

$$\Im = \Im_R + \Im_L + \Im_C.$$

Für die drei Teilströme finden wir nach (3321b), (3322f) und (3323b)

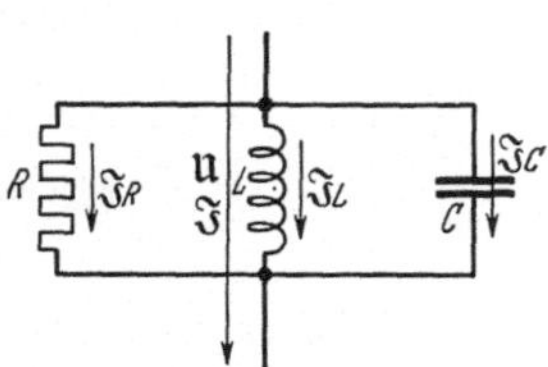

$$\Im_R = \frac{1}{R}\,\mathfrak{U}, \qquad \Im_L = -j\,\frac{1}{\omega L}\,\mathfrak{U}, \qquad \Im_C = j\,\omega C\,\mathfrak{U}.$$

Durch Einsetzen und Ausklammern wird der Strom

$$\Im = \left(\frac{1}{R} + j\left(\omega C - \frac{1}{\omega L}\right)\right)\mathfrak{U}.$$

Abb. 42a. Wahl des Bezugssinnes in einer Parallelschaltung eines Widerstandes, einer Drosselspule und eines Kondensators.

Vergleichen wir dieses Ergebnis mit (42c), so finden wir für den komplexen Scheinleitwert

$$\mathfrak{Y} = \frac{1}{R} + j\left(\omega C - \frac{1}{\omega L}\right). \tag{42k}$$

Nach (42i) wird hieraus der Wirkleitwert

$$Y_w = \frac{1}{R} \tag{42l}$$

und der Blindleitwert

$$Y_b = \omega C - \frac{1}{\omega L}. \tag{42m}$$

Die Veranschaulichung komplexer Scheinwiderstände und Scheinleitwerte durch Zeiger. § 43

—.1) In den nachfolgenden Abschnitten werden wir zur Hauptsache nur komplexe Scheinwiderstände erwähnen. Für die komplexen Scheinleitwerte gilt alles ganz entsprechend. Man braucht in den sich ergebenden Formeln lediglich die Buchstaben $\Im$ und Z durch die Buchstaben $\mathfrak{Y}$ und Y zu ersetzen.

—.2) Nach § 126 kann man jede komplexe Größe nach Wahl eines passenden Maßstabes durch einen Zeiger veranschaulichen. Der Betrag wird durch die Länge des Zeigers dargestellt, die Phase wird unmittelbar durch den Winkel wiedergegeben, um den der Zeiger aus der Realachse verdreht ist. Wirkwiderstände werden durch Zeiger dargestellt, die zur Realachse parallel sind. Die den Blindwiderständen entsprechenden Zeiger stehen dagegen senkrecht zu ihr. Wie in § 126.7 und § 331.2 beschriften wir die Zeiger mit den Zeichen der dargestellten Größen, also mit $\Im, Z_w, jZ_b$. Da-

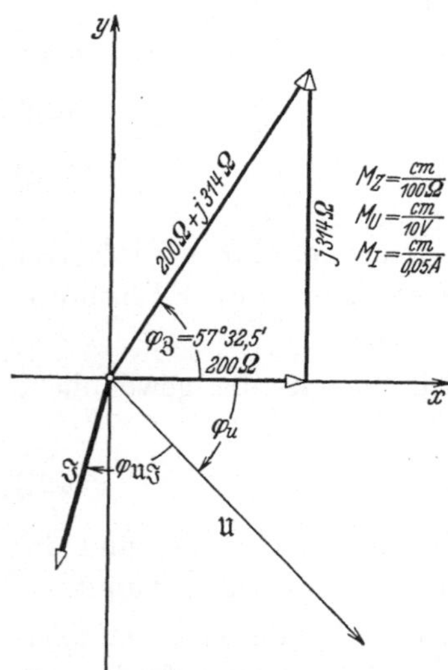

Abb. 43a. Komplexer Scheinwiderstand, Klemmenspannung und Strom der in Abb. 3331c behandelten Luftdrosselspule. Willkürlich ist $\varphi_u=-45°$ gewählt.

bei ist es notwendig, den Maßstab M_z separat anzugeben. Abb. 43a zeigt ein Beispiel. Zur Veranschaulichung von (41f) sind darin auch noch der Klemmenzeiger $\mathfrak{U}$ und der Stromzeiger $\mathfrak{J}$ eingetragen.

Die Addition von komplexen Scheinwiderständen und Scheinleitwerten.   § 44

—.1) Es soll der komplexe Scheinwiderstand einer Zweipolschaltung (oder eines zusammengesetzten Zweipoles) bestimmt werden, wenn dieser aus einer Reihenschaltung von n Zweipolen besteht, deren komplexe Scheinwiderstände $\mathfrak{Z}_1, \mathfrak{Z}_2, \mathfrak{Z}_2, \ldots \mathfrak{Z}_n$ gegeben sind. Wir wählen für alle fortlaufende Bezugssinne. Es wird dann

$$\mathfrak{J}_1 = \mathfrak{J}_2 = \mathfrak{J}_3 = \cdots = \mathfrak{J}_n = \mathfrak{J}.$$

Für die resultierende Klemmenspannung $\mathfrak{U}$ wählen wir einen Bezugssinn, zu dem die Bezugssinne der einzelnen Zweipole parallel sind. Nach § 233.2 wird dann

$$\mathfrak{U} = \mathfrak{U}_1 + \mathfrak{U}_2 + \mathfrak{U}_3 + \cdots + \mathfrak{U}_n.$$

Ersetzen wir alle Spannungen nach (41b) durch den zu bestimmenden und die bekannten komplexen Scheinwiderstände, so erhalten wir

$$\mathfrak{Z}\mathfrak{J} = \mathfrak{Z}_1\mathfrak{J} + \mathfrak{Z}_2\mathfrak{J} + \mathfrak{Z}_3\mathfrak{J} + \cdots + \mathfrak{Z}_n\mathfrak{J}.$$

Kürzen wir noch durch $\mathfrak{J}$, so wird

$$\boxed{\mathfrak{Z} = \mathfrak{Z}_1 + \mathfrak{Z}_2 + \mathfrak{Z}_3 + \cdots + \mathfrak{Z}_n}. \tag{44a}$$

Der komplexe Scheinwiderstand einer Reihenschaltung von Zweipolen ist gleich der Summe der komplexen Scheinwiderstände der einzelnen Zweipole.

—.2) Mit einer genau entsprechenden Ableitung findet man: Der komplexe Scheinleitwert einer Parallelschaltung von Zweipolen ist gleich der Summe der komplexen Scheinleitwerte der einzelnen Zweipole. Es wird

$$\mathfrak{Y} = \mathfrak{Y}_1 + \mathfrak{Y}_2 + \mathfrak{Y}_3 + \cdots + \mathfrak{Y}. \tag{44b}$$

—.3) Man addiert komplexe Größen, indem man ihre Realteile und ihre Imaginärteile addiert (§ 131). Für die rechnerische Summation von komplexen Scheinwiderständen und Scheinleitwerten sind daher die einzelnen Summanden in der gewöhnlichen Form anzugeben. Wir erhalten dann

$$\mathfrak{Z} = (Z_{w_1} + Z_{w_2} + Z_{w_3} + \cdots + Z_{w_n}) + j(Z_{b_1} + Z_{b_2} + Z_{b_3} + \cdots + Z_{b_n}). \tag{44c}$$

—.4) Wir können komplexe Größen auch addieren, indem wir die sie veranschaulichenden Zeiger geometrisch addieren (§ 131). Für die zeichnerische Durchführung der Konstruktion ist es gleichgültig, ob die darzustellenden Größen in gewöhnlicher oder in der Kennellyschen Form gegeben sind. Diese Methode erspart demnach die für die Rechnung notwendige Umwandlung in die gewöhnliche Form. Die Abb. 44 a veranschaulicht die zeichnerische Addition von drei komplexen Scheinwiderständen.

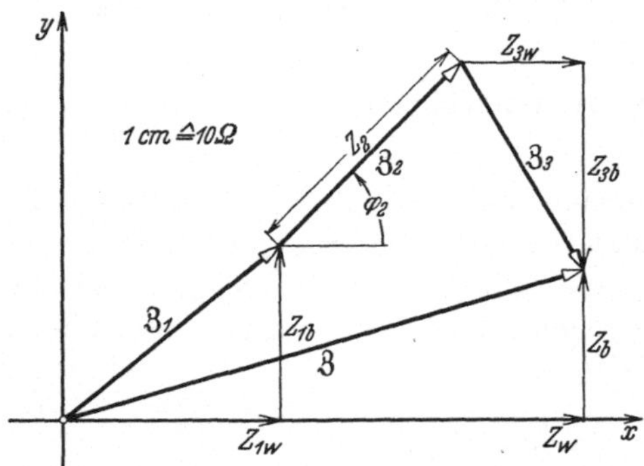

Abb. 44 a. Zeichnerische Addition der drei komplexen Scheinwiderstände $\mathfrak{Z}_1 = (21 + j\,17)\,\Omega$, $\mathfrak{Z}_2 = 25\,\underline{/45°}\,\Omega$ und $\mathfrak{Z}_3 = (12 - j\,20)\,\Omega$. Als Ergebnis liest man ab $\mathfrak{Z} = (50{,}6 + j\,14{,}6)\,\Omega$.

Die Reziprokaddition von komplexen Scheinwiderständen und Scheinleitwerten. § 45

—.1) Es soll der komplexe Scheinwiderstand $\mathfrak{Z}$ einer Zweipolschaltung bestimmt werden, wenn diese aus zwei parallel geschalteten Zweipolen besteht, deren komplexe Scheinwiderstände $\mathfrak{Z}_1$ und $\mathfrak{Z}_2$ gegeben sind. Es ist möglich, diese Aufgabe dadurch zu lösen, daß man aus den komplexen Scheinwiderständen $\mathfrak{Z}_1$ und $\mathfrak{Z}_2$ nach (42 d) die komplexen Scheinleitwerte $\mathfrak{Y}_1$ und $\mathfrak{Y}_2$ berechnet, daraus nach (44 b) den komplexen Scheinleitwert $\mathfrak{Y}$ der Parallelschaltung ermittelt und hieraus schließlich wieder nach (42 d) den gesuchten komplexen Scheinwiderstand $\mathfrak{Z}$ bestimmt. Diese mehrfachen Umrechnungen sind ziemlich unbequem. Dieser Weg soll deshalb nur so weit beschritten werden, als er zu einer Formel führt, die den komplexen Scheinwiderstand der Parallelschaltung direkt zu bestimmen gestattet.

—.2) In Befolgung des oben angegebenen Verfahrens erhalten wir nach (42 d)

$$\mathfrak{Y}_1 = \frac{1}{\mathfrak{Z}_1} \quad \text{und} \quad \mathfrak{Y}_2 = \frac{1}{\mathfrak{Z}_2}.$$

Nach (44 b) wird daraus

$$\mathfrak{Y} = \frac{1}{\mathfrak{Z}_1} + \frac{1}{\mathfrak{Z}_2}.$$

Nach (42 d) ergeben sich hieraus die Formeln

$$\boxed{\frac{1}{\mathfrak{Z}} = \frac{1}{\mathfrak{Z}_1} + \frac{1}{\mathfrak{Z}_2}} \tag{45 a}$$

oder

$$\boxed{\mathfrak{Z} = \frac{\mathfrak{Z}_1 \mathfrak{Z}_2}{\mathfrak{Z}_1 + \mathfrak{Z}_2}}. \tag{45 b}$$

Die Zusammenfassung von zwei komplexen Größen nach (45a) oder (45b) bezeichnet man als ihre **Reziprokaddition**. Der Name erklärt sich durch die Form von (45a). Es folgt somit, daß der komplexe Scheinwiderstand einer **Parallelschaltung** von zwei Zweipolen gefunden werden kann, indem man die komplexen Scheinwiderstände der einzelnen Zweipole reziprok addiert. Sind mehr als zwei Zweipole parallel geschaltet, so faßt man zuerst zwei davon zusammen, kombiniert den gefundenen komplexen Scheinwiderstand mit dem komplexen Scheinwiderstand eines dritten Zweipoles usw.

—.3) Soll der komplexe Scheinleitwert einer **Reihenschaltung** von zwei Zweipolen bestimmt werden, von denen die komplexen Scheinleitwerte bekannt sind, so kommt man mit einer der vorhergehenden genau entsprechenden Ableitung wieder auf die in (45a) und (45b) enthaltenen Regeln. Es ist nur der Buchstabe Z durch den Buchstaben Y zu ersetzen. Nachstehend wird im Text ausschließlich von Scheinwiderständen gesprochen. Alles gilt sinngemäß auch für Scheinleitwerte.

—.4) Sind die reziprok zu addierenden Scheinwiderstände in den gewöhnlichen Formen $Z_{1w} + jZ_{1b}$ und $Z_{2w} + jZ_{2b}$ gegeben, so finden wir durch Einsetzen in (45b) und durch Ausrechnen und Ordnen den etwas umständlichen Ausdruck

$$\mathfrak{Z} = \frac{Z_{1w}(Z_{2w}^2+Z_{2b}^2)+Z_{2w}(Z_{1w}+Z_{1b})^2}{(Z_{1w}+Z_{2w})^2+(Z_{1b}+Z_{2b})^2} + j\,\frac{Z_{1b}(Z_{2w}+Z_{2b})^2+Z_{2b}(Z_{1w}+Z_{1b})^2}{(Z_{1w}+Z_{2w})^2+(Z_{1b}+Z_{2b})^2}. \tag{45c}$$

Sind dagegen die beiden komplexen Scheinwiderstände in den Kennellyschen Formen $Z_1\,\underline{/\varphi_1}$ und $Z_2\,\underline{/\varphi_2}$ gegeben, so wird

$$\mathfrak{Z} = \frac{Z_1 Z_2}{\sqrt{Z_1^2+2Z_1Z_2\cos(\varphi_2-\varphi_1)+Z_2^2}}\;\underline{/\varphi_1 + \varphi_2 - \operatorname{arctg}\frac{Z_1\sin\varphi_1+Z_2\sin\varphi_2}{Z_1\cos\varphi_1+Z_2\cos\varphi_2}}. \tag{45d}$$

Liegen schließlich die beiden komplexen Scheinwiderstände sowohl in der gewöhnlichen als auch in der Kennellyschen Form vor, so wird

$$\mathfrak{Z} = \frac{Z_1 Z_2}{\sqrt{(Z_{1w}+Z_{2w})^2+(Z_{1b}+Z_{2b})^2}}\;\underline{/\varphi_1 + \varphi_2 - \operatorname{arctg}\frac{Z_{1b}+Z_{2b}}{Z_{1w}+Z_{2w}}}. \tag{45e}$$

Jede dieser drei Formeln bedingt zeitraubende Rechnungen mit großen Irrtumsmöglichkeiten, so daß das Interesse für graphische Lösungen begreiflich ist.

Zeichnerische Reziprokaddition von komplexen   § 451
Scheinwiderständen und Scheinleitwerten.

—.1) Dividieren wir (45b) durch $\mathfrak{Z}_1$ und setzen wir zur Abkürzung

$$\mathfrak{Z}_1 + \mathfrak{Z}_2 = \mathfrak{Z}', \tag{451a}$$

so erhalten wir

$$\frac{\mathfrak{Z}}{\mathfrak{Z}_2} = \frac{\mathfrak{Z}_2}{\mathfrak{Z}'} \tag{451b}$$

oder nach (134e) unter Verwendung der Kennellyschen Form

$$\frac{Z}{Z_2}\,\underline{/\varphi - \varphi_2} = \frac{Z_1}{Z'}\,\underline{/\varphi_1 - \varphi'}\,. \tag{451c}$$

Die links des Gleichheitszeichens stehende komplexe Größe ist der rechts stehenden nur dann gleich, wenn sowohl die Beträge, als auch die Phasen einander je gleich sind (§ 1241.8). Aus (451c) erhalten wir deshalb die beiden Gleichungen

$$\frac{Z}{Z_2} = \frac{Z_1}{Z'}\,, \tag{451d}$$

$$\varphi - \varphi_2 = \varphi_1 - \varphi'. \tag{451e}$$

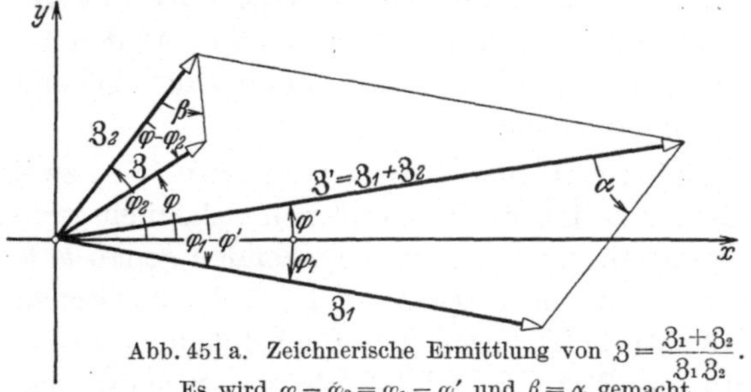

Abb. 451a. Zeichnerische Ermittlung von $\Im = \dfrac{\Im_1 + \Im_2}{\Im_1 \Im_2}$. Es wird $\varphi - \varphi_2 = \varphi_1 - \varphi'$ und $\beta = \alpha$ gemacht.

Diesen beiden Gleichungen genügen in Abb. 451a die zwei Dreiecke, die einerseits zwischen $\Im_1 + \Im_2$ und $\Im_1$ und anderseits zwischen $\Im_2$ und $\Im$ liegen, wenn man ihre Winkel je einander gleichmacht.

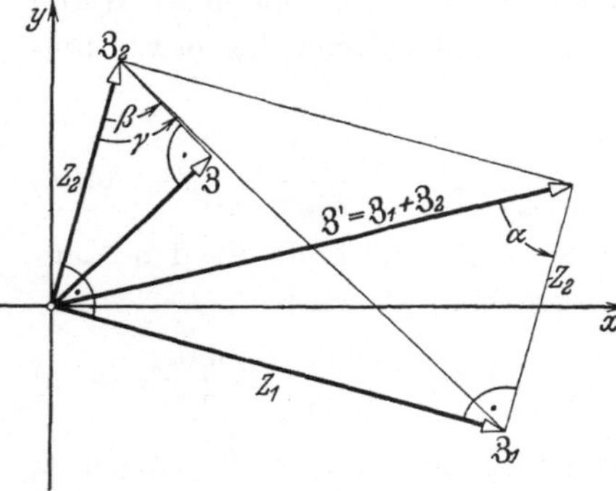

Abb. 451b. Zum Beweis der Richtigkeit der Konstruktion nach § 451.3.

Dann sind es nämlich ähnliche Dreiecke, in denen sich die Seiten wie die Sinusse der ihnen gegenüberliegenden Winkel verhalten.

—.2) Wir kommen auf die folgende Konstruktionsvorschrift. Man ermittelt $\Im_1 + \Im_2$ aus $\Im_1$ und $\Im_2$ und konstruiert zu dem zwischen $\Im_1 + \Im_2$ und $\Im_1$ liegenden Dreieck ein ähnliches Dreieck, das als Seiten $\Im_2$ und $\Im$ aufweist. Falls es bequemer ist, kann man ebensogut das zu dem zwischen $\Im_1 + \Im_2$ und $\Im_2$ liegenden ähnliche Dreieck zwischen $\Im_1$ und $\Im$ ermitteln [451a].

—.3) Stehen insbesondere $\Im_1$ und $\Im_2$ aufeinander senkrecht, dann ist $\Im$ das Lot auf die Verbindungslinie der Endpunkte von $\Im_1$ und $\Im_2$. Nach unserer Konstruktion ist nämlich in Abb. 451b $\beta = \alpha$. Nun gilt aber $\mathrm{tg}\,\gamma = Z_1/Z_2$ sowie $\mathrm{tg}\,\alpha = Z_1/Z_2$. Es ist auch $\gamma = \alpha$, und somit wird

$$\gamma = \beta\,,$$

d. h. der Punkt $\Im$ liegt auf der Geraden durch $\Im_1$ und $\Im_2$.

[451a] Eine weitere Konstruktion wurde von H. Rukop angegeben, siehe Arch. Elektrotechn. 21 (1928/29) 443. Sie wird erwähnt in Fraenckel, Alfred: Theorie der Wechselströme, 3. Aufl., S. 46. Berlin: Julius Springer 1930.

Zeichnerische Reziprokaddition von komplexen § 452
Scheinwiderständen und Scheinleitwerten
gleicher oder entgegengesetzter Phase.

—.1) Liegen die $\mathfrak{Z}_1$ und $\mathfrak{Z}_2$ veranschaulichenden Zeiger in einer geraden Linie, so versagen die Konstruktionen von § 451. Für diese Fälle muß daher ein besonderes Verfahren begründet werden.

—.2) Multiplizieren wir (45b) mit $\mathfrak{Z}_1 + \mathfrak{Z}_2$, so wird $\mathfrak{Z}_1\mathfrak{Z} + \mathfrak{Z}_2\mathfrak{Z} = \mathfrak{Z}_1\mathfrak{Z}_2$ oder $\mathfrak{Z}_1\mathfrak{Z} = \mathfrak{Z}_2(\mathfrak{Z}_1 - \mathfrak{Z})$, und hieraus folgt

$$\frac{\mathfrak{Z}_2}{\mathfrak{Z}} = \frac{\mathfrak{Z}_1}{\mathfrak{Z}_1 - \mathfrak{Z}}.\tag{452a}$$

Hieraus erhalten wir nach (134e) unter Verwendung der Kennellyschen Form

$$\frac{Z_2}{Z} = \underline{/\varphi_2 - \varphi} = \frac{Z_1}{|\mathfrak{Z}_1 - \mathfrak{Z}|}\underline{/\varphi_1 - \mathrm{arc}\,(\mathfrak{Z}_1 - \mathfrak{Z})}.\tag{452b}$$

Hieraus folgen die Gleichungen

$$\frac{Z_2}{Z} = \frac{Z_1}{|\mathfrak{Z}_1 - \mathfrak{Z}|},\tag{452c}$$

$$\varphi_2 - \varphi = \varphi_1 - \mathrm{arc}\,(\mathfrak{Z}_1 - \mathfrak{Z}).\tag{452d}$$

Beide sind in den in Abb. 452a dargestellten Konstruktionen erfüllt.

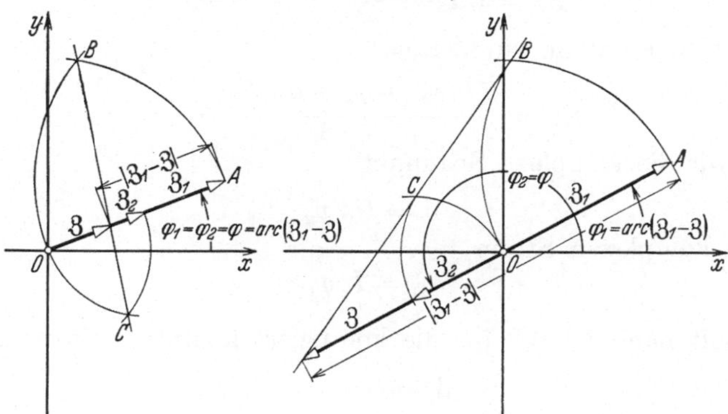

Abb. 452a. Zeichnerische Ermittlung von $\mathfrak{Z} = \dfrac{\mathfrak{Z}_1\mathfrak{Z}_2}{\mathfrak{Z}_1 + \mathfrak{Z}_2}$, wenn die Phasen von $\mathfrak{Z}_1$ und $\mathfrak{Z}_2$ gleich oder entgegengesetzt gleich sind.

Über $\mathfrak{Z}_1$ und $\mathfrak{Z}_2$ liegen gleichseitige Dreiecke. Es ist daher $AB = Z_1$ und $OC = Z_2$. Es wird (452c) durch

$$\frac{OC}{Z} = \frac{AB}{|\mathfrak{Z}_1 - \mathfrak{Z}|}$$

Genüge geleistet, und (452d) wird durch $\varphi_2 = \varphi$ und $\varphi_1 = \mathrm{arc}\,(\mathfrak{Z}_1 - \mathfrak{Z})$ erfüllt.

Komplexe Gleichungen und Zeigerbilder für Leistungsgrößen.   § 5

—.1) Wir setzen im ganzen Abschnitt alle Spannungen und Ströme als harmonische Schwingungen voraus.

Die komplexe Berechnung der Leistungsgrößen eines Zweipoles.   § 51

—.1) Nachstehend wollen wir solche Gleichungen für die verschiedenen Leistungsgrößen aufstellen, in die die in § 31 eingeführten komplexen Spannungen und Ströme unmittelbar eingesetzt werden können.

Die komplexe Berechnung der Wirkleistung eines Zweipoles.   § 511

—.1) Ist $\varphi = \varphi_i - \varphi_u$ die Phasenverschiebung, die der Strom eines Zweipoles gegenüber der Klemmenspannung aufweist (§ 213.4), so finden wir nach (2421d) für die aufgenommene Wirkleistung dieses Zweipoles

$$N_w = U I \cos(\varphi_i - \varphi_u). \tag{511a}$$

Nach (131g) gilt

$$2\cos(\varphi_i - \varphi_u) = \underline{/\varphi_i - \varphi_u} + \underline{/-\varphi_i + \varphi_u}.$$

Damit wird

$$N_w = U I \frac{\underline{/\varphi_i - \varphi_u} + \underline{/-\varphi_i + \varphi_u}}{2}.$$

Nach (133b) erhalten wir hieraus

$$N_w = \frac{U I \underline{/\varphi_i}\,\underline{/-\varphi_u} + U I \underline{/-\varphi_i}\,\underline{/\varphi_u}}{2}. \tag{551b}$$

Führen wir die komplexe Spannung

$$\mathfrak{U} = U \underline{/\varphi_u} \tag{511c}$$

und den komplexen Strom

$$\mathfrak{J} = I \underline{/\varphi_i} \tag{511d}$$

ein, so gilt nach § 125.2 für die konjugiert komplexe Spannung

$$\tilde{\mathfrak{U}} = U \underline{/-\varphi_u} \tag{511e}$$

und für den konjugiert komplexen Strom

$$\tilde{\mathfrak{J}} = I \underline{/-\varphi_i}. \tag{511f}$$

Für die Wirkleistungsaufnahme erhalten wir damit aus (511b)

$$\boxed{N_w = \frac{\tilde{\mathfrak{U}}\mathfrak{J} + \mathfrak{U}\tilde{\mathfrak{J}}}{2}}. \tag{511g}$$

Trotz der in der Gleichung vorkommenden komplexen Größen ist N_w wie in (511a) eine reelle Größe.

Die komplexe Berechnung der Blindleistungs-abgabe eines Zweipoles.   § 512

—.1) Für die abgegebene Blindleistung eines Zweipoles finden wir aus (2422a) und (213i)

$$N_b = U I \sin(\varphi_i - \varphi_u).$$ (512a)

Nach (132m) gilt

$$j\, 2 \sin(\varphi_i - \varphi_u) = \underline{/\varphi_i - \varphi_u} - \underline{/-\varphi_i + \varphi_u}.$$

Damit finden wir analog wie in § 511.1

$$\boxed{N_b = \frac{\tilde{\mathfrak{u}}\mathfrak{J} - \mathfrak{u}\tilde{\mathfrak{J}}}{2j}}.$$ (512b)

Trotz der in der Gleichung auftretenden komplexen Größen ist natürlich N_b noch immer reell.

Die komplexe Scheinleistung eines Zweipoles.   § 513

—.1) Unter Verwendung der Scheinleistung

$$N_s = U I$$ (513a)

finden wir nach (511a) für die Wirkleistungsaufnahme

$$N_w = N_s \cos(\varphi_i - \varphi_u)$$ (513b)

und nach (512a) für die Blindleistungsabgabe

$$N_b = N_s \sin(\varphi_i - \varphi_u).$$ (513c)

Diese Gleichungen lassen folgende Darstellung des Zusammenhanges der drei Leistungsgrößen zu. Fassen wir für ein geradlinig rechtwinkliges Koordinatensystem die Wirkleistungsaufnahme N_w als Abszisse und die Blindleistungsabgabe N_b als Ordinate eines Punktes der Zeichnungsebene auf, so sind die Scheinleistung N_s als Betrag und die Phasenverschiebung $\varphi_i - \varphi_u$ als Winkel die Polarkoordinaten dieses Punktes. Nun ordnet man dem Punkt selbst die als **komplexe Scheinleistung** $\mathfrak{N}_s$ bezeichnete komplexe Größe zu. Es gelten dann die Definitionsgleichungen

$$\boxed{\mathfrak{N}_s = N_w + j N_b}$$ (513d)

und

$$\boxed{\mathfrak{N}_s = N_s\, \underline{/\varphi_i - \varphi_u}}.$$ (513e)

Ersetzen wir in (513d) N_w und N_b nach (511g) und (512b), so erhalten wir für die komplexe Scheinleistung

$$\boxed{\mathfrak{N}_s = \tilde{\mathfrak{u}}\mathfrak{J}}.$$ (513f)

Die komplexe Scheinleistung von Zweipolschaltungen.   § 52

—.1) Die Begriffe Wirkleistungsaufnahme, Blindleistungsabgabe, Scheinleistung und komplexe Scheinleistung haben wir bisher (§§ 2421...2423,
511...513) nur für einzelne Zweipole erklärt. Jetzt wollen wir sie auf
Zweipolschaltungen erweitern.

Die komplexe Scheinleistung eines zusammen-   § 521
gesetzten Zweipoles.

—.1) Ein Zweipol weise die Anfangsklemme A und die Endklemme B auf.
Seine komplexe Klemmenspannung sei $\mathfrak{U}$, sein komplexer Strom sei $\mathfrak{J}$.
Dieser Zweipol AB sei aus n Teilzweipolen $A_1B_1,\,A_2B_2,\,\ldots$ zusammen-

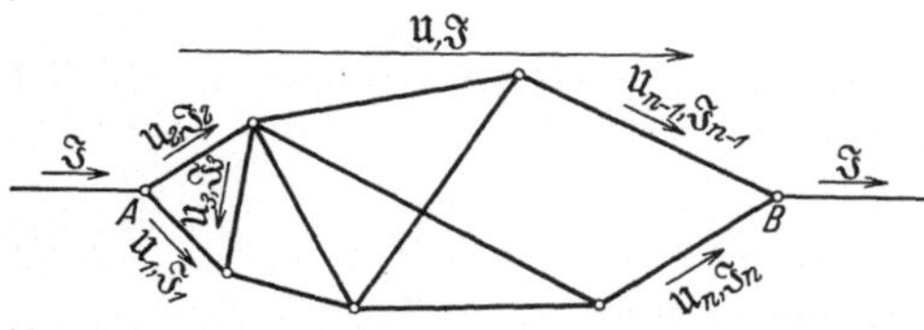

Abb. 521a.   Beispiel eines aus n Teilzweipolen zusammengesetzten Zweipoles AB.

gesetzt, die in irgendeiner
Schaltung, z. B. nach
Abb. 521a, miteinander vereinigt sind. Es mögen da-
bei auch gegenseitige Induktivitäten vorkommen. Der
Strom $\mathfrak{J}$ besteht auch in den
Leitungen, die von außen
an die Klemmen A und B angeschlossen sind, und zwar bei A mit einem
nach A hinweisenden und bei B mit einem von B wegweisenden Bezugs-
sinn. Die Ströme $\mathfrak{J}$, $\mathfrak{J}_1$, $\mathfrak{J}_2$, $\ldots$, $\mathfrak{J}_n$ hängen nach der Knotenregel
(§ 232) zusammen. Die Wirbel des elektrischen Feldes seien in induzierten
Spannungen der Teilzweipole (§ 224.4) berücksichtigt. Die Klemmen-
spannungen $\mathfrak{U}_1$, $\mathfrak{U}_2$, $\ldots$ $\mathfrak{U}_n$ der Teilzweipole sind dann durch die Maschenregel (§ 233.1) verknüpft, und die Klemmenspannung $\mathfrak{U}$ ist die resul-
tierende Klemmenspannung (§ 233.2). Die komplexen Scheinleistungen
der einzelnen Teilzweipole nennen wir $\mathfrak{N}_{s_1}$, $\mathfrak{N}_{s_2}$, $\ldots$.

—.2) Wir wollen nun die Summe dieser komplexen Scheinleistungen berechnen. Nach (513f) wird

$$\mathfrak{N}_{s_1} + \mathfrak{N}_{s_2} + \cdots + \mathfrak{N}_{s_n} = \tilde{\mathfrak{U}}_1\mathfrak{J}_1 + \tilde{\mathfrak{U}}_2\mathfrak{J}_2 + \cdots + \tilde{\mathfrak{U}}_n\mathfrak{J}_n. \qquad (521\,\mathrm{a})$$

Da das elektrische Feld dank der Einführung entsprechender induzierter
Spannungen als wirbelfrei betrachtet werden darf, können wir die
Klemmenspannungen nach (2145a) durch Potentialdifferenzen ersetzen.
Wir legen in jedem Teilzweipol durch die Anfangspunkte $A_1,\,A_2,\,\ldots,\,A_n$
und durch die Endpunkte $B_1,\,B_2,\,\ldots,\,B_n$ Bezugssinne fest. Ersetzen
wir auch die Potentiale nach § 322.4 durch komplexe Größen, so wird

$$\mathfrak{U}_1 = \mathfrak{P}_{A_1} - \mathfrak{P}_{B_1},\ \mathfrak{U}_2 = \mathfrak{P}_{A_2} - \mathfrak{P}_{B_2},\ \ldots,\ \mathfrak{U}_n = \mathfrak{P}_{A_n} - \mathfrak{P}_{B_n}.$$

Kehren wir in allen diesen Gleichungen die Vorzeichen der Imaginärteile um, so gehen alle komplexen Größen in die zu ihnen konjugiert

146

komplexen Größen über (§ 125), die Gleichungen bleiben aber erhalten. Wir erhalten so

$$\tilde{\mathfrak{U}}_1 = \tilde{\mathfrak{P}}_{A_1} - \tilde{\mathfrak{P}}_{B_1}, \quad \tilde{\mathfrak{U}}_2 = \tilde{\mathfrak{P}}_{A_2} - \tilde{\mathfrak{P}}_{B_2}, \ \ldots, \ \tilde{\mathfrak{U}}_n = \tilde{\mathfrak{P}}_{A_n} - \tilde{\mathfrak{P}}_{B_n}. \quad (521\,\mathrm{b})$$

Aus (521 a) wird damit

$$\left.\begin{aligned}\mathfrak{N}_{s_1} + \mathfrak{N}_{s_2} + \cdots + \mathfrak{N}_{s_n} &= \tilde{\mathfrak{P}}_{A_1}\mathfrak{J}_1 + \tilde{\mathfrak{P}}_{A_2}\mathfrak{J}_2 + \cdots \\ &\quad + \tilde{\mathfrak{P}}_{nn}\mathfrak{J}_n - \mathfrak{P}_{B_1}\mathfrak{J}_1 - \mathfrak{P}_{B_2}\mathfrak{J}_2 - \cdots - \mathfrak{P}_{B_n}\mathfrak{J}_n.\end{aligned}\right\} \quad (521\,\mathrm{c})$$

—.3) Wir betrachten nun einen beliebigen Knotenpunkt K der Schaltung, in dem die Zweipole $\alpha + 1 \ldots \alpha + \mu + \nu$ zusammenstoßen. Für die μ Zweipole $\alpha + 1,\ \alpha + 2, \ldots, \alpha + \mu$ sei K der Anfangspunkt und für die ν Zweipole $\alpha + \mu + 1,\ \alpha + \mu + 2, \ldots, \alpha + \mu + \nu$ sei K der Endpunkt. Die entsprechenden $\mu + \nu$ Summanden von (521 c) weisen alle dasselbe konjugiert komplexe Potential $\tilde{\mathfrak{P}}_K$ auf. Wir klammern es aus den $\mu + \nu$ Summanden aus und erhalten für sie

$$\tilde{\mathfrak{P}}_K \left(\mathfrak{J}_{\alpha+1} + \mathfrak{J}_{\alpha+2} + \cdots + \mathfrak{J}_{\alpha+\mu} - \mathfrak{J}_{\alpha+\mu+1} - \mathfrak{J}_{\alpha+\mu+2} - \cdots - \mathfrak{J}_{\alpha+\mu+\nu}\right).$$

Für die μ Ströme $\mathfrak{J}_{\alpha+1}, \mathfrak{J}_{\alpha+2}, \ldots, \mathfrak{J}_{\alpha+\mu}$ ist K der Anfangspunkt. Ihr Bezugssinn läuft somit vom Knotenpunkt weg. Umgekehrt läuft der Bezugssinn für die ν Ströme $\mathfrak{J}_{\alpha+\mu+1}, \mathfrak{J}_{\alpha+\mu+2}, \ldots, \mathfrak{J}_{\alpha+\mu+\nu}$ zum Knotenpunkt hin. Nach der Knotenregel ergänzen sich somit die in der Klammer stehenden Ströme zu Null. Die $\mu + \nu$ Summanden ergeben somit die Summe Null.

—.4) Diese Überlegungen stellen wir für jeden Knotenpunkt an, der im Innern des zusammengesetzten Zweipoles liegt. Für jeden wird die Stromsumme Null. Es bleiben dann nur jene Summanden übrig, die zu den Punkten A und B gehören. Klammern wir die konjugiert komplexen Größen $\tilde{\mathfrak{P}}_A$ und $\tilde{\mathfrak{P}}_B$ aus, so sind diese mit Strömen multipliziert, die nach der Knotenregel für A gleich $\mathfrak{J}$ und für B gleich $-\mathfrak{J}$ werden. Wir erhalten somit

$$\mathfrak{N}_{s_1} + \mathfrak{N}_{s_2} + \cdots + \mathfrak{N}_{s_n} = \tilde{\mathfrak{P}}_A \mathfrak{J} - \tilde{\mathfrak{P}}_B \mathfrak{J}.$$

Ersetzen wir die Potentialdifferenz durch die Klemmenspannung, so wird

$$\mathfrak{N}_{s_1} + \mathfrak{N}_{s_2} + \cdots + \mathfrak{N}_{s_n} = \tilde{\mathfrak{U}} \mathfrak{J}.$$

Die rechte Seite dieser Gleichung ist aber das, was wir nach (513f) als komplexe Scheinleistung $\mathfrak{N}_s$ des Zweipoles AB zu bezeichnen haben. Es wird somit

$$\boxed{\mathfrak{N}_s = \mathfrak{N}_{s_1} + \mathfrak{N}_{s_2} + \cdots + \mathfrak{N}_{s_n}}. \quad (521\,\mathrm{d})$$

Die komplexe Scheinleistung eines zusammengesetzten Zweipoles ist gleich der Summe der komplexen Scheinleistungen seiner Zweipole. Die Schaltung der Zweipole ist ohne Einfluß.

Die komplexe Scheinleistung eines Vielpoles §522
und eines Netzes von Vielpolen.

—.1) Eine Schaltung von Zweipolen, die durch mehr als zwei Klemmen (Pole) begrenzt ist, bezeichnen wir als Vielpol. Beispielsweise sind mit Drehstrom gespeiste Objekte Dreipole. Sie gehören damit zum Begriff der Vielpole. Ein ganzer Einphasentransformator ist ein Vierpol, ein dreieck-stern-geschalteter Dreiphasentransformator mit herausgeführtem Nulleiter ist ein Siebenpol.

—.2) Die komplexe Scheinleistung eines Vielpoles definieren wir in Analogie zur komplexen Scheinleistung eines zusammengesetzten Zweipoles wie folgt: Die komplexe Scheinleistung eines Vielpoles ist die Summe der komplexen Scheinleistungen der zusammengesetzten Zweipole, aus denen er besteht. Bei einem Einphasentransformator wird diese Summe beispielsweise im allgemeinen kleiner als die komplexe Scheinleistung der Primärseite allein oder der Sekundärseite allein. Berücksichtigen wir noch, daß nach § 521.4 die komplexe Scheinleistung jedes der zusammengesetzten Zweipole gleich der Summe der komplexen Scheinleistungen der einzelnen Teilzweipole ist, so gilt der Satz: **Die komplexe Scheinleistung eines Vielpoles ist gleich der Summe der komplexen Scheinleistungen der einzelnen Teilzweipole, aus denen er besteht.**

—.3) Wir wollen nun noch ein abgeschlossenes Netz von Vielpolen betrachten, beispielsweise ein vollständiges Dreiphasen-Vierleiter-Netz. Drücken wir die Summe der komplexen Scheinleistungen wie in § 521.2 mit Hilfe der konjugiert komplexen Potentiale aus, so ergänzen sich wie in § 521.3 die zu jedem Knotenpunkt gehörenden Summanden zu Null. Ein solches Netz weist aber nur Knotenpunkte und keine Pole mehr auf. Es verschwinden daher alle Summanden. Es gilt somit die Gleichung

$$\boxed{\sum \mathfrak{N}_s = 0}, \tag{522a}$$

wenn man über alle Teilzweipole summiert. **Die Wirk- oder die Blindleistung, die von Zweipolen eines in sich geschlossenen Netzes aufgenommen wird, muß von den andern Zweipolen des Netzes abgegeben werden. Es ist dies der Satz von Boucherot.**

Die Veranschaulichung der komplexen Scheinleistung §53
durch Zeiger.

—.1) Nach § 123 und § 126 veranschaulichen wir die komplexe Scheinleistung $\mathfrak{N}_s = N_w + j N_b$ mit Hilfe des Maßstabes $M_{\mathfrak{N}_s}$[53a] durch einen

---

[53a] Werden x Watt durch die Länge 1 cm dargestellt, so gilt nach (243a u. b)

$$M_{\mathfrak{N}_s} = \frac{\text{cm}}{x\,\text{VA}} = \frac{\text{cm}}{x\,\text{W}} = \frac{\text{cm}}{x\,\text{Var}}.$$

Zeiger. Er fällt je nach den Werten von N_w und N_b in irgendeinen der vier Quadranten. Verwenden wir zur Kennzeichnung der Vorzeichen von N_w und N_b die in § 2421.4 und § 2422.2 eingeführten Worte „aufnehmen" und „abgeben", so erhalten wir das in Abb. 53a dargestellte Koordinatensystem.

—.2) Wir wollen nun noch den Zusammenhang des Scheinleistungszeigers eines Zweipoles mit dem Klemmenspannungszeiger $\mathfrak{U}$ und dem Stromzeiger $\mathfrak{J}$ untersuchen. Die Phase $\varphi_{\mathfrak{N}_s}$ der komplexen Scheinleistung ist nach (513e) gleich der Phasenverschiebung $\varphi_i - \varphi_u$, die der Strom des Zweipoles gegenüber der Klemmenspannung aufweist (§ 213.4). Nun ist diese Phasenverschiebung nach § 312.2 gleich dem Winkel $\varphi_{\mathfrak{U}\mathfrak{J}}$, um den der Stromzeiger $\mathfrak{J}$ gegenüber dem Klemmenspannungszeiger $\mathfrak{U}$ verdreht ist. Es gilt somit

$$\boxed{\varphi_{\mathfrak{N}_s} = \varphi_{\mathfrak{U}\mathfrak{J}}}\; {}^{53\,b}. \tag{53 b}$$

Diese Übereinstimmung erleichtert das Aufzeichnen von Scheinleistungsbildern [53c]. Abb. 53b veranschaulicht den Zusammenhang. Legen wir den Klemmenspannungszeiger in die Abszisse, so haben der Scheinleistungszeiger und der Stromzeiger dieselbe Richtung.

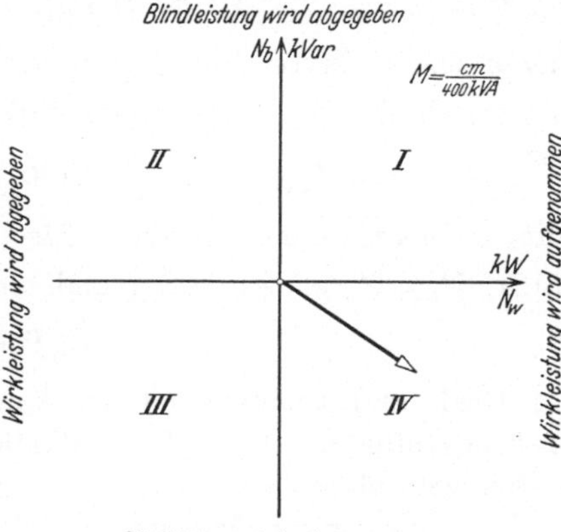

Abb. 53 a.   Koordinatensystem für die Veranschaulichung der komplexen Scheinleistung eines Zweipoles. Eingezeichnet ist der der komplexen Scheinleistung 540 kW $-j$ 360 kVar entsprechende Zeiger.

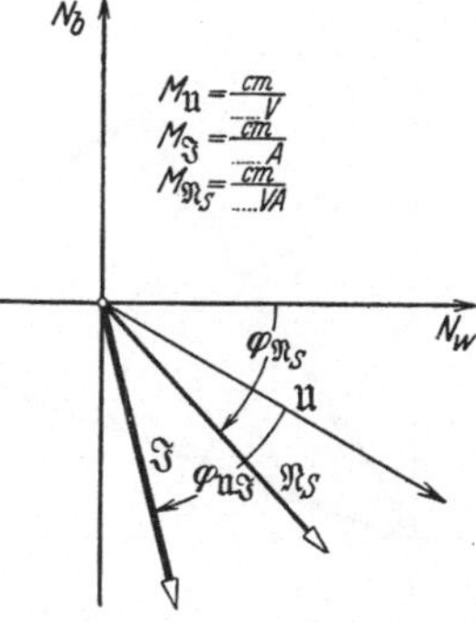

Abb. 53 b.   Der Scheinleistungszeiger eines Zweipoles ist gegenüber der Realachse um ebensoviel und in derselben Richtung verdreht, wie der Stromzeiger gegenüber dem Klemmenspannungszeiger.

Der Zusammenhang zwischen den Komponenten der Spannung, des Stromes, des Scheinwiderstandes, des Scheinleitwertes und der Scheinleistung eines Zweipoles.   § 54

—.1) Ist $\mathfrak{U} = U\,\underline{/\varphi_u}$ die komplexe Klemmenspannung eines Zweipoles, der den komplexen Scheinwiderstand $\mathfrak{Z}$ aufweist und den komplexen Strom

---

[53b] Man beachte den Unterschied gegenüber (41f) und die Übereinstimmung mit (42h).

[53c] Die Übereinstimmung geht zurück auf die Definitionen (2421d) und (2422a). Sie deckt sich mit Empfehlungen einer Subkommission der Internationalen Elektrotechnischen Kommission. Elektrotechn. Z. 55 (1934) S. 189.

$\mathfrak{I}\underline{/\varphi_i}$ führt, so gilt $\mathfrak{U} = \mathfrak{Z}\mathfrak{I}$ (§ 41.3). Die konjugiert komplexe Spannung $\tilde{\mathfrak{U}}$ erhalten wir, indem wir bei jedem neben j stehenden Zahlenwert das Vorzeichen vertauschen (§ 125). Man kann sich durch Ausmultiplizieren leicht davon überzeugen, daß wir $\tilde{\mathfrak{U}} = \tilde{\mathfrak{Z}}\tilde{\mathfrak{I}}$ schreiben dürfen. Setzen wir $\mathfrak{Z} = Z_w + jZ_b$ an, so wird $\tilde{\mathfrak{Z}} = Z_w - jZ_b$. Damit bekommen wir

$$\mathfrak{U} = Z_w\mathfrak{I} + jZ_b\mathfrak{I} \quad \text{und} \quad \tilde{\mathfrak{U}} = Z_w\tilde{\mathfrak{I}} - jZ_b\tilde{\mathfrak{I}}. \qquad \text{(54 a u. b)}$$

Mit (54b) errechnen wir dann für die komplexe Scheinleistung nach (513f) $\mathfrak{N}_s = Z_w\tilde{\mathfrak{I}}\mathfrak{I} - jZ_b\tilde{\mathfrak{I}}\mathfrak{I}$ und hieraus nach (133k)

$$\mathfrak{N}_s = Z_w I^2 - jZ_b I^2. \qquad \text{(54c)}$$

Da Real- und Imaginärteil der komplexen Scheinleistung die Wirkleistungsaufnahme N_w und die Blindleistúngsabgabe N_b sind (§ 513), erhalten wir schließlich

$$\boxed{N_w = Z_w I^2} \quad \text{und} \quad \boxed{N_b = -Z_b I^2}. \qquad \text{(54d u. e)}$$

–.2) Der $Z_w\mathfrak{I}$ darstellende Zeiger ist parallel zum Zeiger von $\mathfrak{I}$, wogegen der $jZ_b\mathfrak{I}$ darstellende Zeiger dazu senkrecht steht, was Abb. 54a veranschaulicht (§ 324). Man bezeichnet

$$\mathfrak{U}_w = Z_w\mathfrak{I} \qquad \text{(54f)}$$

als Wirkkomponente der komplexen Spannung oder als komplexe Wirkspannung und ebenso

$$\mathfrak{U}_b = jZ_b\mathfrak{I} \qquad \text{(54g)}$$

als Blindkomponente der komplexen Spannung oder als komplexe Blindspannung. Für (54a) können wir dann schreiben

$$\mathfrak{U} = \mathfrak{U}_w + \mathfrak{U}_b. \qquad \text{(54h)}$$

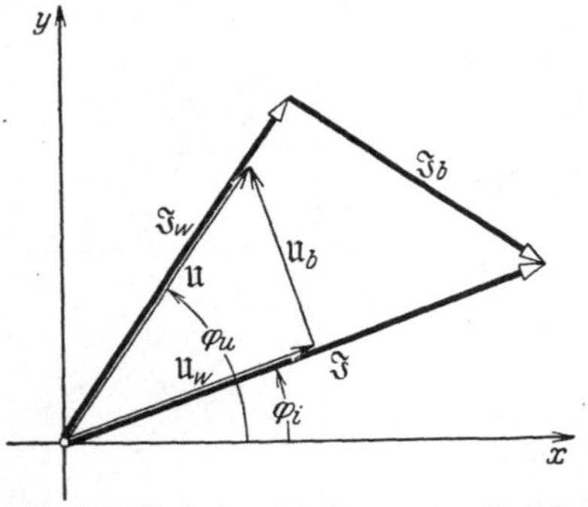

Abb. 54a. Zerlegung des Spannungszeigers $\mathfrak{U}$ und des Stromzeigers $\mathfrak{I}$ in die Wirk- und Blindkomponenten.

Würde ein Koordinatensystem vorliegen, dessen Realachse die Richtung des Zeigers von $\mathfrak{I}$ hätte, dann wären $Z_w I$ und $Z_b I$ die Projektionen von $\mathfrak{U}$. Wir bezeichnen

$$U_w = Z_w I \quad \text{und} \quad U_b = Z_b I \qquad \text{(54i und k)}$$

als Zahlenwerte[54a] der komplexen Wirk- und der komplexen Blindspannung. Für (54a) erhalten wir dann

$$\mathfrak{U} = U_w\underline{/\varphi_i} + jU_b\underline{/\varphi_i}. \qquad \text{(54l)}$$

Anderseits können wir (54d u. e) überführen in

$$\boxed{N_w = U_w I} \quad \text{und} \quad \boxed{N_b = -U_b I}. \qquad \text{(54m u. n)}$$

−.3) Unter Verwendung des komplexen Scheinleitwertes $\mathfrak{Y} = Y_w + jY_b$ erhalten wir $\mathfrak{J} = \mathfrak{Y}\mathfrak{U}$ und damit

$$\mathfrak{N}_s = \tilde{\mathfrak{U}}(Y_w + jY_b)\mathfrak{U} = Y_w U^2 + jY_b U^2,$$

$$\boxed{N_w = Y_w U^2} \quad \text{und} \quad \boxed{N_b = Y_b U^2}. \qquad (54\text{o u. p})$$

Zerlegen wir nun den Stromzeiger in bezug auf den Zeiger von Abb. 54a in zwei zueinander senkrecht stehende Komponenten $\mathfrak{J}_w$ und $\mathfrak{J}_b$, so erhalten wir eine Wirkkomponente des komplexen Stromes oder einen komplexen Wirkstrom und eine Blindkomponente des komplexen Stromes, einen komplexen Blindstrom. Für die Zahlenwerte[54a] des komplexen Wirk- und des komplexen Blindstromes erhalten wir

$$I_w = Y_w U \quad \text{und} \quad I_b = Y_b U \qquad (54\text{q u. r})$$

und damit

$$\boxed{N_w = U I_w} \quad \text{und} \quad \boxed{N_b = U I_b}. \qquad (54\text{s u. t})$$

−.4) Nun erklären sich die Namen der Komponenten und die Indexe w und b. Die für die Wirkleistung maßgebenden Komponenten der komplexen Spannung, des komplexen Stromes, des komplexen Scheinwiderstandes und des komplexen Scheinleitwertes sind deren Wirkkomponenten, ebenso sind deren Blindkomponenten maßgebend für die Blindleistung.

Die komplexe Berechnung der Kraft oder des Drehmomentes stromdurchflossener Spulen.   § 55

−.1) Für die Kraft P und das Drehmoment M_d haben wir in § 244.5 Formeln aufgestellt, die die Effektivwerte I_1 und I_2 der Ströme der beiden Spulen und ihre Phasenverschiebung enthielten. Wir können für P und M_d auch solche Gleichungen aufstellen, in die die komplexe Form der Ströme unmittelbar eingesetzt werden kann. Analog wie wir in § 511.1 (511a) in (511g) überführten, erhalten wir aus (244e u. f)

$$P = \frac{\tilde{\mathfrak{J}}_1\mathfrak{J}_2 + \mathfrak{J}_1\tilde{\mathfrak{J}}_2}{2}\frac{dM}{dl} \qquad (55\text{a})$$

und

$$M_d = \frac{\tilde{\mathfrak{J}}_1\mathfrak{J}_2 + \mathfrak{J}_1\tilde{\mathfrak{J}}_2}{2}\frac{dM}{d\alpha}. \qquad (55\text{b})$$

[54a] Als Effektivwert ist I nur positiver Werte fähig. Da Z_w und Z_b positiv oder negativ sein können, ist dies auch für die Zahlenwerte U_w und U_b der Fall. Ebenso können auch die Zahlenwerte I_w und I_b positiv oder negativ sein.

Übungsbeispiele. § 6

Die eingeprägte Spannung ist eine wirklich vorhandene § 601
physikalische Größe.

—.1) **Aufgabe.** Es sind 100 gleiche galvanische Elemente mit 100 gleichen Verbindungsstücken zu einem in sich geschlossenen Ring vereinigt. Je die Plusklemme des vorangehenden ist über ein Verbindungsstück an die Minusklemme des nachfolgenden Elementes angeschlossen. Der Widerstand eines Verbindungsstückes und der innere Widerstand eines Elementes sind bekannt. Welche Spannung mißt ein Voltmeter, wenn es an zwei beliebige Klemmen angeschlossen wird?

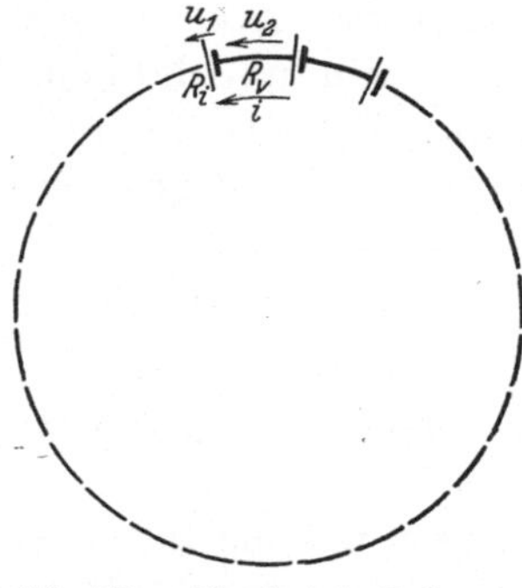

Abb. 601 a. Hundert in Reihe geschaltete Elemente. — u_1 = Klemmenspannung eines Elementes, u_2 = Klemmenspannung eines Verbindungsstückes, i = Strom, R_i = innerer Widerstand eines Elementes, R_v = Widerstand eines Verbindungsstückes.

Elementes sind bekannt. Welche Spannung mißt ein Voltmeter, wenn es an zwei beliebige Klemmen angeschlossen wird?

—.2) **Lösung.** Die Abb. 601 a veranschaulicht die Schaltung, erklärt die verwendeten Bezeichnungen und zeigt die eingeführten Bezugssinne. Der ganze Ring setzt sich aus 100 gleichen Teilen zusammen, die je aus Elementen und aus einem Verbindungsstück bestehen. Wegen der vorhandenen Gleichheit haben die verschiedenen Größen in allen Teilen denselben Wert.

—.3) Nach der Maschenregel (§ 233.1) erhalten wir mit den gewählten Bezugssinnen

$$u_1 + u_2 + u_1 + u_2 + \cdots = 0 \, .$$

Die Summanden u_1 und u_2 treten je 100 mal auf. Es wird somit

$$100\, u_1 + 100\, u_2 = 0$$

oder

$$u_1 + u_2 = 0 \, . \tag{601 a}$$

Wird das Voltmeter an zwei aufeinanderfolgende Plusklemmen angeschlossen, so mißt es die Spannung $u_1 + u_2$. Diese wird nach (601 a) zu Null. Schließt man es dagegen an zwei aufeinanderfolgende Minusklemmen an, so mißt es die Spannung $u_2 + u_1$. Diese wird ebenfalls zu Null. Da $n \cdot 0 = 0$ ist, zeigt das Voltmeter nie Spannung an, wenn man es an zwei beliebige gleichnamige Klemmen legt.

—.4) Nun bleibt noch zu bestimmen, was das Voltmeter mißt, wenn man es an ungleichnamige Klemmen anschließt. Von einer Plusklemme zur darauffolgenden Minusklemme besteht die Spannung u_2 des Verbindungsstückes. Für sie liefert das Ohmsche Gesetz (§ 221)

$$u_2 = R_v\, i \, . \tag{601 b}$$

Für den unbekannten Strom liefert das Element eine weitere Gleichung. Seine Klemmenspannung u_1 ist die Summe seiner inneren Spannungen

(§ 231.3). Als solche treten auf die eingeprägte Spannung u_e[601a] und die Ohmsche Spannung $u_\varrho = R_i i$. Damit wird

$$u_1 = u_e + R_i i. \tag{601c}$$

Eliminieren wir aus den drei Gleichungen u_1 und i, so wird

$$u_2 = \frac{-u_e}{R_i + R_v} R_v. \tag{601d}$$

Durch Elimination von u_2 und i finden wir dagegen

$$u_1 = \frac{u_e}{R_i + R_v} R_v. \tag{601e}$$

Schließt man das Voltmeter an ungleichnamige Klemmen an, indem man es an das Element oder an das Verbindungsstück legt, so mißt es hinsichtlich des Betrages beide Male dieselbe Spannung, es wechselt nur das Vorzeichen. Auch zwischen beliebigen ungleichnamigen Klemmen treten keine anderen Spannungen auf. Damit ist die Aufgabe gelöst.

—.5) Das Ergebnis macht man sich am besten mit Hilfe des Potential-begriffes klar. Ist p_- das Potential der Minusklemme (dicker Strich) eines Elementes, so finden wir nach (2145a) für das Potential der Plus-klemme (dünner Strich)

$$p_+ = p_- + u_1. \tag{601f}$$

Das Potential der darauffolgenden Minusklemme ist

$$p_- + u_1 + u_2$$

und in Berücksichtigung von (601a) somit wieder p_-. Der Potential-anstieg, den das Element bewirkt, wird aufgehoben durch den Potential-abfall längs des Verbindungsstückes. Alle gleichnamigen Klemmen haben somit gleiches Potential.

Die induzierte Spannung (oder die induzierte elektro- §602
motorische Kraft) ist im Gegensatz zur eingeprägten
Spannung lediglich eine Rechnungsgröße.

—.1) Aufgabe. Um das Joch eines in Betrieb befindlichen Einphasen-transformators ist ein in sich geschlossener Drahtkreis geschlungen. Er besteht aus zwei aneinandergelöteten, je 1,2 m langen Drahtstücken aus Kupfer und Manganin, die je 1 mm² Querschnitt aufweisen. Der Transformator führt einen sinusförmig veränderlichen Induktionsfluß, dessen Scheitelwert $5 \cdot 10^6$ Maxwell und dessen Frequenz 50 Hz beträgt. Welche Spannungen messen zwei an die beiden Lötstellen angeschlossene, hochohmige Voltmeter, wenn die Zuleitungen des einen längs des Kupfer-drahtes und die Zuleitungen des andern längs des Manganindrahtes verlegt sind?

[601a] Zieht man vor, mit der eingeprägten elektromotorischen Kraft zu rechnen, so ist in den nachfolgenden Gleichungen u_e durch $-e$ zu ersetzen.

—.2) **Lösung.** Die Sachlage ist in Abb. 602a veranschaulicht. Wegen des hohen Widerstandes der Voltmeter darf der von ihnen geführte Strom neben dem Strom in der Drahtschleife vernachlässigt werden. Ferner möge nur im Eisen des Transformators ein magnetisches Feld vorhanden sein, so daß das elektrische Feld in der Umgebung des Joches als wirbelfrei betrachtet werden darf. Der durch diese Voraussetzung bedingte Fehler vermag das Ergebnis nicht in spürbarer Weise zu beeinflussen.

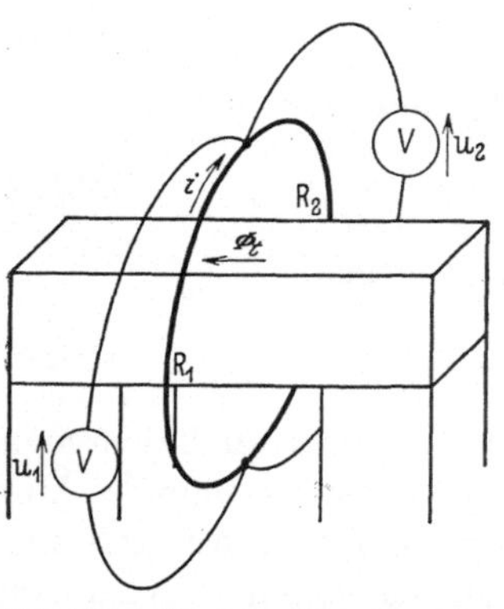

Abb. 602a. Einphasen-Transformator mit Kurzschlußwindung. — Der vordere Draht besteht aus Kupfer, der hintere aus Manganin. Es bedeuten R_1 den Widerstand des Kupfer- und R_2 den Widerstand des Manganindrahtes, i den Strom in der Drahtschleife, u_1 und u_2 die an den Voltmetern bestehenden Spannungen und Φ_t den Induktionsfluß.

—.3) Für die aus den beiden Drahtstücken bestehende Masche setzt sich die Umlaufspannung aus den Ohmschen Spannungen des Kupferdrahtes und des Manganindrahtes zusammen, es wird

$$u_\ominus = R_1 i + R_2 i.$$

Nach dem Induktionsgesetz ist die Umlaufspannung gleich der negativen Änderungsgeschwindigkeit des mit ihrem Integrationsweg verschlungenen Induktionsflusses. In Anwendung von (224a) erhalten wir für einen sinusförmig schwingenden Fluß

$$(R_1 + R_2)\, i = -\frac{d}{dt}\, \Phi \sin(\omega t)$$

und hieraus

$$i = -\frac{\omega\, \Phi \cos(\omega t)}{R_1 + R_2}. \tag{602a}$$

Die aus dem Kupferdraht und dem daneben liegenden Voltmeter gebildete Schleife liegt in einem wirbelfreien Gebiete. In ihr wird die Umlaufspannung Null. Wir erhalten

$$u_1 - R_1 i = 0$$

und hieraus unter Berücksichtigung von (602a)

$$u_1 = -\omega\, \Phi \cos(\omega t)\, \frac{R_1}{R_1 + R_2}.$$

Der Scheitelwert der Voltmeterspannung wird

$$\hat{u}_1 = \omega\, \Phi\, \frac{R_1}{R_1 + R_2},$$

und daraus ergibt sich für den Effektivwert, wenn wir noch die Kreisfrequenz ω durch die Frequenz f ersetzen,

$$U_1 = \frac{2\pi}{\sqrt{2}}\, f \Phi\, \frac{R_1}{R_1 + R_2}. \tag{602b}$$

In der aus dem Manganindraht und dem daneben liegenden Voltmeter gebildeten Schleife wird die Umlaufspannung ebenfalls Null. Wir erhalten dort

$$u_2 + R_2\,i = 0$$

und errechnen daraus wie vorher

$$u_2 = -\,\omega\,\Phi\cos(\omega t)\,\frac{R_2}{R_1 + R_2}$$

und

$$U_2 = \frac{2\,\pi}{\sqrt{2}}\,f\Phi\,\frac{R_2}{R_1 + R_2}\,. \tag{602c}$$

—.4) Rechnen wir mit einer Temperatur von $50°$ C, so können wir den spezifischen Widerstand für Kupfer zu $0{,}021\,\dfrac{\Omega\,\text{mm}^2}{\text{m}}$ und für Manganin zu $0{,}43\,\dfrac{\Omega\,\text{mm}^2}{\text{m}}$ ansetzen. Damit wird

$$R_1 = 0{,}021\,\frac{\Omega\,\text{mm}^2}{\text{m}}\,\frac{1{,}2\ \text{m}}{1\ \text{mm}^2} = 0{,}025\ \Omega$$

und

$$R_2 = 0{,}43\,\frac{\Omega\,\text{mm}^2}{\text{m}}\,\frac{1{,}2\ \text{m}}{1\ \text{mm}^2} = 0{,}52\ \Omega.$$

Durch Einsetzen in (602b) erhalten wir damit

$$U_1 = \frac{2\,\pi}{\sqrt{2}}\,50\ \text{Hz}\ 5\cdot10^6\ \text{Mx}\,\frac{0{,}025\ \Omega}{0{,}545\ \Omega}\,.$$

Berücksichtigen wir noch, daß einer Voltsekunde 10^8 Maxwell entsprechen, so finden wir

$$\boxed{U_1 = 0{,}51\ \text{V}}\,.$$

Ebenso erhalten wir

$$U_2 = \frac{2\,\pi}{\sqrt{2}}\,50\ \text{Hz}\ 5\cdot10^6\ \text{Mx}\,\frac{0{,}52\ \Omega}{0{,}545\ \Omega}$$

und durch Ausrechnen

$$\boxed{U_2 = 10{,}6\ \text{V}}\,.$$

U_1 und U_2 sind die beiden gesuchten Spannungen.

—.5) Wir können zur Lösung der Aufgabe auch mit der induzierten Spannung u_i (§ 224.3) rechnen und in dem durch ihre Einführung entwirbelten Feld die Umlaufspannung der aus den beiden Drahtstücken bestehenden Masche nach der Maschenregel zu Null ansetzen. So erhalten wir

$$(R_1 + R_2)\,i + u_i = 0\,.$$

Für die induzierte Spannung gilt nach (224d)

$$u_i = \frac{d}{d\,t}\,\Phi\sin(\omega t)\,.$$

Für den Strom i finden wir wieder (602a). Bei der Ermittlung der Voltmeterspannungen ist dann die induzierte Spannung nicht zu berücksichtigen, da sie ja in Wirklichkeit nicht in den beiden Drahtstücken sitzt. Sie kommt einer Masche immer nur dann zu, wenn diese den Induktionsfluß umschlingt. Sie ist lediglich eine Rechnungsgröße, der man sich dann zu bedienen hat, wenn man für eine mit einem Wirbelgebiet verschlungene Masche die Umlaufspannung zu Null ansetzen will, wie wenn die Masche nicht mit dem Wirbelgebiet verschlungen wäre.

—.6) Der in § 601.5 zur Erklärung zugezogene Begriff des Potentials versagt in der vorliegenden Aufgabe. Ist p das Potential der unteren Lötstelle, so weist die obere Lötstelle das Potential $p - u_1$ auf, und für die untere Lötstelle wird schließlich das Potential auch $p - u_1 + u_2$. Durch Einsetzen ermittelt man hieraus als zweiten Wert des Potentials der unteren Lötstelle $p + \omega \Phi \cos(\omega t)$. Durch weitere Umläufe findet man für das Potential der unteren Lötstelle weitere Werte, die sich alle um Vielfache von $\omega \Phi \cos(\omega t)$ unterscheiden. Das Potential wird mehrdeutig und verliert damit seine Existenzberechtigung.

Addition und Subtraktion von Wechselspannungen und Wechselströmen. § 603

—.1) **Aufgabe.** An ein Drehstromnetz ist ein in Stern geschalteter Drehstromofen angeschlossen, der pro Strang einen Strom von 9,12 A aufnimmt. Nun wird noch ein einphasiger Ofen angeschlossen, der einen Strom von 5,26 A führt. Wie groß sind die Ströme in den drei Leitungssträngen des Netzes?

—.2) **Zeichnerische Lösung.** Setzen wir alle Spannungen und Ströme als harmonische Schwingungen voraus, so können wir sie unter Wahl eines passenden Maßstabes durch Zeiger darstellen (§ 311, § 312). Der gestellten Aufgabe entspricht das in Abb. 603a gezeichnete Schaltungsschema. Wir führen Bezeichnungen ein, wählen Bezugssinne und tragen sie in das Schaltungsschema ein. Die Ströme i_R, i_S und i_T, von denen die Effektivwerte I_R, I_S und I_T gesucht sind, wollen wir durch die Zeiger $\mathfrak{J}_R$, $\mathfrak{J}_S$ und $\mathfrak{J}_T$ darstellen. Um diese zu finden, müssen wir aus der Aufgabe die Konstruktionsvorschriften herauslesen.

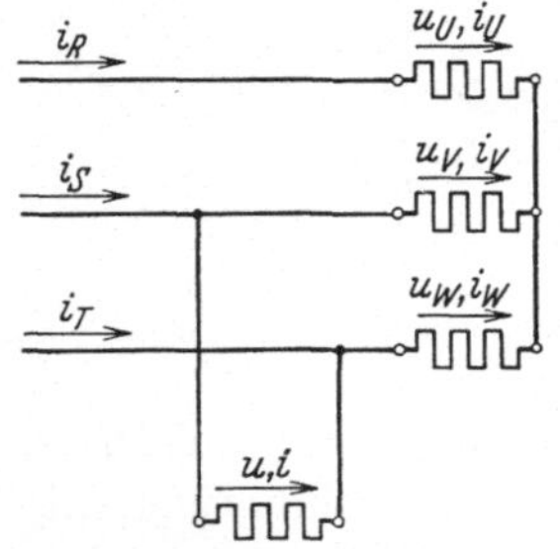
Abb. 603a. Drehstromofen und Einphasenofen, an ein Drehstromnetz angeschlossen.

—.3) Für die Augenblickswerte liefert die Knotenregel die Gleichungen

$$i_R = i_U, \quad i_S = i_V + i \quad \text{und} \quad i_T = i_W - i. \quad (603\text{a, b u. c})$$

Da i_R und i_U einander gleich sind, fallen die sie darstellenden Zeiger $\mathfrak{J}_R$ und $\mathfrak{J}_U$ zusammen. Der i_S darstellende Zeiger $\mathfrak{J}_S$ ist durch geometrische Addition der i_V und i darstellenden Zeiger $\mathfrak{J}_V$ und $\mathfrak{J}$ zu finden (§ 314.3). Ebenso findet man den i_T darstellenden Zeiger $\mathfrak{J}_T$, indem man $\mathfrak{J}$ und $\mathfrak{J}_W$ geometrisch subtrahiert. Hiezu müssen erst die Zeiger $\mathfrak{J}_U$, $\mathfrak{J}_V$ und $\mathfrak{J}_W$ vorliegen. Wir setzen voraus, daß der vom Drehstromofen aufgenommene

Strom symmetrisch ist, daß also die Effektivwerte der Ströme i_U, i_V und i_W einander gleich sind und daß i_V gegenüber i_U, sowie i_W gegenüber i_V je $-120°$ Phasenverschiebung aufweist. Wählen wir den Maßstab $M = \dfrac{\text{cm}}{4\,\text{A}}$, so erhalten wir drei Zeiger von je 2,28 cm Länge. Den Zeiger $\mathfrak{J}_V$ zeichnen wir in Abb. 603b willkürlich senkrecht nach oben. Die Richtung des Zeigers $\mathfrak{J}_U$ können wir dann finden, indem ihm gegenüber $\mathfrak{J}_V$ um $-120°$ (§ 112.4) verdreht sein muß. Anderseits soll $\mathfrak{J}_W$ gegenüber $\mathfrak{J}_V$ ebenfalls um $-120°$ verdreht sein. Von dem Zeiger $\mathfrak{J}$ ist durch den Maßstab die Länge bestimmt, sie beträgt 1,31 cm. Seine Richtung finden wir aus der Überlegung, daß zwischen der Klemmenspannung und dem Strom eines

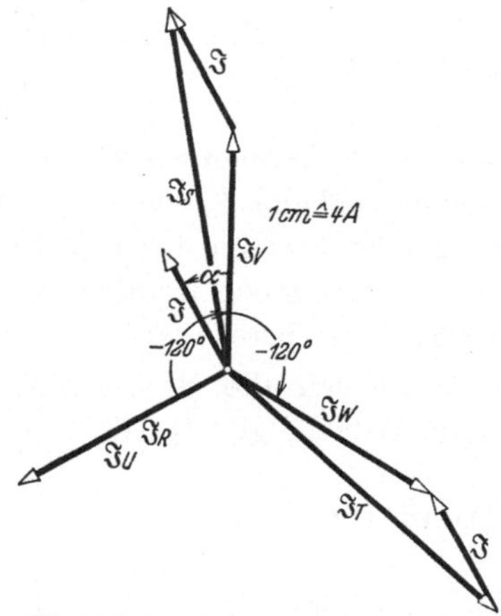

Abb. 603b. Ermittlung der Stromzeiger $\mathfrak{J}_S$ und $\mathfrak{J}_T$ aus den Zeigern $\mathfrak{J}_V$, $\mathfrak{J}_W$ und $\mathfrak{J}$.

Widerstandes keine Phasenverschiebung besteht. Die Phasenverschiebung des Stromes i gegenüber dem Strome i_V ist gleich der Phasenverschiebung der Klemmenspannung u gegenüber der Klemmenspannung u_V. Zur Ermittlung der letzteren liefert uns die Maschenregel (§ 232) die Gleichung $u + u_W - u_V = 0$, und daraus folgt

$$u = u_V - u_W. \qquad (603\,\text{d})$$

Wir setzen für die Sternspannungen u_U, u_V und u_W Symmetrie voraus. Die sie darstellenden Zeiger $\mathfrak{U}_U$, $\mathfrak{U}_V$ und $\mathfrak{U}_W$ — denen wir in Abb. 603c eine beliebige Länge erteilen — liegen je parallel zu

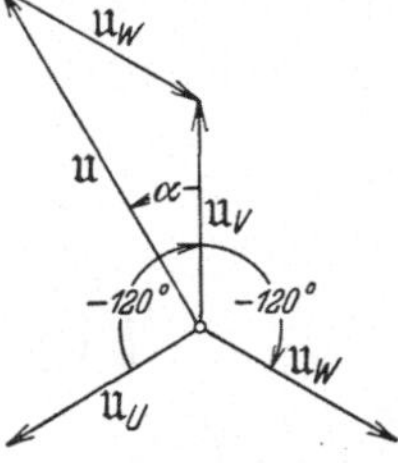

Abb. 603c.   Ermittlung des Winkels α.

den Stromzeigern $\mathfrak{J}_U$, $\mathfrak{J}_V$ und $\mathfrak{J}_W$. Den Zeiger $\mathfrak{U}$ finden wir dann, indem wir $\mathfrak{U}_W$ von $\mathfrak{U}_V$ geometrisch subtrahieren. Der Winkel α mißt die gesuchte Phasenverschiebung. Wir können damit den Zeiger $\mathfrak{J}$ aufzeichnen und $\mathfrak{J}_S$ und $\mathfrak{J}_T$ finden. Ihre Längen entnehmen wir der Zeichnung, sie betragen je 3,48 cm. Für die gesuchten Effektivwerte finden wir somit

$$\boxed{I_R = 9{,}12\ \text{A}}\,, \qquad \boxed{I_S = 13{,}9\ \text{A}}\,, \qquad \boxed{I_T = 13{,}9\ \text{A}}\,.$$

—.4) Rechnerische Lösung. Als harmonische Schwingungen können wir alle auftretenden Klemmenspannungen und Ströme durch komplexe Ersatzgrößen wiedergeben. Wir verwenden wieder das in Abb. 603a gezeichnete Schaltungsschema mit den darin eingetragenen Bezeichnungen und Bezugssinnen. Es gelten wie vorher (603a, b, c, u. d) zwischen den

Augenblickswerten. Nach der Regel von § 322.4 finden wir daraus für die komplexen Ersatzgrößen

$$\Im_R = \Im_U, \quad \Im_S = \Im_V + \Im \quad \text{und} \quad \Im_T = \Im_W - \Im \qquad \text{(603e, f u. g)}$$

und

$$\mathfrak{U} = \mathfrak{U}_V - \mathfrak{U}_W. \qquad \text{(603h)}$$

Aus (603h) können wir die Phasenverschiebung α finden, die die durch $\mathfrak{U}$ wiedergegebene Klemmenspannung gegenüber der durch $\mathfrak{U}_V$ wiedergegebenen und der durch $\Im$ wiedergegebene Strom gegenüber dem durch $\Im_V$ wiedergegebenen aufweist. Hierauf können wir dann $\Im_S$ und $\Im_T$ aus (603f u. g) berechnen.

—.5) Da wir die Sternspannungen $\mathfrak{U}_U$, $\mathfrak{U}_V$ und $\mathfrak{U}_W$ als symmetrisch voraussetzen, gilt (§ 343)

$$\mathfrak{U}_W = \mathfrak{U}_V \,\underline{/-120°}.$$

Damit wird

$$\mathfrak{U} = \mathfrak{U}_V - \mathfrak{U}_V \,\underline{/-120°}.$$

Nach (1241 m) erhalten wir $\underline{/-120°} = -\dfrac{1}{2} - j\dfrac{\sqrt{3}}{2}$, und damit

$$\mathfrak{U} = \mathfrak{U}_V \left(\frac{3}{2} + j\frac{\sqrt{3}}{2} \right).$$

Der Drehstrecker $\left(\dfrac{3}{2} + j\dfrac{\sqrt{3}}{2} \right)$ ist eine komplexe Zahl. Ihre Phase finden wir nach (1241 c, d u. a). Es wird

$$\cos\alpha = \frac{\sqrt{\dfrac{3}{2}}}{\sqrt{\left(\dfrac{3}{2}\right)^2 + \left(\dfrac{\sqrt{3}}{2}\right)^2}} = \frac{1}{2}, \qquad \sin\alpha = \frac{\dfrac{3}{2}}{\sqrt{\left(\dfrac{3}{2}\right)^2 + \left(\dfrac{\sqrt{3}}{2}\right)^2}} = \frac{\sqrt{3}}{2}.$$

Somit ist

$$\alpha = 30°.$$

Nehmen wir die Anfangsphase φ_{i_V} willkürlich zu Null an, so wird nach (321c) und § 1241.7

$$\Im_V = I_V \underline{/\varphi_{i_V}} = 9{,}12 \text{ A}.$$

Für den gegenüber $\Im_V$ um α voreilenden Strom finden wir folglich

$$\Im = 5{,}26 \text{ A} \,\underline{/30°}.$$

Da wir $\Im_U$, $\Im_V$, $\Im_T$ als symmetrische Sternströme betrachten (§ 343), gilt

$$\Im_W = \Im_V \,\underline{/-120°} = 9{,}12 \text{ A} \,\underline{/-120°}.$$

Nach diesen Vorarbeiten finden wir aus (603f)

$$\Im_S = 9{,}12 \text{ A} + 5{,}26 \text{ A} \,\underline{/30°}$$

und aus (603g)

$$\Im_T = 9{,}12 \text{ A} \,\underline{/-120°} - 5{,}26 \text{ A} \,\underline{/30°}.$$

Spalten wir die Dreher nach (1241 m) auf, so erhalten wir nach (131 a)

$$\mathfrak{J}_S = 13{,}68\,\text{A} + j\,2{,}63\,\text{A}\,,$$
$$\mathfrak{J}_T = -9{,}12\,\text{A} - j\,10{,}52\,\text{A}\,.$$

Für die gesuchten Beträge I_S und I_T erhalten wir schließlich nach (1241 a)

$$\boxed{I_S = 13{,}92\,\text{A}}\,,$$
$$\boxed{I_T = 13{,}92\,\text{A}}\,.$$

Aus (603 e) finden wir mit $I_u = 9{,}12\,\text{A}$

$$\boxed{I_R = 9{,}12\,\text{A}}\,.$$

Resultierender Strom einer Parallelschaltung.   § 604

—.1) **Aufgabe.** Eine Einphasendrosselspule, deren Blindleistung 8 kVar (§ 243.3) und deren Leistungsfaktor 0,2 beträgt, ist an ein Wechselstrom-

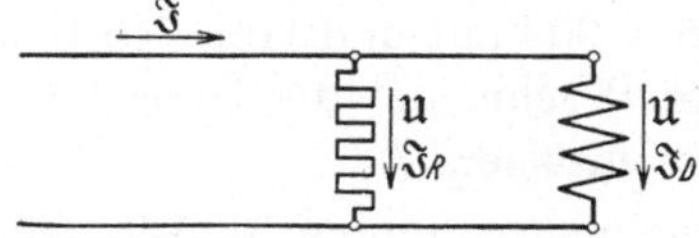

Abb. 604 a. Drosselspule und Widerstand, parallel an ein Einphasennetz angeschlossen.

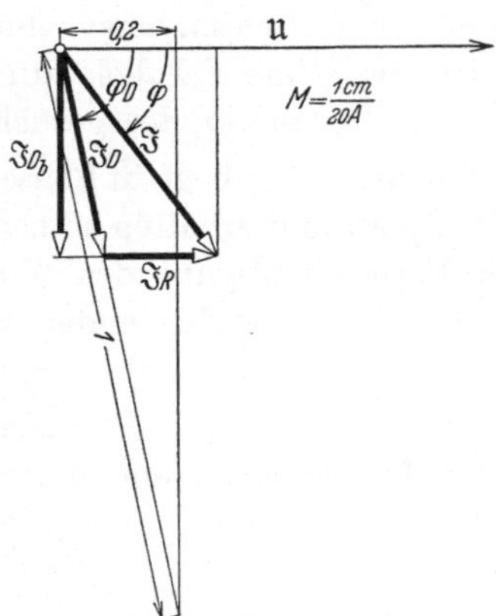

Abb. 604 b. Zeigerbild zu der in Abb. 604 a dargestellten Schaltung.

netz mit der Frequenz 50 Hz und der Spannung 220 V angeschlossen. Parallel zur Drosselspule liegt ein Widerstand, der einen Strom von 20 A aufnimmt. Welchen Strom führt die Zuleitung, und wie groß ist seine Phasenverschiebung?

—.2) **Lösung.** In der Abb. 604 a sind die Schaltung und die gewählten Bezugssinne und Bezeichnungen enthalten. Liegt eine eisenhaltige Drosselspule vor, so wird auch bei sinusförmiger Klemmenspannung der Strom nicht sinusförmig sein. Wir müssen ihn indessen als sinusförmig voraussetzen, wenn die gemachten Angaben zur Lösung der Aufgabe ausreichen sollen. Schon die Frage nach der Phasenverschiebung weist auf die Voraussetzung der Sinusform hin.

—.3) Für den gesuchten Strom $\mathfrak{J}$ liefern die Knotenregel (§ 232) und die Regel von § 322.4 die Beziehung

$$\mathfrak{J} = \mathfrak{J}_D + \mathfrak{J}_R, \qquad\qquad (604\,\text{a})$$

nach der in Abb. 604 b das Zeigerbild konstruiert ist (§ 324). Der Strom-

159

zeiger $\mathfrak{J}_R$ ist nach Betrag und Richtung bekannt, wenn der Klemmenspannungszeiger $\mathfrak{U}$ zur Orientierung benutzt wird. Den Stromzeiger $\mathfrak{J}_D$ haben wir dagegen erst zu ermitteln.

—.4) Durch die Angabe des Leistungsfaktors der Drosselspule ist die Verdrehung φ_D von $\mathfrak{J}_D$ gegenüber $\mathfrak{U}$ bestimmt. Es ist $\cos\varphi_D = 0{,}2$. Da in einer Drosselspule der Strom gegenüber der Klemmenspannung nacheilt (§ 3332), kommt für φ_D nur ein negativer Wert in Frage. In einem beliebigen Maßstab errichten wir ein rechtwinkliges Dreieck, dessen mit dem Spannungszeiger zusammenfallende Kathete den Wert 0,2 und dessen Hypotenuse den Wert 1 hat. Die Hypotenuse legt dann den gesuchten Winkel φ_D fest. Da die Blindleistung der Drosselspule bekannt ist, läßt sich nach (54t) der Betrag der Blindkomponente $\mathfrak{J}_{D_b}$ des Stromes $\mathfrak{J}_D$ berechnen. Man erhält

$$|\mathfrak{J}_{D_b}| = \frac{8 \text{ kVar}}{220 \text{ V}} = \frac{8 \cdot 1000 \text{ VA}}{220 \text{ V}} = 36{,}36 \text{ A} \,.$$

Als Blindstrom einer Drosselspule weist $\mathfrak{J}_{D_b}$ gegenüber der Klemmenspannung eine Phasenverschiebung von $-90°$ auf und läßt sich damit aufzeichnen. Eine Parallele zum Zeiger $\mathfrak{U}$ schneidet die Dreieckhypotenuse im Endpunkt des gesuchten Stromzeigers $\mathfrak{J}_D$.

—.5) Der Strom $\mathfrak{J}_R$ liegt in Phase zur Klemmenspannung $\mathfrak{U}$. Wir reihen ihn an $\mathfrak{J}_D$ an und erhalten so nach (604a) den gesuchten Stromzeiger $\mathfrak{J}$. Unter Berücksichtigung des Maßstabes entnehmen wir dem Zeigerbild den Betrag des resultierenden Stromes. Wir finden

$$\boxed{I = 45{,}6 \text{ A}}\,.$$

Für die Phasenverschiebung lesen wir ab

$$\cos\varphi = \frac{1{,}37 \text{ cm}}{2{,}28 \text{ cm}} = 0{,}602\,,$$

und damit wird $\boxed{\varphi = -53°}$. Der in der Zuleitung fließende Strom beträgt 45,6 A und eilt der Spannung um 53° nach.

Löschdrosselspule von Petersen. § 605

—.1) **Aufgabe.** Welche Bedingung besteht für die Bemessung der Löschdrosselspule von Petersen?

—.2) **Lösung.** Die Abb. 605a veranschaulicht die Schaltung der Löschdrosselspule und zeigt die eingeführten Bezeichnungen und Bezugssinne. Ein Strang einer Fernleitung und die Erde bilden die Beläge eines Kondensators. Bei geeigneter Verdrillung der Leiter einer Drehstromfernleitung sind die Kapazitäten, die die drei Stränge gegen Erde aufweisen, einander gleich. Für eine angenäherte Behandlung des Erdschlußproblems denken wir uns diese Kapazitäten in einem Punkt konzentriert, und wir vernachlässigen die im Zuge der Leitung liegenden Widerstände und Induktivitäten sowie die Ableitungen und die zwischen den Leitern vorhandenen Kapazitäten[605a].

—.3) Hat einer der drei Leitungsstränge Erdschluß, so ist er über einen zusätzlichen Zweipol, dessen komplexer Scheinwiderstand $\mathfrak{Z}$ sein möge, mit der Erde verbunden. In Abb. 605a ist ein Erdschluß des Stranges T angenommen. Ist der Sternpunkt des das Netz speisenden Generators oder Transformators unmittelbar geerdet, so besteht längs der Erdschlußverbindung die Sternspannung $\mathfrak{U}_T$. Es entsteht nach (41b) in ihr ein Erdschlußstrom $\mathfrak{J}=\mathfrak{U}_T/\mathfrak{Z}$, der

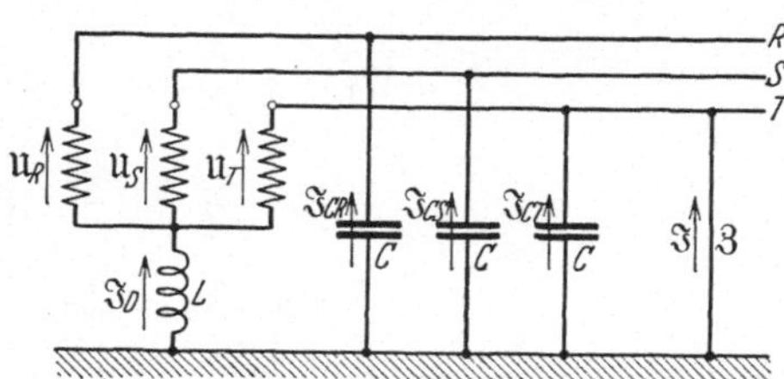

Abb. 605a. Über eine Löschdrosselspule L geerdetes Drehstromnetz. — Die Erdkapazitäten der Leitungsstränge sind durch die Kondensatoren C schematisch dargestellt. Rechts besteht eine Erdschluß bedingende Verbindung zwischen dem Strang T und der Erde.

durch Lichtbogenbildung die Unterbrechung des Erdschlusses erschwert. Ist der Sternpunkt des Netzes dagegen überhaupt nicht geerdet, so ändern sich beim Auftreten eines Erdschlusses die von der Erde bis zu den Leitungsdrähten bestehenden Spannungen so weit, bis die von den Erdkapazitäten geführten Ströme $\mathfrak{J}_{C_R}$, $\mathfrak{J}_{C_S}$, $\mathfrak{J}_{C_T}$ und der Erdschlußstrom $\mathfrak{J}$ der Knotenregel genügen.

—.4) Erdet man den Netz-Stern-Punkt nach Petersen[605b] über eine zweckmäßig bemessene Drosselspule, so kann man erreichen, daß schon die drei von den Erdkapazitäten geführten Ströme $\mathfrak{J}_{C_R}$, $\mathfrak{J}_{C_S}$, $\mathfrak{J}_{C_T}$ und der Strom $\mathfrak{J}_D$ der Drosselspule die Knotenregel befriedigen, so daß ein irgendwo auftretender Erdschlußstrom $\mathfrak{J}$ immer zu Null werden muß. Bei erdschlußfreiem Betrieb sind dann die von der Erde bis zu den Leitungsdrähten bestehenden Spannungen unbestimmt[605c]. Bei Eintritt eines Erdschlusses nimmt der betroffene Leiter das Potential Null an, und die Spannungen, die von der Erde bis zu den nicht betroffenen Leitungsdrähten bestehen, stellen sich entsprechend ein.

—.5) Wir haben nun zu untersuchen, welche Bedingungen zwischen der Induktivität der Drosselspule und den Netzkonstanten bestehen müssen, damit der Erdschlußstrom $\mathfrak{J}$ verschwindet. Hierzu bestimmen wir den Strom $\mathfrak{J}$ allgemein und setzen ihn dann gleich Null. Die Knotenregel (§ 232) und die Regel von § 322.4 liefern die Gleichung

$$\mathfrak{J}_D + \mathfrak{J}_{C_R} + \mathfrak{J}_{C_S} + \mathfrak{J}_{C_T} + \mathfrak{J} = 0. \tag{605a}$$

[605a] Ohne die Vernachlässigung der Leitungsinduktivität rechnet A. van Gastel: Bull. schweiz. Elektrotechn, Ver. 23 (1932) S. 157.

[605b] Elektrotechn. Z. 40 (1919) S. 5 u. 17.

[605c] In Wirklichkeit sorgen z. B. schon die Ableitungswiderstände für eine bestimmte Einstellung.

Es bestehen vier nicht dieselben Zweipole aufweisende Maschen. Für diese finden wir nach der Maschenregel (§ 233) und der Regel von § 322.4 die folgenden vier Gleichungen. Dabei beachten wir (3323b), (41b) und (3322f).

$$\mathfrak{U}_R + j\frac{1}{\omega C}\mathfrak{J}_{C_R} + 3\mathfrak{J} - \mathfrak{U}_T = 0, \tag{605b}$$

$$\mathfrak{U}_S + j\frac{1}{\omega C}\mathfrak{J}_{C_S} + 3\mathfrak{J} - \mathfrak{U}_T = 0, \tag{605c}$$

$$j\frac{1}{\omega C}\mathfrak{J}_{C_T} + 3\mathfrak{J} = 0, \tag{605d}$$

$$j\omega L\mathfrak{J}_D + \mathfrak{U}_T - 3\mathfrak{J} = 0. \tag{605e}$$

Wir lösen nach $\mathfrak{J}_{C_R}$, $\mathfrak{J}_{C_S}$, $\mathfrak{J}_{C_T}$ und $\mathfrak{J}_D$ auf und erhalten damit aus (605a)

$$\frac{-\mathfrak{U}_T + 3\mathfrak{J}}{j\omega L} + j\omega C(\mathfrak{U}_R + 3\mathfrak{J} - \mathfrak{U}_T + \mathfrak{U}_S + 3\mathfrak{J} - \mathfrak{U}_T + 3\mathfrak{J}) + \mathfrak{J} = 0. \tag{605f}$$

In einem symmetrischen Netz wird die Summe der Sternspannungen zu Null. Daraus folgt

$$\mathfrak{U}_R + \mathfrak{U}_S = -\mathfrak{U}_T.$$

Damit folgt aus (605f), wenn wir nach $\mathfrak{J}$ auflösen und durch $3\omega C - \dfrac{1}{\omega L}$ kürzen,

$$\mathfrak{J} = \frac{j}{\dfrac{1}{3\omega C - \dfrac{1}{\omega L}} + j3}\,\mathfrak{U}_T.$$

—.6) Soll nun der Erdschlußstrom $\mathfrak{J}$ zu Null werden, so muß (für unendlich großen Nenner) die Induktivität der Löschdrosselspule

$$\boxed{L = \frac{1}{3\,\omega^2 C}}$$

sein. Die Impedanz der den Erdschluß bewirkenden Verbindung tritt in dieser Bedingung nicht auf, sie ist somit ohne Einfluß auf die Bemessung der Löschdrosselspule. In Wirklichkeit wird der Erdschlußstrom nicht vollständig zu Null, da die zur Vereinfachung gemachten Voraussetzungen nicht streng zutreffen.

Spannungsverstärkung von Widerstands- und Drossel-   § 606
verstärkern für Niederfrequenz.

—.1) Aufgabe. Für einen nach Abb. 606a geschalteten Niederfrequenzverstärker ist die Spannungsverstärkung $\mathfrak{V} = \mathfrak{U}_{g_2}/\mathfrak{U}_{g_1}$ zu berechnen.

—.2) Lösung. Wir haben eine Gleichung zwischen den Gitterspannungen $\mathfrak{U}_{g_1}$ und $\mathfrak{U}_{g_2}$ aufzustellen, aus der wir den Quotienten $\mathfrak{U}_{g_2}/\mathfrak{U}_{g_1}$ entnehmen können. Im Interesse einfacher Ergebnisse machen wir einige vereinfachende Annahmen. Die Kapazität $C_{\ddot{u}}$ sei so groß, daß die Wechselkomponente (§ 361) der Spannung u_{g_2} der Wechselkomponente der Spannung u_{a_1} gleich wird. Ebenso sei der durch $C_{\ddot{u}}$ fließende Strom neben der Wechselkomponente von i_{a_1} vernachlässigbar klein. Betrachten

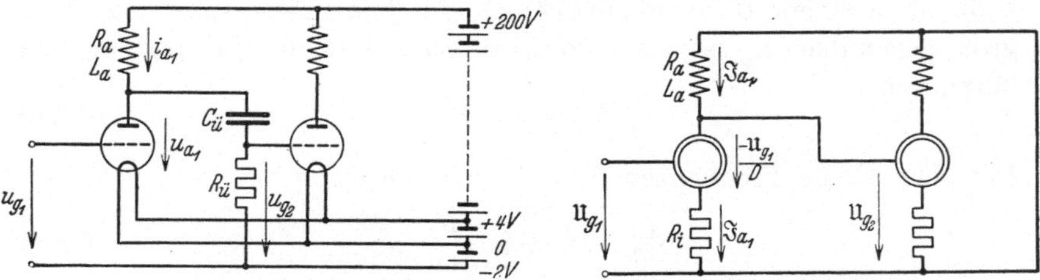

Abb. 606 a. Schaltungsschema eines Niederfrequenzverstärkers.

Abb. 606 b. Ersatzschema des in Abb. 606 a gezeichneten Niederfrequenzverstärkers.

wir nur die Wechselkomponenten, so gilt nach § 362 das in Abb. 606 b gezeichnete Ersatzschema. Es zeigt die Bezeichnungen der für die Wechselkomponenten nach § 361 eingeführten komplexen Ersatzgrößen und die gewählten Bezugssinne.

—.3) Wir wenden nun die Maschenregel (§ 233) an und beachten dabei (3331 b), (362 e) und (362 g). So erhalten wir die zwei voneinander unabhängigen Gleichungen

$$(R_a + j\,\omega\,L_a)\mathfrak{J}_a + \frac{-\mathfrak{u}_{g_1}}{D} + R_i\mathfrak{J}_a = 0\,, \tag{606 a}$$

$$\frac{-\mathfrak{u}_{g_1}}{D} + R_i\mathfrak{J}_a - \mathfrak{u}_{g_2} = 0\,. \tag{606 b}$$

Eliminieren wir $\mathfrak{J}_a$, indem wir ihn aus der einen Gleichung berechnen und dann in die andere einsetzen, so wird

$$\mathfrak{u}_{g_2} = \frac{-\mathfrak{u}_{g_1}}{D} + R_i\frac{\mathfrak{u}_{g_1}}{D(R_i + R_a + j\,\omega\,L_a)}\,.$$

Damit wird die Spannungsübersetzung $\mathfrak{u}_{g_2}/\mathfrak{u}_{g_1}$

$$\boxed{\mathfrak{B} = -\frac{R_a + j\,\omega\,L_a}{D(R_i + R_a + j\,\omega\,L_a)}}\,. \tag{696 c}$$

—.4) Ist $L_a = 0$, so liegt ein **Widerstandsverstärker** vor. Für ihn wird

$$\mathfrak{B} = -\frac{R_a}{D(R_i + R_a)}\,. \tag{606 d}$$

Die Spannungsverstärkung ist unabhängig von der Frequenz. Das negative Vorzeichen besagt, daß die beiden Gitterspannungen in Gegenphase liegen. Kürzen wir durch R_a, so wird

$$\mathfrak{B} = -\frac{1}{D\left(\dfrac{R_i}{R_a} + 1\right)}\,.$$

Hieraus ist leicht ersichtlich, daß die größte Verstärkung für $\dfrac{R_i}{R_a} = 0$, praktisch also für sehr hohe Anodenwiderstände R_a erreicht wird:

$$\mathfrak{B}_{\max} = -\frac{1}{D}.$$

—.5) Ist in einem **Drosselverstärker** für hohe Frequenzen ωL_a sehr groß gegenüber R_a und R_i, so wird auch dort die Verstärkung ein Maximum

$$\mathfrak{B}\big|_{\omega=\infty} = -\frac{1}{D}. \tag{606e}$$

Für sehr kleine Frequenzen ($\omega = 0$) wird dagegen

$$\mathfrak{B}\big|_{\omega=0} = -\frac{R_a}{D(R_i + R_a)}. \tag{606f}$$

Die Spannungsübersetzung ist somit frequenzabhängig.

—.6) Betrachten wir ω als veränderlichen Parameter, so hat (606c) die Form der Kreisgleichung (372e). Der Endpunkt des $\mathfrak{B}$ veranschaulichenden Zeigers beschreibt somit für veränderliche Frequenz einen Kreisbogen. Durch Vergleich von (606c) mit (372e) finden wir für die Kreiskonstanten

$$\mathfrak{a} = -R_a. \quad \mathfrak{b} = -j\omega L_a, \quad \mathfrak{c} = D(R_i + R_a), \quad \mathfrak{d} = j\omega L_a D, \quad \mathfrak{A} = 1.$$

Nach (372f) errechnen wir für den Kreismittelpunkt

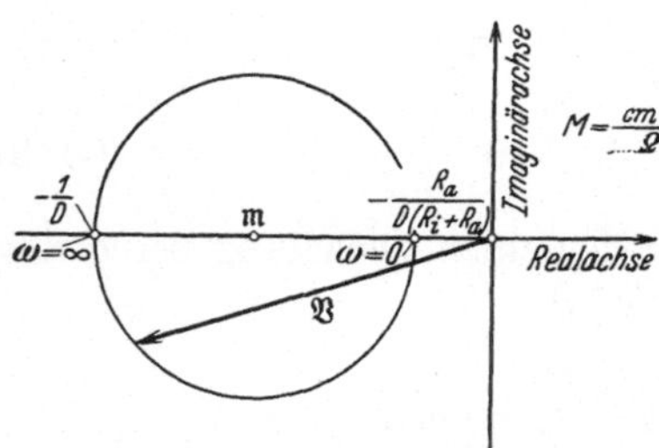

Abb. 606 c. Ortskurve der Spannungsübersetzung eines Drosselverstärkers für Niederfrequenz.

$$\mathfrak{m}\,\mathfrak{A} = \mathfrak{m} = \frac{-\dfrac{1}{D} - \dfrac{R_a}{D(R_i + R_a)}}{2}. \tag{606g}$$

Die Punkte $\mathfrak{B}\big|_{\omega=\infty}$, $\mathfrak{B}\big|_{\omega=0}$ und $\mathfrak{m}$ liegen alle auf dem negativen Ast der Realachse, was in Abb. 606c veranschaulicht ist. Es ist nun noch festzustellen, ob der obere oder der untere Halbkreis den tatsächlichen Frequenzen entspricht. Hiezu erweitern wir (606c) mit dem konjugiert komplexen Nenner (§ 134.3) und erhalten so

$$\mathfrak{B} = \frac{-R_a R - R_a^2 - j\omega L_a R_i}{D((R_i + R_a)^2 + \omega^2 L_a^2)}. \tag{606h}$$

Für positive Werte der Kreisfrequenz wird hiernach der Imaginärteil negativ. Es gilt somit der untere Halbkreis.

Bestimmung der Schaltungsbezeichnung eines Drehstromtransformators.   § 607

—.1) **Aufgabe.** An einem Drehstromtransformator wurde die in Abb.607a gezeichnete Anordnung der Wicklungen und Verbindungen festgestellt.

Welche Schaltungsbezeichnung kommt ihm nach R. E. T./1930, § 8[607a] zu ?

—.2) **Lösung.** Die Aufgabe kann als gelöst betrachtet werden, wenn das Zeigerbild der primär und sekundär induzierten Spannungen ermittelt

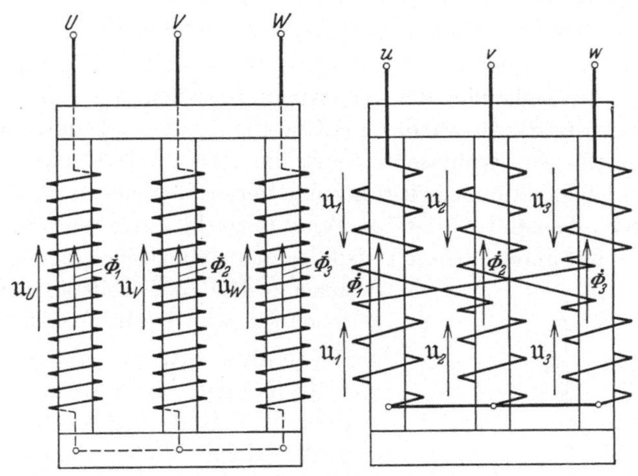

Abb. 607a.   Schaltung der Oberspannungswicklung (links) und der Unterspannungswicklung (rechts) eines Drehstromtransformators.

ist. Dann ist nämlich an Hand der in Tabelle 1 von R. E. T./1930, § 8 gegebenen Zusammenstellung der Zeigerbilder verschiedener Schaltungen die zugehörige Bezeichnung leicht festzustellen.

—.3) Wie aus Abb. 607a unmittelbar hervorgeht, ist die Oberspannungswicklung in Stern geschaltet. Für die zugehörigen Sternspannungen $\mathfrak{U}_U$, $\mathfrak{U}_V$ und $\mathfrak{U}_W$ werden parallele und vom Sternpunkt wegweisende Bezugssinne eingeführt (§ 343.2). Auch die Unterspannungswicklung weist einen Sternpunkt auf. Für die einzelnen Stränge sollen wieder parallele und vom Sternpunkt wegweisende Bezugssinne gewählt werden. Eine übereinstimmende Festlegung der Bezugssinne der Ober- und der Unterspannungswicklung ist in der in R. E. T./1930, § 8 enthaltenen Zusammenstellung der Zeigerbilder stillschweigend vorausgesetzt[607b]. Da die Einzeichnung von Bezugspfeilen für die ganzen Stränge der Unter-

---

[607a] Die im VDE-Vorschriftenbuch enthaltenen „Regeln für Bewertung und Prüfung von Transformatoren", Ausgabe 1930 (R. E. T./1930), sind als Sonderdruck 0532/1930 im Verlage des Verbandes Deutscher Elektrotechniker erschienen. Der hier interessierende § 8 ist auszugsweise abgedruckt in Hütte Bd. 2, 25. Aufl. S. 1035 und 26. Aufl. S. 1067. Berlin: Wilhelm Ernst und Sohn.

[607b] Für einen Transformator, der eine Dreieck- und eine Sternwicklung aufweist, setzt R. E. T./1930, § 8 für die Dreieckschaltung die Festlegung der Bezugssinne nach § 343.5 voraus, wenn für die Sternschaltung die Bezugssinne nach § 343,2 gewählt sind.

spannungswicklung unübersichtlich ist, wollen wir die Bezugssinne durch Doppelindexe festhalten. So schreiben wir für die Sternspannungen $\mathfrak{U}_{0U}$, $\mathfrak{U}_{0V}$ und $\mathfrak{U}_{0W}$.

—.4) Damit wir das Induktionsgesetz in der üblichen Form (§ 224.1) voraussetzen dürfen, ordnen wir die Bezugssinne der drei Säulen den Bezugssinnen der Oberspannungswicklung nach einer Rechtsschraubung zu (§ 2122.4). Die zugehörigen Induktionsflüsse sind $\dot{\Phi}_1$, $\dot{\Phi}_2$ und $\dot{\Phi}_3$. Die Bezugssinne der Teilspulen der Unterspannungswicklung ordnen wir den Bezugssinnen der Säulen wieder mit Rücksicht auf das Induktionsgesetz ebenfalls nach der Rechtsschraubung zu. Diese Teilspulen und die Stränge der Oberspannungswicklung sind demnach gleichsinnig (§ 2122.8). Da alle sechs Teilspulen dieselbe Windungszahl aufweisen, wird je in der unteren und in der oberen Teilspule einer Säule die gleiche Spannung induziert. Die drei Teilspulenspannungen nennen wir $\mathfrak{U}_1$, $\mathfrak{U}_2$ und $\mathfrak{U}_3$.

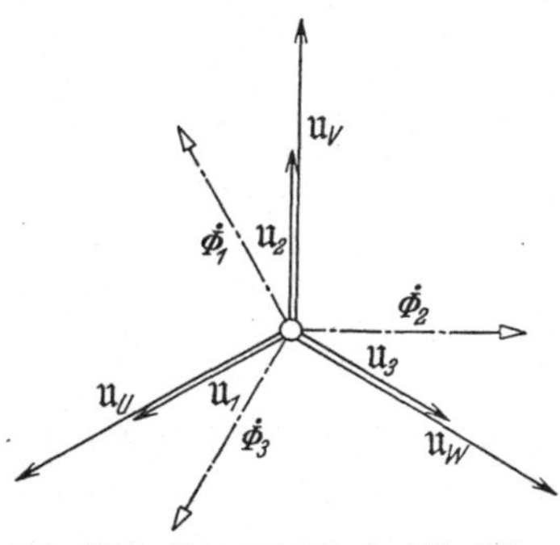

Abb. 607b. Zeigerbild der in Abb. 606a eingeführten Flüsse und Spannungen.

—.5) Die drei Spannungszeiger $\mathfrak{U}_U$, $\mathfrak{U}_V$ und $\mathfrak{U}_W$ können als gegeben betrachtet werden. Sie sind in Abb. 607b in der üblichen Lage aufgezeichnet. Nach § 3322 sind die Flußzeiger gegenüber den zugehörigen Spannungszeigern um 90° zurückgedreht. Die in den Teilspulen der Unterspannungswicklung induzierten Spannungen $\mathfrak{U}_1$, $\mathfrak{U}_2$ und $\mathfrak{U}_3$ eilen den Flüssen um 90° vor. Ihre Zeiger haben daher die gleiche Richtung wie $\mathfrak{U}_U$, $\mathfrak{U}_V$ und $\mathfrak{U}_W$. Die Sternspannungen der Unterspannungswicklung sind die resultierenden Spannungen. Für sie gelten (§ 233.2, § 322.4) die Gleichungen

$$\mathfrak{U}_{0U} = \mathfrak{U}_2 - \mathfrak{U}_1,$$
$$\mathfrak{U}_{0V} = \mathfrak{U}_3 - \mathfrak{U}_2,$$
$$\mathfrak{U}_{0W} = \mathfrak{U}_1 - \mathfrak{U}_3.$$

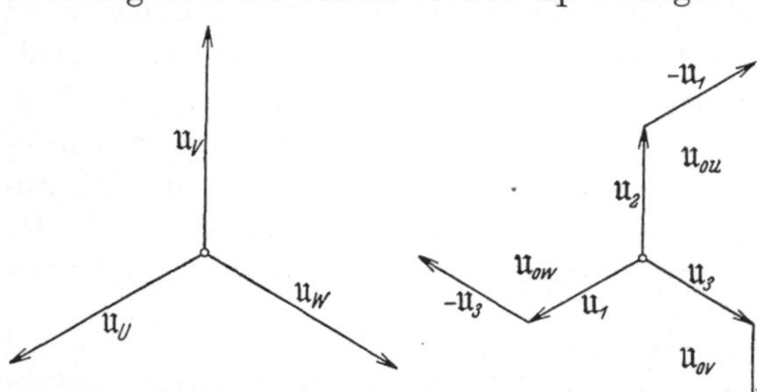

Abb. 607c. Zeigerbilder der in der Oberspannungs- und in der Unterspannungswicklung induzierten Spannungen.

Nach ihnen ist das in Abb. 607c für die Unterspannungswicklung gezeichnete Zeigerbild konstruiert (§ 324). Dabei sind allerdings — in Übereinstimmung mit der Tafel 1 von R. E. T./1930, § 8 — die Summenzeiger selbst nicht eingezeichnet, sondern nur die zur Summe aneinandergereihten Summanden.

—.6) Ein Vergleich der für die Ober- und die Unterspannungsseite des Transformators gefundenen Zeigerbilder mit den in der Tafel 1 von R. E. T./1930 abgedruckten ergibt, daß der untersuchten Schaltung die Bezeichnung C_3 zukommt.

Die Arbeitsart einer Drehstrom-Synchronmaschine.   § 608

—.1) Aufgabe. Man verschaffe sich an Hand eines einfachen Zeigerbildes einen Überblick über den Zusammenhang von Leistung, Strom und Phasenverschiebung mit der Erregung einer Drehstrom-Synchronmaschine.

—.2) Lösung. Da es sich nur darum handelt, einen qualitativen Überblick zu gewinnen, machen wir die vereinfachende Annahme, daß die Permeabilität des Eisens konstant sei. Wir rechnen somit mit einer geradlinigen Magnetisierungskurve. Wir können dann den gesamten, mit einem Wicklungsstrang des Stators verschlungenen Spulenfluß als Überlagerung eines vom Erregerstrom des Polrades erzeugten und eines von der Gesamtheit der Statorströme erzeugten Spulenflusses auffassen (§ 351). Die von diesen beiden Spulenflüssen in einem Strang der Statorwicklung hervorgebrachten Komponenten der induzierten Spannung bezeichnen wir mit $\mathfrak{U}_e$ und $\mathfrak{U}_a$.

—.3) Der Betrag von $\mathfrak{U}_e$ wird durch den ankerfremden Erregerstrom des Polrades induziert. Der Ankerstrom ist — bei Vernachlässigung der Krümmung der Magnetisierungskurve — ohne Einfluß. $\mathfrak{U}_e$ ist daher für den Anker eine eingeprägte Spannung (§ 3334.2).

—.4) In $\mathfrak{U}_a$ berücksichtigen wir dagegen die Ankerrückwirkung. Der von der Gesamtheit der Statorströme erzeugte Spulenfluß ist proportional dem Betrag dieser Ströme. Ferner zeigt die Theorie der Dreiphasenwicklungen, daß der mit einem Wicklungsstrang verschlungene Spulenfluß mit dem Strom des betreffenden Stranges in Phase ist. Die dem Spulenfluß um $90°$ voreilende induzierte Spannung $\mathfrak{U}_a$ (§ 3322) eines Wicklungsstranges eilt somit auch dem Strom dieses Wicklungsstranges um $90°$ vor. Drücken wir den zwischen Spulenfluß und Strom bestehenden Zusammenhang nach (3322d) durch

$$\frac{\dot{\psi}}{\sqrt{2}} = L_a \mathfrak{J}$$

aus, so finden wir nach (3322f)

$$\mathfrak{U}_a = j\,\omega\,L_a \mathfrak{J}. \tag{608a}$$

—.5) Zur Aufrechterhaltung des Stromes im Wicklungsstrang ist wegen des Widerstandes R eine Ohmsche Spannung

$$\mathfrak{U}_\varrho = R \mathfrak{J}$$

notwendig. Für die Klemmenspannung finden wir dann (§ 231.2)

$$\mathfrak{U} = \mathfrak{U}_e + \mathfrak{U}_a + \mathfrak{U}_\varrho \qquad (608\,\mathrm{b})$$

oder

$$\boxed{\mathfrak{U} = \mathfrak{U}_e + (j\,\omega L_a + R)\,\mathfrak{J}}\,. \qquad (608\,\mathrm{c})$$

Dies ist nach (3334 b) die Gleichung einer wirklichen Stromquelle mit dem inneren Widerstand R, der inneren Induktivität L_a und mit der eingeprägten Spannung $\mathfrak{U}_e$. Bei Synchronmaschinen macht der Betrag der Ohmschen Spannung rund 1…2% der Klemmenspannung aus. Wir können daher mit für einen Überblick ausreichender Genauigkeit $\mathfrak{U}_\varrho$ vernachlässigen. So erhalten wir

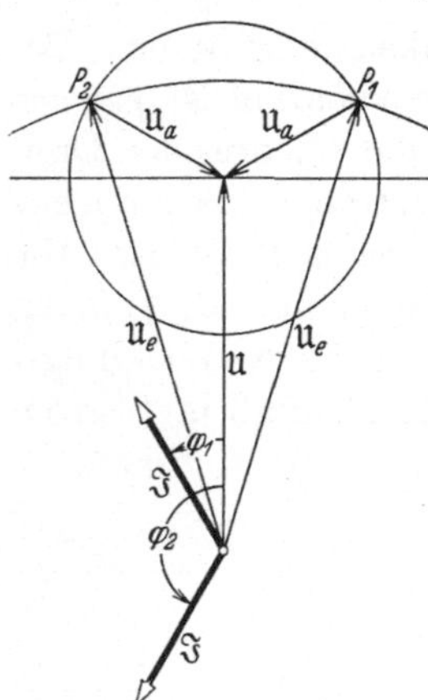

Abb. 608a. Vereinfachtes Zeigerbild eines Synchronmotors.

$$\boxed{\mathfrak{U} = \mathfrak{U}_e + j\,X_a\,\mathfrak{J}}\,, \qquad (608\,\mathrm{d})$$

wenn wir den gesamten Ankerblindwiderstand

$$X_a = \omega L_a \qquad (608\,\mathrm{e})$$

einführen. Veranschaulichen wir (608 d) nach Wahl eines geeigneten Maßstabes durch ein Zeigerbild (§ 324), so erscheint der Klemmenspannungszeiger $\mathfrak{U}$ als Summe eines durch den Erregerstrom bedingten Zeigers $\mathfrak{U}_e$ und eines dem Ankerstrom $\mathfrak{J}$ proportionalen und gegen ihn um 90° vorgedrehten Zeigers $\mathfrak{U}_a$. Es gilt Abb. 608a.

—.6) Es soll nun eine Synchronmaschine an ein Drehstromnetz konstanter Spannung angeschlossen sein. Der Zeiger der Klemmenspannung $\mathfrak{U}$ eines Wicklungsstranges der Maschine ist dann unveränderlich. Ist, z. B. durch Messung mit einem Amperemeter, der Betrag des Stromzeigers $\mathfrak{J}$ bekannt, so liegt damit der Betrag des Spannungszeigers $\mathfrak{U}_a$ fest. Da die Spitzen der Zeiger $\mathfrak{U}$ und $\mathfrak{U}_a$ zusammenfallen, muß der Fußpunkt von $\mathfrak{U}_a$ auf einem Kreis liegen, den wir mit $|\mathfrak{U}_a|$ als Radius und mit der Spitze von $\mathfrak{U}$ als Zentrum schlagen. Anderseits liegt durch den Erregerstrom der Betrag des Spannungszeigers $\mathfrak{U}_e$ fest. Seine Spitze liegt auf einem Kreis, der den Fußpunkt von $\mathfrak{U}$ als Zentrum und $|\mathfrak{U}_e|$ als Radius aufweist. Liegt $|\mathfrak{U}_e|$ zwischen $|\mathfrak{U}| + |\mathfrak{U}_a|$ und $|\mathfrak{U}| - |\mathfrak{U}_a|$, so legen die beiden Schnittpunkte der beiden Kreise zwei mit dem gegebenen Betrag des Ankerstromes vereinbare Betriebszustände fest. Für den Ankerstromzeiger $\mathfrak{J}$ ergeben sich so zwei verschiedene Richtungen.

Abb. 608 b. Zeigerbild eines übererregten Synchronmotors und eines übererregten Synchrongenerators.

—.7) Ist insbesondere $|\mathfrak{U}_e|$ größer als $\sqrt{|\mathfrak{U}|^2 + |\mathfrak{U}_a|^2}$, so liegen die Schnittpunkte P_1 und P_2 über der zum Zeiger $\mathfrak{U}$ in seiner Spitze errichteten Senkrechten (Abb. 608 b). Von den Stromzeigern fällt dann der eine in den I. und der andere in den II. Quadranten (Abb. 382 a). Aus der Tabelle von § 382.1 ist dann zu ersehen, daß der betreffende Wicklungsstrang der Synchronmaschine und damit — da in allen drei Strängen dasselbe passiert — die ganze Synchronmaschine Blindleistung abgibt und Wirkleistung entweder aufnimmt oder abgibt. Liegt der Stromzeiger im Quadrant I, so ist es ein Motor, im andern Fall ein Generator[608a].

—.8) Ist $|\mathfrak{U}_e|$ kleiner als $\sqrt{|\mathfrak{U}|^2 + |\mathfrak{U}_a|^2}$, so entstehen die Schnittpunkte P_3 und P_4 (Abb. 608 c). Die beiden Stromzeiger fallen in den III. und IV. Quadranten. Nach Angabe der Tabelle von § 382.1 nimmt die Synchronmaschine dann Blindleistung auf, und sie nimmt Wirkleistung auf oder gibt solche ab, verhält sich also als Motor oder als Generator.

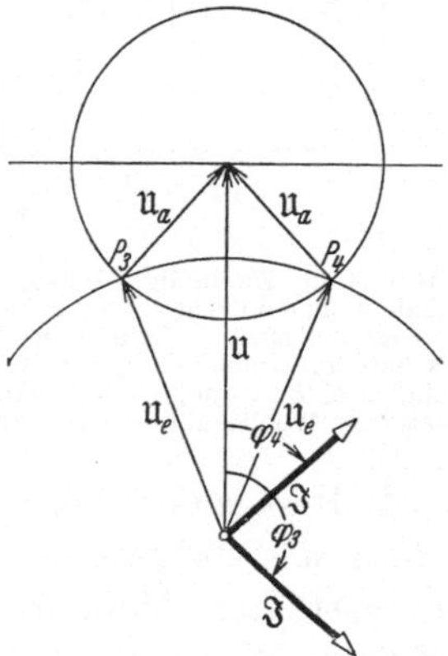

—.9) Ist schließlich $|\mathfrak{U}_e|$ gleich $\sqrt{|\mathfrak{U}|^2 + |\mathfrak{U}_a|^2}$, so fällt der Stromzeiger mit dem Klemmenspannungszeiger $\mathfrak{U}$ zusammen, oder er liegt zu ihm in Gegenphase. Die Blindleistung wird damit zu Null. Ist eine Synchronmaschine stärker erregt, als dem Nullwerden der Blindleistung entspricht, so bezeichnet man sie als übererregt. Ist der Erregerstrom dagegen kleiner, so ist sie untererregt. Die Untersuchung führt somit auf die bekannte Tatsache, daß eine übererregte Synchronmaschine

Abb. 608 c. Zeigerbild eines untererregten Synchronmotors und eines untererregten Synchrongenerators.

Blindleistung abgibt und eine untererregte Blindleistung aufnimmt. Es kommt dies darauf heraus, daß eine Synchronmaschine ein Zuviel oder Zuwenig an Magnetisierungsstrom der Gleichstromseite auf der Wechselstromseite durch Abgabe oder Aufnahme von Blindleistung (Magnetisierungsstrom) kompensiert. Anderseits ist ersichtlich, daß die Beträge des Erregerstromes und des Ankerstromes nicht zu erkennen gestatten, ob eine Synchronmaschine als Motor oder als Generator arbeitet.

**Einphasen-Reihenschluß-Kommutatormotor in Fahrt- und   § 609
in Bremsschaltung.**

—.1) Aufgabe. Das Zeigerbild des Einphasen-Reihenschluß-Kommutatormotors einer elektrischen Lokomotive ist für normale Fahrt und für Talfahrt mit Nutzbremsung anzugeben.

[608a] Um Phasenverschiebungen zu vermeiden, die außerhalb des Bereiches von $-90° \cdots +90°$ liegen, klappt man bei Generatoren häufig den Stromzeiger willkürlich um $180°$ um, indem man seinen Bezugssinn umkehrt. Dabei geht selbstverständlich die Eindeutigkeit und die Einfachheit der Zusammenhänge verloren.

—.2) Lösung. a) Für normale Fahrt gilt das in Abb. 609 a dargestellte Schema. Dabei ist der mit Rücksicht auf die Kommutation vorhandene Nebenwiderstand der Wendezähne zur Vereinfachung weggelassen worden. Die Vorgänge in den kommutierenden Windungen der Ankerwicklung wollen wir nicht beachten, wir vernachlässigen auch den von der Wicklung in den Wendezähnen erzeugten und in den Anker eindringenden Induktionsfluß.

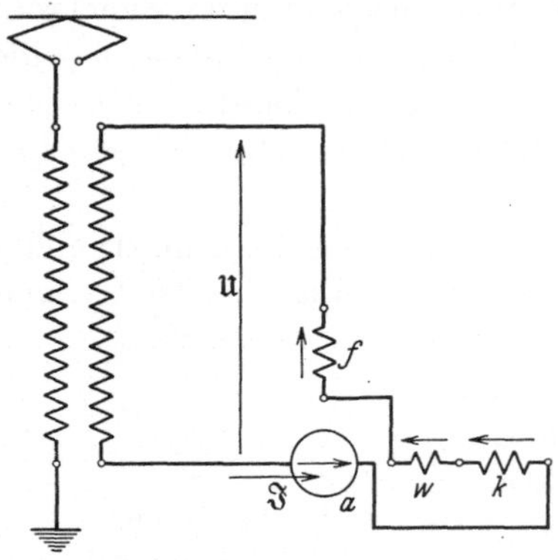

Abb. 609 a. Zweipoliges Schema des für normale Fahrt an den Lokomotivtransformator angeschlossenen Einphasen-Reihenschluß-Kommutatormotors. Es deuten die Buchstaben a, k, w und f die Anker-, Kompensations-, Wendezahn- und Feldwicklung an.

—.3) Die Klemmenspannung $\mathfrak{U}$ des Motors ist die resultierende Spannung der in den einzelnen Zweipolen vorhandenen Spannungen (§ 233.2). Hiebei ist vorausgesetzt, daß das elektrische Feld durch die Einführung induzierter Spannungen entwirbelt worden ist (§ 224.4). Vorerst wollen wir nun den Zusammenhang der einzelnen Spannungen mit dem Motorstrom $\mathfrak{J}$ angeben.

—.4) Infolge der Reihenschaltung und der getroffenen Wahl der Bezugssinne sind die Ströme aller Wicklungen gleich dem durch den Zeiger $\mathfrak{J}$ dargestellten Motorstrom. Es ist dies eine Folge der Knotenregel (§ 232). Wegen des Widerstandes R jeder Wicklung muß in jeder nach (3321 b) die Ohmsche Spannung $R\mathfrak{J}$ vorhanden sein. Fassen wir die Ohmschen Spannungen aller Wicklungen zu $\mathfrak{U}_\varrho$ zusammen, so wird

$$\mathfrak{U}_\varrho = \left(\sum R\right)\mathfrak{J}. \tag{609a}$$

—.5) Von dem mit einer Wicklung verketteten Spulenfluß trennt man gewöhnlich den ausschließlich mit dieser Wicklung verketteten Teil, den sog. Streuspulenfluß, ab. Da die ihn darstellenden Feldlinien quer durch die Nuten und um die Wicklungsköpfe, also teilweise in Luft verlaufen, ist er sehr angenähert dem ihn erzeugenden Strom proportional. Er kann deshalb mit praktisch ausreichender Genauigkeit mit Hilfe des konstanten Streuinduktionskoeffizienten S analog (3322d) in der Form $\sqrt{2}\,S\mathfrak{J}$ geschrieben werden. Ist ω die Kreisfrequenz des Motorstromes, so induziert der Streufluß nach (3322e) in die ihn erzeugende Wicklung die Streuspannung $j\omega S\mathfrak{J}$. Fassen wir wieder die Streuspannungen aller Wicklungen zusammen zu $\mathfrak{U}_\sigma$, so wird

$$\mathfrak{U}_\sigma = j\omega\left(\sum S\right)\mathfrak{J}. \tag{609b}$$

—.6) Wir wollen nun noch die übrigen induzierten Spannungen betrachten. Da der Streuspulenfluß vom gesamten Spulenfluß schon abgespaltet worden ist, bleibt für die Feldwicklung nur noch der mit der Ankerwicklung verkettete Teil, der sog. Hauptspulenfluß, zu berücksichtigen. Er kann analog (223g) in der Form $w_f\,\xi\,\dot{\Phi}_h$ als Produkt aus der Windungszahl w_f und des Wicklungsfaktors ξ_f der Feldwicklung und des Scheitelwertes des Windungsflusses $\dot{\Phi}_h$ geschrieben werden. Da der Hauptspulenfluß dieselbe Kreisfrequenz ω aufweist, die der ihn erzeugende Strom hat, induziert er nach (3322h) in die Feldwicklung die Spannung

$$\mathfrak{U}_{hf} = j\,\frac{1}{\sqrt{2}}\,\omega\,w_f\,\xi_f\,\dot{\Phi}_h. \tag{609c}$$

In die rotierende Ankerwicklung induziert derselbe Fluß eine Rotationsspannung $\mathfrak{U}_{R_a}$. Nach (352b) wird

$$\mathfrak{U}_{Ra} = \frac{1}{\sqrt{2}}\,z\,\frac{p}{a}\,n\,\dot{\Phi}_h. \tag{609d}$$

Dabei bedeutet z die Leiterzahl der Ankerwicklung, a die Zahl der Ankerstromzweigpaare, p die Polpaarzahl, n die Drehzahl. Da der von der Richtung des Bezugssinnes der Ankerwicklung bis zur magnetischen Achse (Bezugssinn) der Feldwicklung reichende Winkel α im zweipoligen Schema gleich $90°$ ist, wird der in (352b) auftretende Faktor $\sin\alpha$ zu Eins.

—.7) Die im Anker induzierte Transformationsspannung $\mathfrak{U}_{T_a}$ wird Null, da der in (352c) auftretende Faktor $\cos\alpha$ für $\alpha = 90°$ zu Null wird.

Aus demselben Grunde wirkt die Feldwicklung nicht transformatorisch auf die Wicklung der Wendezähne und nicht auf die Kompensationswicklung ein, und ebensowenig wirken diese Wicklungen auf die Feldwicklung zurück. Die Kompensationswicklung ist so ausgelegt, daß ihre Durchflutung die Durchflutung der Ankerwicklung insofern kompensiert, daß kein mit beiden Wicklungen verketteter Hauptfluß entsteht. Die noch verbleibenden Streuflüsse sind in § 609.5 schon berücksichtigt. Der Hauptfluß der Wicklung der Wendezähne wirkt im Anker nur auf die kurzgeschlossenen Windungen, was wir voraussetzungsgemäß vernachlässigen. Die von ihm in der Wicklung der Wendezähne selbst induzierte Spannung soll in den Streuspannungen berücksichtigt sein.

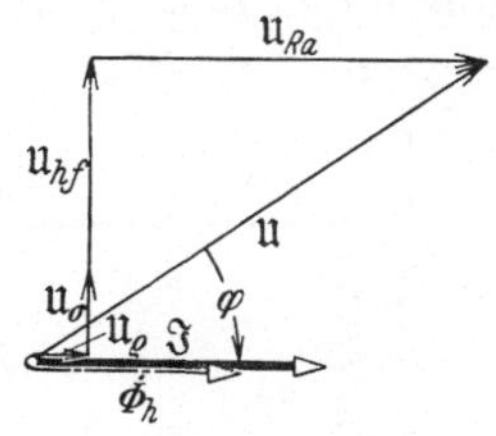

Abb. 609b. Zeigerbild eines Einphasen-Reihenschluß-Kommutatormotors einer elektrischen Lokomotive in normaler Fahrt. Es bedeuten $\mathfrak{U}$ die Klemmenspannung, $\mathfrak{J}$ den Strom, φ die Phasenverschiebung, $\dot{\Phi}_h$ den von der Feldwicklung erzeugten Hauptwindungsfluß, $\mathfrak{U}_\varrho$ die totale Ohmsche Spannung, $\mathfrak{U}_\sigma$ die totale Streuspannung, $\mathfrak{U}_{hf}$ die von $\dot{\Phi}_h$ in die Feldwicklung induzierte Spannung, $\mathfrak{U}_{Ra}$ die von $\dot{\Phi}_h$ durch Rotation in die Ankerwicklung induzierte Spannung.

—.8) Nach § 609.3 erhalten wir nun für die Klemmenspannung $\mathfrak{U}$ unter Berücksichtigung der oben eingeführten Bezeichnungen

$$\mathfrak{U} = \mathfrak{U}_\varrho + \mathfrak{U}_\sigma + \mathfrak{U}_{hf} + \mathfrak{U}_{Ra}. \tag{609e}$$

Wählen wir für den Stromzeiger $\mathfrak{J}$ die horizontale Lage, so finden wir hiernach in Berücksichtigung von (609a) bis (609d) das in Abb. 609b dargestellte Zeigerbild. Da der Zeiger $\mathfrak{U}_{R_a}$ der Drehzahl n proportional ist, treten kleine Phasenverschiebungen φ nur bei sehr hohen Drehzahlen auf.

—.9) b) **Nutzbremsung.** Soll die Lokomotive bei der Talfahrt elektrisch bremsen, so muß die Kommutatormaschine Wirkleistung an das Netz zurückgeben. Nach Abb. 382a muß somit der Stromzeiger im Quadranten II oder III liegen, wenn links neben dem Spannungszeiger $\mathfrak{U}$ der Quadrant I und rechts von ihm der Quadrant IV liegt. Dieser Zustand wird scheinbar dann erreicht, wenn es gelingt, den Zeiger $\mathfrak{U}_{R_a}$ um 180° zu wenden. Unter Verzicht auf negative Drehzahlen (Rückwärtsfahrt) kann dies durch Umschaltung der Feldwicklung geschehen. Bei unverändert beibehaltenem Bezugssinn wird dann der Feldstrom wegen der Knotenregel umgekehrt gleich dem Motorstrom. Mit dem Strom klappen wir auch den mit ihm in Phase liegenden Flußzeiger $\dot{\Phi}_h$ und die mit diesem phasengleiche Spannung $\mathfrak{U}_{R_a}$ um den gewünschten Winkel um. Diese Schaltung ist indessen unbrauchbar, da sich die Kommutatormaschine wie ein Gleichstrom-Reihenschlußgenerator selbst erregt. Da die Unterspannungswicklung des Lokomotivtransformators einen kleinen Widerstand aufweist, treten kurzschlußartige Gleichströme auf.

—.10) Nach einer von Dr. Hans Behn-Eschenburg angegebenen Lösung[609a] speist man die umgeschaltete Feldwicklung unmittelbar durch den Lokomotivtransformator. Da ihre Klemmenspannung $\mathfrak{U}_f$, die sich von $\mathfrak{U}_{hf}$ nur um eine kleine Ohmsche und um eine kleine Streuspannung unterscheidet, wesentlich kleiner ist als die Klemmenspannung $\mathfrak{U}$ des Ankerzweiges, verwendet man eine Anzapfung des Transformators, die den Teil $\mathfrak{U}'$ der ganzen Spannung $\mathfrak{U}$ aufweist. Abgesehen von der Drosselspule L_b erhält man so die in Abb. 609c dargestellte Schaltung.

—.11) Für die Klemmenspannung $\mathfrak{U}_f$ der Feldwicklung finden wir nach der Maschenregel (§ 233)

$$\mathfrak{U}_f + \mathfrak{U}' = 0,$$

und damit wird

$$\mathfrak{U}_f = -\mathfrak{U}'. \tag{609f}$$

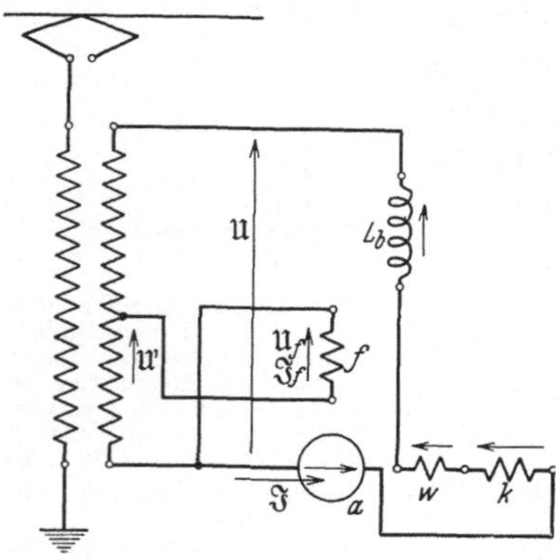

Abb. 609c. Zweipoliges Schema des für Talfahrt mit Nutzbremsung an den Lokomotivtransformator angeschlossenen Einphasen-Reihenschluß-Kommutatormotors. Es deuten die Buchstaben a, k, w und f die Anker-, Kompensations-, Wendezahn- und Feldwicklung an. L_b ist die Bremsdrosselspule.

[609a] Diese Schaltung wird zur Nutzbremsung z. B. in vielen Lokomotiven der Schweizerischen Bundesbahnen angewendet: Bull. schweiz. elektrotechn. Ver. 9 (1918) S. 239; Bull. Oerlikon 1931 H. 120, S. 621; Schweiz. Bauzeitg. 99 (1932) S. 147.

Lassen wir in Abb. 609d die Zeiger $\mathfrak{U}$ und $\mathfrak{U}'$ senkrecht nach oben weisen, so geht der Zeiger $\mathfrak{U}_f$ senkrecht nach unten. Wie in § 609.7 ausgeführt wurde, erleidet die Feldwicklung keine Rückwirkung von andern Wicklungen. Sie stellt deshalb eine eisenhaltige Drosselspule dar und führt als solche einen Strom $\mathfrak{J}_f$, der gegenüber der Klemmenspannung $\mathfrak{U}_f$ um beinahe 90° nacheilt (§ 3332). Vernachlässigen wir die Eisenverluste, so liegt der Windungshauptfluß $\dot{\Phi}_h$ in Phase mit dem Stromzeiger. Nach (609d) hat damit auch die Ankerrotationsspannung $\mathfrak{U}_{R_a}$ die gleiche Richtung wie der Stromzeiger $\mathfrak{J}_f$. Der Ankerstrom würde sich so einstellen, daß die Ohmsche Spannung $\mathfrak{U}_\varrho$ und die Streuspannung $\mathfrak{U}_\sigma$ — die jetzt die Ohmsche und die Streuspannung der Feldwicklung nicht mehr enthalten — die Ankerrotationsspannung $\mathfrak{U}_{R_a}$ zur Klemmenspannung $\mathfrak{U}$ ergänzen. Hierbei würde $\mathfrak{J}$ unzulässig groß werden, da $\mathfrak{U}_{R_a}$ und $\mathfrak{U}$ verschiedene Richtung haben. Um ihm normale Werte zu geben, schaltet man in den Ankerzweig die sog. Bremsdrosselspule mit dem Selbst-

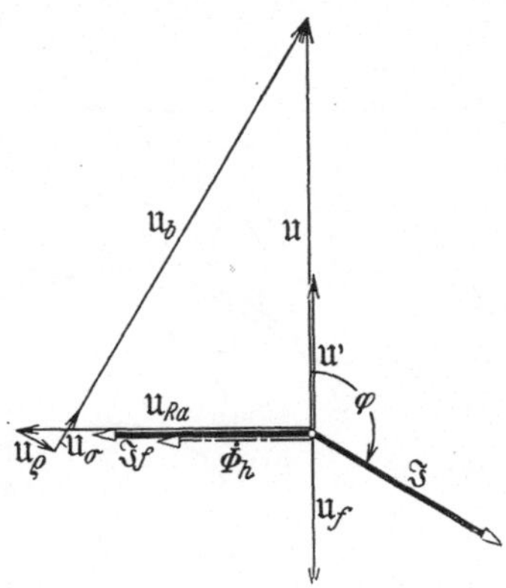

Abb. 609d. Zeigerbild des Motors von Abb. 609c. Es bedeuten $\mathfrak{U}$ die Klemmenspannung, $\mathfrak{J}$ den Ankerstrom, φ die Phasenverschiebung, $\mathfrak{U}'$ die Klemmenspannung der Anzapfung des Lokomotivtransformators, $\mathfrak{U}_f$ die Klemmenspannung der Feldwicklung, $\mathfrak{J}_f$ den Strom der Feldwicklung, $\dot{\Phi}_h$ den von ihm erzeugten Hauptwindungsfluß, $\mathfrak{U}_{Ra}$ die von $\dot{\Phi}_h$ in die Ankerwicklung durch Rotation induzierte Spannung, $\mathfrak{U}_\varrho$ die totale Ohmsche und $\mathfrak{U}_\sigma$ die totale Streuspannung des Ankerzweiges und $\mathfrak{U}_b$ die induzierte Spannung der Bremsdrosselspule.

induktionskoeffizienten L_b ein. Berücksichtigt man ihren Widerstand in $\mathfrak{U}_\varrho$ und ist $\mathfrak{U}_b$ die in ihr induzierte Spannung, so wird die Klemmenspannung des Ankerzweiges

$$\mathfrak{U} = \mathfrak{U}_{R_a} + \mathfrak{U}_\varrho + \mathfrak{U}_\sigma + \mathfrak{U}_b. \tag{609g}$$

Dabei wird nach (3322f)

$$\mathfrak{U}_b = j\omega L_b \mathfrak{J}, \tag{609h}$$

und für $\mathfrak{U}_{R_a}$, $\mathfrak{U}_\varrho$ und $\mathfrak{U}_\sigma$ gelten (609d), (609b) und (609a).

Das Luftspaltfeld der Ständerwicklung einer symmetrischen Dreiphasenmaschine.   § 610

—.1) Aufgabe. Es ist das Luftspaltfeld zu bestimmen, das in einer symmetrisch gebauten und symmetrisch gespeisten Dreiphasenmaschine auftritt.

—.2) Lösung. In einer symmetrisch gebauten Dreiphasenmaschine sind die Spulengruppen der drei Wicklungsstränge U, V und W nach Abb. 610a gleichmäßig längs des Bohrungsumfanges angeordnet. Ist τ die Polteilung, so liegen die Symmetrieachsen der Spulengruppen aufeinanderfolgender Stränge je um $\frac{2}{3}\tau$ auseinander. Wird ein Wicklungsstrang von Strom durchflossen, so erzeugt er im Luftspalt eine radial gerichtete magnetische Induktion, die längs des Bohrungsumfanges näherungsweise sinusförmig verteilt ist. Ist der Strom ein Wechselstrom, so pulsiert sie auch in Funktion der Zeit sinusförmig. Da in den drei Strängen drei phasenverschobene Wechselströme fließen, entstehen drei Induktionen, die zusammen das gesuchte resultierende Luftspaltfeld ausmachen.

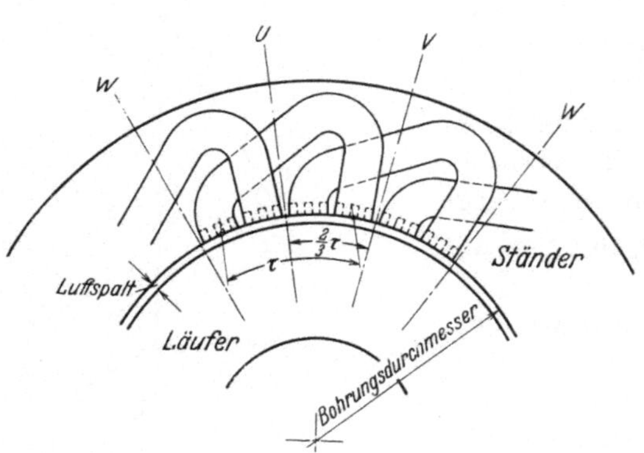

Abb. 610a. Schematische Darstellung der Verteilung der Spulengruppen der Ständerwicklung einer symmetrischen Dreiphasenmaschine. Die Buchstaben U, V und W kennzeichnen die Achsen von Spulengruppen der Wicklungsstränge U, V und W.

—.3) Da die drei Induktionen längs des Bohrungsumfanges sinusförmig verteilt sind, lassen sie sich (§ 391) durch Zeiger darstellen. Der durch den Strang U hervorgerufenen Induktion entspreche der Zeiger $\mathfrak{B}_{U_t}$. Sein Betrag entspricht der in der Symmetrieachse einer Spulengruppe des Stranges U auftretenden Induktion. Da diese sich sinusförmig ändert, gilt

$$\mathfrak{B}_{U_t} = \mathfrak{B}_U \cos(\omega t), \qquad (610\,\text{a})$$

wenn $\mathfrak{B}_U$ dem zeitlichen Scheitelwert der Induktion des Stranges U entspricht.

—.4) Die ebenfalls örtlich sinusförmig verteilte Induktion des Stranges V wird durch den in diesem Strange fließenden Strom hervorgerufen. Wird die Maschine durch symmetrischen Dreiphasenstrom gespeist, so sind die Ströme der drei Stränge gleich groß und je um $120°$ phasenverschoben. Dementsprechend ist die Induktion des Stranges V gleich groß wie die Induktion des Stranges U, eilt ihr aber um $120°$ nach. Es gilt demnach

$$\mathfrak{B}_{V_t} = \mathfrak{B}_V \cos(\omega t - 120°). \qquad (610\,\text{b})$$

—.5) Die Wellenlänge der betrachteten Induktionen ist gleich der doppelten Polteilung 2τ. Liegen zwei solcher räumlicher Wellen um die Wellenlänge 2τ auseinander, so schließen die sie darstellenden Zeiger den Winkel 2π ein. Nun ist — wenn wir beide Male dieselbe zeitliche Phase, also z. B. den Scheitelwert, betrachten — die Induktionswelle des Stranges V gegenüber der Welle des Stranges U um $\frac{2}{3}\tau$ nach rechts verschoben. Der Zeiger $\mathfrak{B}_V$ ist deshalb um den Winkel $-\frac{2}{3}\pi$ gegenüber dem Zeiger $\mathfrak{B}_U$ verdreht. Da die Beträge dieser beiden Zeiger wegen der Gleichheit der Beträge der sie erzeugenden Ströme einander gleich sind, gilt

$$\mathfrak{B}_V = \underline{/-\tfrac{2}{3}\pi}\,\mathfrak{B}_U. \tag{610c}$$

Setzen wir (610c) in (610b) ein, so wird

$$\mathfrak{B}_{V_t} = \underline{/-\tfrac{2}{3}\pi}\,\mathfrak{B}_U \cos(\omega t - 120°). \tag{610d}$$

Ganz analog erhalten wir für die Induktion des Stranges W

$$\mathfrak{B}_{W_t} = \underline{/-\tfrac{4}{3}\pi}\,\mathfrak{B}_U \cos(\omega t - 240°). \tag{610e}$$

—.6) Heißt die resultierende Luftspaltinduktion $\mathfrak{B}_t$, so wird

$$\mathfrak{B}_t = \mathfrak{B}_{U_t} + \mathfrak{B}_{V_t} + \mathfrak{B}_{W_t}. \tag{610f}$$

Unter Verwendung von (610a) und (610e) und unter Ersatz der Kosinusse nach (131g) erhalten wir

$$\mathfrak{B}_t = (\tfrac{1}{2}\,\underline{/\omega t} + \tfrac{1}{2}\,\underline{/-\omega t})\,\mathfrak{B}_U$$

$$+ (\tfrac{1}{2}\,\underline{/\omega t - 120°} + \tfrac{1}{2}\,\underline{/-\omega t + 120°})\,\underline{/-\tfrac{2}{3}\pi}\,\mathfrak{B}_U$$

$$+ (\tfrac{1}{2}\,\underline{/\omega t - 240°} + \tfrac{1}{2}\,\underline{/-\omega t + 240°})\,\underline{/-\tfrac{4}{3}\pi}\,\mathfrak{B}_U.$$

Wir wenden (133b) auf die Ausdrücke $\underline{/\omega t + 120°}$ usw. an und beachten (1241m). So finden wir

$$\mathfrak{B}_t = [\tfrac{1}{2}\,(1 + \underline{/-120° - \tfrac{2}{3}\pi} + \underline{/-240° - \tfrac{4}{3}\pi})\,\underline{/\omega t}$$

$$+ \tfrac{1}{2}\,(1 + \underline{/120° - \tfrac{2}{3}\pi} + \underline{/240° - \tfrac{4}{3}\pi})\,\underline{/-\omega t}]\,\mathfrak{B}_U.$$

Wenden wir wieder (1241m) an, so wird die erste runde Klammer gleich Null, und für die zweite ergibt sich 3. Wir erhalten somit

$$\boxed{\mathfrak{B}_t = \tfrac{3}{2}\,\underline{/-\omega t}\,\mathfrak{B}_U}. \tag{610g}$$

Die komplexe Zahl $\underline{/-\omega t}$ bringt eine Verdrehung um den Winkel $-\omega t$ hervor (§ 392.2). Dieser Winkel wächst proportional mit der Zeit t. $\underline{/-\omega t}$ ist ein Dreher, der als solcher den Betrag 1 aufweist. Der Betrag des Zeigers $\mathfrak{B}_t$ ist somit unabhängig von der Zeit gleich dem anderthalbfachen Betrage des Zeigers $\mathfrak{B}_U$.

—.7) Deuten wir die Zeiger wieder in Induktionswellen um, so finden wir folgendes Ergebnis. Das resultierende Luftspaltfeld ist eine sinusförmig längs der Statorbohrung verteilte Induktionswelle, die mit unveränderlicher Gestalt längs der Statorbohrung im Sinne des Uhrzeigers rotiert, es ist ein Drehfeld. Die in dieser Induktionswelle vorkommenden Induktionen sind um 50% höher als die Induktionen, die die von einem einzelnen Wicklungsstrang hervorgebrachte Induktionswelle aufweist, wenn dieser den Scheitelwert des Stromes führt.

Frequenzkompensation.   § 611

—.1) Aufgabe. Der Spannungspfad von Wechselstrommeßinstrumenten, die für stark verschiedene Frequenzen gebraucht werden, soll einen konstanten Scheinwiderstand aufweisen. Die Induktivität L_a der Meßspule ergibt einen frequenzabhängigen Blindwiderstand. Zur Kompensation dieses Einflusses verwendet man an Stelle gewöhnlicher Vorwider-

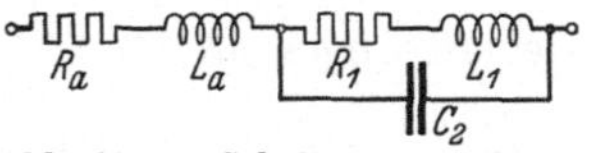

Abb. 611a. Schaltung zur Kompensation der Frequenzabhängigkeit der Meßspule R_a, L_a.

stände besondere Schaltungen. Abb. 611a zeigt eine von H. Kafka[611a] vorgeschlagene Lösung. Es ist anzugeben, wie der Kondensator C_2 und die Induktivität L_1 zu bemessen sind, wenn der Widerstand R_a und die Induktivität L_a der Meßspule, der Vorwiderstand R_1 und der Frequenzbereich bekannt sind.

—.2) Lösung. Wir berechnen den komplexen Scheinwiderstand der ganzen Schaltung und drücken aus, daß er für zwei verschiedene Frequenzen des gewünschten Bereiches gleich sein muß.

—.3) Der komplexe Scheinwiderstand des Zweiges 1 wird nach (41h)

$$\mathfrak{Z}_1 = R_1 + j\omega L_1 .$$

Ebenso wird

$$\mathfrak{Z}_2 = -j\frac{1}{\omega C_2} .$$

Für den komplexen Scheinwiderstand der Parallelschaltung finden wir nach (45b)

$$\mathfrak{Z}_b = \frac{(R_1 + j\omega L_1)\left(-j\dfrac{1}{\omega C_2}\right)}{R_1 + j\omega L_1 - j\dfrac{1}{\omega C_2}} .$$

Für die Meßspule gilt

$$\mathfrak{Z}_a = R_a + j\omega L_a ,$$

und für die ganze Schaltung wird

$$\mathfrak{Z} = \mathfrak{Z}_a + \mathfrak{Z}_b = R_a + j\omega L_a + \frac{-j\dfrac{R_1}{\omega C_2} + \dfrac{L_1}{C_2}}{R_1 + j\omega L_1 - j\dfrac{1}{\omega C_2}} .$$

—.4) Als zwei verschiedene Kreisfrequenzen, für die wir die Schein-

---

[611a] Z. Fernm.-Techn. 4 (1923) S. 103.

widerstände der ganzen Schaltung übereinstimmen lassen, wählen wir
den Wert 0 (Gleichstrom) und den beliebigen Wert ω'. Wir finden für
$\omega = \omega'$

$$\mathfrak{Z}|_{\omega=\omega'} = R_a + j\,\omega'L_a + \frac{-j\,\dfrac{R_1}{\omega'C_2} + \dfrac{L_1}{C_2}}{R_1 + j\omega'L_1 - j\,\dfrac{1}{\omega'C_2}} .$$

Erweitern wir aber zuerst mit ω, so finden wir für $\omega = 0$

$$\mathfrak{Z}|_{\omega=0} = R_a + 0 + \frac{-j\,\dfrac{R_1}{C_2} + 0}{0 + 0 - j\,\dfrac{1}{C_2}} = R_a + R_1 .$$

Wir können dies auch unmittelbar Abb. 611a entnehmen. Nun setzen
wir die beiden Scheinwiderstände einander gleich, subtrahieren auf beiden
Seiten R_a und multiplizieren die Gleichung mit $R_1 + j\,\omega'L_1 - j\,\dfrac{1}{\omega'C_2}$.
So erhalten wir

$$j\,R_1\,\omega'L_a - \omega'^2 L_a L_1 + \frac{L_a}{C_2} - j\,\frac{R_1}{\omega'C_2} + \frac{L_1}{C_2} = R_1^2 + j\,R_1\,\omega'L_1 - j\,\frac{R_1}{\omega'C_2} .$$

Rechnen wir aus und setzen wir die Realteile und die Imaginärteile je
einander gleich, so wird einerseits

$$-\omega'^2 L_a L_1 + \frac{L_a}{C_2} + \frac{L_1}{C_2} = R_1^2 \tag{611a}$$

und anderseits

$$R_1\,\omega'L_a = R_1\,\omega'L_1 . \tag{611b}$$

Aus (611b) folgt unabhängig von der Kreisfrequenz

$$\boxed{L_1 = L_a} . \tag{611c}$$

Damit finden wir aus (611a) für C_2

$$\boxed{C_2 = \frac{2L_a}{R_1^2 + \omega'^2 L_a^2}} . \tag{611d}$$

Nach (611d) ist C_2 frequenzabhängig. Da jedoch eine bestimmte Kapazität gewählt werden muß, ist die Frequenzkompensation nicht vollständig. Sie stimmt für 0 und den beliebig wählbaren Wert ω', der in
(611d) einzusetzen ist. Ist $\omega'^2 L_a^2$ klein gegenüber R_1^2, so wird (611d) für
alle Kreisfrequenzen von $0 \ldots \omega'$ gut erfüllt, und in diesem Bereich ist
die Frequenzkompensation praktisch erreicht. Die Abweichung des Scheinwiderstandes vom Sollwert $R_a + R_1$ kann rechnerisch gefunden werden,
indem $\mathfrak{Z}$ für eine Reihe von Kreisfrequenzen ermittelt wird.

Scheinleistungsbilanz. § 612

—.1) Aufgabe. Ein Unterwerk speist drei abgehende Leitungen L_1, L_2, L_3. An diese gibt es 8000 kW, 10 000 kW, 12 000 kW Wirkleistung und 8000 kVar, 6000 kVar, 10 000 kVar Blindleistung ab. Von einem Niederdruckkraftwerk K_1 bezieht es 24 000 kW Wirkleistung und 18 000 kVar Blindleistung. Ein im Unterwerk aufgestellter Phasenschieber P liefert 9000 kVar. Den notwendigen Rest liefert ein Hochdruckwerk K_2. Welche Wirk- und welche Blindleistung gibt K_2 ab?

—.2) Lösung. Die Sammelschienen des Unterwerkes, die drei abgehenden Leitungen mit den angeschlossenen Netzen, der Phasenschieber und die zwei Kraftwerke bilden ein geschlossenes Netz, für das die Summe der komplexen Scheinleistungen nach (522a) Null wird [612a].

—.3) Unter Beachtung des Zusammenhanges der Vorzeichen und der Worte „aufnehmen‟ und „abgeben‟ (§ 2421.4; § 2422.2) werden die komplexen Scheinleistungen der drei Leitungen — von ihnen aus betrachtet — nach (513 d)

$$\mathfrak{N}_{S_{L_1}} = 8000 \text{ kW} - j\ 8000 \text{ kVar},$$

$$\mathfrak{N}_{S_{L_2}} = 10\,000 \text{ kW} - j\ 6000 \text{ kVar},$$

$$\mathfrak{N}_{S_{L_3}} = 12\,000 \text{ kW} - j\,10\,000 \text{ kVar}.$$

Ebenso finden wir für den Phasenschieber

$$\mathfrak{N}_{S_P} = j\,9000 \text{ kVar}$$

und für das Niederdruckkraftwerk

$$\mathfrak{N}_{S_{K_1}} = -24\,000\,\text{kW} = j\,18\,000\,\text{kVar}.$$

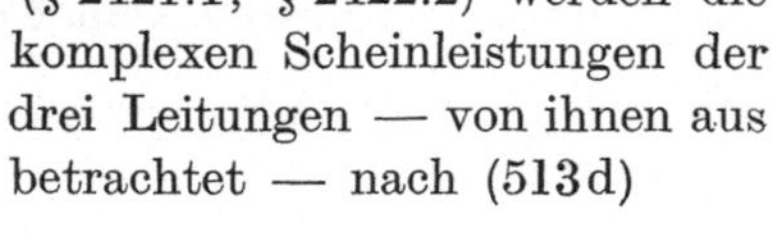

Abb. 612a. Scheinleistungs-Zeigerbild.

Zur Auffindung der gesuchten komplexen Scheinleistung zeichnen wir in Abb. 612a das Scheinleistungsbild. $\mathfrak{N}_{S_{K_2}}$ entspricht dem Zeiger, der es schließt. Wir lesen ab $\mathfrak{N}_{S_{K_2}} = -6000$ kW $- j\,3000$ kVar. Das Kraftwerk K_2 hat dem Unterwerk 6000 kW abzugeben und 3000 kVar von ihm aufzunehmen.

[612a] Die von den Transformatoren und internen Leitungen des Unterwerkes aufgenommene Wirk- und Blindleistung wollen wir vernachlässigen, da keine näheren Angaben vorliegen. Wäre dies der Fall, so könnten sie leicht berücksichtigt werden.

Tafeln.

Tafel 1. Zusammenstellung einiger wichtiger Größen und ihrer Einheiten im Giorgischen Maßsystem und im Zentimeter-Sekunde-Ampere-Ohm-System.

| Größe | | Einheiten des Giorgischen Maß-systemes | | Einheiten des Zentimeter-Sekunde-Ampere-Ohm-Systemes | | Bemerkung |
Name	Zeichen	Name	Zeichen	Name	Zeichen	
rbeit	A	Joule	J	Joule	J	J = 0,102 mkg-Kraft
rehzahl	n	—	s^{-1}	—	s^{-1}	oder U/s
rehmoment . .	$M\ (M_d)$	Joule	J	Joule	J	
urchflutung . .	Θ	Ampere	A	Ampere	A	auch Amperewindung
nergie	W	Joule	J	Joule	J	
eldstärke, elektr.	E	—	V/m	—	V/cm	
,, magn.	H	—	A/m	—	A/cm	A/cm = 1,25 Oersted
läche	F	Quadratmeter	m^2	Quadrat-zentimeter	cm^2	
luß, Induktions-	Φ	Voltsekunde / Weber	Vs / Wb	Voltsekunde / Weber	Vs / Wb	Vs = Wb = 10^8 Mx
requenz	f	Hertz	Hz	Hertz	Hz	Hz = s^{-1}
eschwindigkeit .	v	—	m/s	—	cm/s	
nduktion, magn.	B	—	Vs/m^2	—	Vs/cm^2	$Vs/cm^2 = 10^8$ Gs
nduktivität . .	L, M, S	Henry	H	Henry	H	H = Ω
apazität . . .	C	Farad	F	Farad	F	F = s/Ω
raft	P	—	J/m	—	J/cm	J/cm = 10,2 kg-Kraft
reisfrequenz . .	ω	—	s^{-1}	—	s^{-1}	
adung, elektr. .	Q	Coulomb	C	Coulomb	C	C = As
änge	l	Meter	m	Zentimeter	cm	
eistung	N	Watt	W	Watt	W	735 W = PS
asse	m	Kilogramm	kg	—	Js^2/cm^2	kg-Masse = Js^2/m^2 = $10^{-4}\ Js^2/cm^2$
otential	P	Volt	V	Volt	V	
pannung, elektr.	U	Volt	V	Volt	V	
,, magn.	V	Ampere	A	Ampere	A	
romstärke . .	I	Ampere	A	Ampere	A	
iderstand . .	R, Z	Ohm	Ω	Ohm	Ω	
eit	t	Sekunde	s	Sekunde	s	

Augenblickswerte veränderlicher Größen werden durch kleine Buchstaben oder durch den Index t, Effektivwerte durch große Buchstaben und Scheitelwerte durch Überdachen ($\hat{\ }$) bezeichnet. Bei magnetischen Größen — bei denen der Effektivwert keine Rolle spielt — kommt der große Buchstabe dem Scheitelwerte zu. Beispiele: u, U, $\hat{u}$; Φ_t, Φ. Zeiger und komplexe Größen werden durch Frakturbuchstaben oder durch Überpunkten ($\dot{\ }$) gekennzeichnet. Beispiele: $\mathfrak{U}$, $\dot{\Phi}$.

Tafel 2. Zusammenstellung der Schriftarten Kursiv, Fraktur, Deutsch.

A, a	𝔄, a		H, h	ℌ, h		O, o	𝔒, o		V, v	𝔙, v	
B, b	𝔅, b		I, i	ℑ, i		P, p	𝔓, p		W, w	𝔚, w	
C, c	ℭ, c		J, j	ℑ, j		Q, q	𝔔, q		X, x	𝔛, x	
D, d	𝔇, d		K, k	𝔎, k		R, r	ℜ, r		Y, y	𝔜, y	
E, e	𝔈, e		L, l	𝔏, l		S, s	𝔖, ſ, s		Z, z	ℨ, z	
F, f	𝔉, f		M, m	𝔐, m		T, t	𝔗, t				
G, g	𝔊, g		N, n	𝔑, n		U, u	𝔘, u				

Namen- und Sachverzeichnis.

gekreuzte Wicklung § 352.1
gekuppelter Zweipol § 34.1
gemeinsamer Bezugssinn § 2122.1, § 231,2
— Fluß § 342.2
geometrische Addition § 131.6
— Darstellung einer komplexen Größe § 126
— — — — Zahl § 123, § 1241.4
— Subtraktion § 132.5
Gerade, komplexe Gleichung § 371
gewöhnliche Form einer komplexen Zahl § 124.1
— komplexe Zahl Anm. 122a
Giorgisches Maßsystem § 111.7, Tafel 1
Gitterspannung § 362
gleichsinnige Bezugssinne § 2122.8
— Wicklungen § 2122.8
Größe § 111
—, komplexe § 126
—, — Ersatz- § 322.3
Größengleichung § 111.5
—, zugeschnittene § 111.6

harmonische Schwingung § 213
Hauffe, G. § 37.3
Hauptwert der Phase einer komplexen Zahl § 1241.2
— des Logarithmus § 137.2
Heaviside, O. § 326

ideeller Magnetisierungsstrom § 3332.8
IEC Anm. 111d, Anm. 331b, Anm. 41a
$\Im$m § 122.3
imaginäre Achse § 123.2
— Einheit § 122.1
— Zahl § 122.5
imaginärer Teil § 122.1
Imaginärteil § 122.1
Impedanz § 41.1
Impedanzoperator § 41.3
Induktionsfluß eines Zweipoles § 231.1
Induktionsgesetz § 224
induktiv § 383.2
Induktivität § 3322
—, Dreh- § 343.8
—, Gegen- § 223.4, § 341
—, innere § 3334.1
—, Selbst- § 223.4, § 341
—, Streu- § 342
induzierte elektromotorische Kraft § 224.4 u. ff.
— Spannung § 224.3 u. ff., § 231.3, § 602

innere Induktivität § 3334.1
— Spannung § 231
innerer Weg § 224.2, § 231.1
— Widerstand § 3334.1
Integrationsweg Abb. 21412, § 223.3, § 224.1
Internationale Elektrotechnische Kommission siehe IEC

j § 122.1

Kafka, H. § 611.1
Kapazität § 3323
Kapazitätsgesetz § 222
kapazitiv § 383.2
Kennelly, A. E. § 1241.6
Kennellysche Form einer komplexen Zahl § 1241
— Schreibweise einer komplexen Zahl § 1241.6
Kirchhoffsche Regel, erste § 232
Kleiner, A. Anm. 383a
Klemmenspannung § 2144, § 231
—, resultierende § 233
Knotenregel § 232
Koeffizient der gegenseitigen Induktion § 223.4
— der Selbstinduktion § 223.4
Kommutatoranker § 352
Kommutatormotor, Einphasen-Reihenschluß- § 609
komplexe Ersatzgröße § 322.3
— Größe § 126
— Scheinleistung § 513 u. ff.
— Zahl § 122
— —, Abweichung § 1241.2
— —, Addition § 131
— —, Arcus § 1241.2
— —, Argument § 1241.2
— —, Betrag § 1241.1
— —, Division § 134
— —, Dreher § 1241.5
— —, Exponentialform § 1242
— —, geometrische Darstellung § 123, § 1241.4
— —, gewöhnliche Anm. 122a
— —, — Form § 124.1
— —, Kennellysche Form § 1241
— —, — Schreibweise § 1241.6
— —, Komponenten § 131.8
— —, konjugierte § 125
— —, Logarithmierung § 137

Theorie der Wechselströme. Von Dr.-Ing. Alfred Fraenckel. Dritte, erweiterte und verbesserte Auflage. Mit 292 Textabbildungen. VI, 260 Seiten. 1930.　　　　　　　　　RM 18.—; gebunden RM 19.35

Einführung in die komplexe Behandlung von Wechselstromaufgaben. Von Dr.-Ing. Ludwig Casper. Mit 42 Textabbildungen. V, 121 Seiten. 1929.　　　　　　RM 5.94

Die symbolische Methode zur Lösung von Wechselstromaufgaben. Einführung in den praktischen Gebrauch. Von Hugo Ring. Zweite, vermehrte und verbesserte Auflage. Mit 50 Textabbildungen. VII, 80 Seiten. 1928.　　　　　　RM 4.05

Theorien der Elektrizität. Elektrostatik. Bearbeitet von A. Güntherschulze, F. Kottler, H. Thirring, F. Zerner. Redigiert von W. Westphal. (Handbuch der Physik, Band XII.) Mit 112 Abbildungen. VII, 564 Seiten. 1927.　　　RM 41.85; gebunden RM 44.10

Einführung in die Elektrizitätslehre. Von Prof. Dr.-Ing. e. h. R. W. Pohl, Göttingen. Vierte, großenteils neu verfaßte Auflage. (Einführung in die Physik, Bd. II.) Mit 497 Abbildungen, darunter 20 entlehnten. VIII, 268 Seiten. 1935.　　　　　　Gebunden RM 13.80

Einführung in die Theorie der Schwachstromtechnik. Von Prof. Dr. phil. J. Wallot, Wissenschaftlicher Mitarbeiter der Siemens & Halske A.-G., Berlin. Mit 347 Textabbildungen. IX, 331 Seiten. 1932.　　　　　　Gebunden RM 23.—

Einführung in die theoretische Elektrotechnik. Von Prof. K. Küpfmüller, Danzig. Mit 320 Textabbildungen. VI, 285 Seiten. 1932.　　　　　　RM 18.—; gebunden RM 19.50

Vorlesungen über die wissenschaftlichen Grundlagen der Elektrotechnik. Von Prof. Dr. techn. Milan Vidmar, Ljubljana. Mit 352 Abbildungen im Text. X, 451 Seiten. 1928.
　　　　　　RM 13.50; gebunden RM 14.85

Die wissenschaftlichen Grundlagen der Elektrotechnik. Von Prof. Dr. Gustav Benischke, Berlin. Sechste, vermehrte Auflage. Mit 633 Abbildungen im Text. XVI, 682 Seiten. 1922.
　　　　　　Gebunden RM 16.20

Funktionentherorie und ihre Anwendung in der Technik. Vorträge von R. Rothe, W. Schottky. K. Pohlhausen, E. Weber, F. Ollendorff, F. Noether. Veranstaltet durch das Außeninstitut der Technischen Hochschule zu Berlin, in Gemeinschaft mit dem Elektrotechnischen Verein, E. V., zu Berlin. Herausgegeben von Professor Dr. **R. Rothe,** Berlin, Dr.-Ing. **F. Ollendorff,** Berlin, und Dr. **K. Pohlhausen,** Berlin. Mit 108 Textabbildungen. VII, 173 Seiten. 1931.

Gebunden RM 16.—-

Potentialfelder der Elektrotechnik. Von Dr.-Ing. **Franz Ollendorff.** Mit 244 Abbildungen im Text. VIII, 395 Seiten. 1932.

Gebunden RM 32.—

Ortskurven der Starkstromtechnik. Einführung in ihre Theorie und Anwendung. Von Dr.-Ing. **Gerhard Hauffe,** Dresden. Mi 101 Textabbildungen. X, 174 Seiten. 1932.

RM 14.50; gebunden RM 15.50

Grundzüge der Starkstromtechnik. Für Unterricht und Praxis. Von Dr.-Ing. **K. Hoerner.** Zweite, durchgesehene und erweiterte Auflage. Mit 347 Textabbildungen und zahlreichen Beispielen. V, 209 Seiten. 1928. RM 6.30; gebunden RM 7.38

Aufgabensammlung für Elektroingenieure. Aufgaben aus dem Gebiet der Starkstromtechnik mit ausführlichen Lösungen. Von Dozent Dipl.-Ing. **Kurt Fleischmann,** Mannheim. Mit 59 Abbildungen im Text und auf 5 Tafeln. VIII, 171 Seiten. 1931.

RM 9.45; gebunden RM 10.80

Aufgaben und Lösungen aus der Gleich- und Wechselstromtechnik. Ein Übungsbuch für den Unterricht an technischen Hoch- und Fachschulen sowie zum Selbststudium von Professor **H. Vieweger** und Ing. **W. Vieweger.** Zehnte, umgearbeitete Auflage. Mit 289 Textabbildungen zu 349 Aufgaben und einer Tafel mit Magnetisierungskurven. VIII, 341 Seiten. 1931.

RM 10.35; gebunden RM 11.70

Die Elektrotechnik und die elektromotorischen Antriebe. Ein elementares Lehrbuch für technische Lehranstalten und zum Selbstunterricht. Von Professor Dipl.-Ing. **W. Lehmann,** Berlin. Zweite, stark umgearbeitete Auflage. Mit 701 Textabbildungen und 112 Beispielen. VII, 302 Seiten. 1933. RM 12.60; gebunden RM 13.80

Kurzes Lehrbuch der Elektrotechnik. Von Professor Dr. **A. Thomälen,** Karlsruhe. Zehnte, stark umgearbeitete Auflage. Mit 581 Textbildern. VIII, 359 Seiten. 1929. Gebunden RM 13.05

Berichtigungen.

S. 22. In (132 d) ist das erste „Z_{2y}" durch „Z_{2x}" zu ersetzen.

S. 28. In der auf (134 c) folgenden Gleichung ist „π" statt „δ" zu schreiben.

S. 30. In Anm. 135 b ist „§ 1241.2" statt „§ 1241.3" zu lesen.

S. 32/33. In § 137.4 ist durchwegs „$\log \mathfrak{Z}_1$" statt „$\log \mathfrak{Z}_2$" zu setzen.

S. 71. Im letzten Glied der obersten Gleichung hat der Index „2" statt „1" zu lauten.

S. 72. In der ersten Gleichung für W'_m ist das Differential „dt" durch „di_1" zu ersetzen.

S. 73. In der 2. Zeile von § 3.3 muß es „Z/φ" statt „z/φ" heißen.

S. 77. Der Faktor „2" fehlt in der (314 e) vorangehenden Gleichung, in (314 e, f und g) vor dem Produkt $I_1 I_2$ und in (314 h) vor $|\mathfrak{J}_1| |\mathfrak{J}_2|$.

S. 79. In (321 h) ist das erste „$+$"-Zeichen der rechten Seite durch „$\pm$" zu ersetzen.

S. 85. In § 324.1 ist „$i_n = \sqrt{2}\, I_n \cos(\omega t + \varphi_n)$" an Stelle von „$i_2 = \sqrt{2}\, I_2 \cos(\omega t + \varphi_n)$" zu setzen.

S. 86. In der ersten Gleichung von § 324.3 ist am Schlusse „φ_{i1}" statt „φ_{11}" zu lesen.

S. 88. In der letzten Gleichung von § 325.2 ist „$/\omega t$" statt „$/\varphi x$" zu schreiben.

S. 116. In der ersten Gleichung für $d\varphi/dt$ im Zähler ist „dt" durch „dx" zu ersetzen.

S. 121. In § 362.2 ist in der 2. Zeile „Wechselkomponente" statt „Wechselspannung" zu schreiben. Ferner ist in der zweiten und in der vierten Gleichung „di_a" durch „di'_a" und in der vierten „i'_a" durch „i_a" zu ersetzen.

S. 124. In der auf (371 b) folgenden Zeile ist „veränderlichem" statt „unveränderlichem" zu lesen.

S. 126. In § 372.5 soll es in der fünften Zeile von unten „R_x" statt „Rx" heißen. In § 372.6 ist „(372 e)" für „(372 g)" zu schreiben. In der untersten Gleichung fehlt vor dem Bruchstrich ein „$+$"-Zeichen.

S. 127. In den vor (373 e) stehenden Gleichungen fehlen rechts die Dreherzeichen „$/$". In (373 g) ist „$+$" statt „$-$" zu schreiben.

S. 134. In der ersten Zeile ist „p" durch „$f(p)$" zu ersetzen.

S. 141. Die Zähler von (45 c) sollen lauten:
„$Z_{1w}(Z_{2w}^2 + Z_{2b}^2) + Z_{2w}(Z_{1w}^2 + Z_{1b}^2)$" und „$Z_{1b}(Z_{2w}^2 + Z_{2b}^2) + Z_{2b}(Z_{1w}^2 + Z_{1b}^2)$".
In der ersten Zeile von § 451.1 ist „$\mathfrak{Z}_2$" statt „$\mathfrak{Z}_1$" zu lesen. In (451 b) ist rechts „$\mathfrak{Z}_2$" durch „$\mathfrak{Z}_1$" zu ersetzen.

S. 143. In (452 b) ist das erste „$=$"-Zeichen zu streichen.

S. 158. In § 603.5 wird

$$\text{„}\cos\alpha = \frac{\dfrac{3}{2}}{\sqrt{\left(\dfrac{3}{2}\right)^2 + \left(\dfrac{\sqrt{3}}{2}\right)^2}} = \frac{\sqrt{3}}{2}\text{"} \quad \text{und} \quad \text{„}\sin\alpha = \frac{\dfrac{\sqrt{3}}{2}}{\sqrt{\left(\dfrac{3}{2}\right)^2 + \left(\dfrac{\sqrt{3}}{2}\right)^2}} = \frac{1}{2}\text{".}$$

S. 163. Statt „(696 c)" soll es „(606 c)" heißen.

S. 164. In § 606.6 werden die Kreiskonstanten
$$\mathfrak{a} = -R_a, \quad \mathfrak{b} = -jL_a, \quad \mathfrak{c} = D(R_i + R_a), \quad \mathfrak{d} = jL_aD, \quad p = \omega, \quad \mathfrak{A} = 1.$$
In (606h) ist „R" durch „R_i" zu ersetzen.

S. 171. In der 3. Zeile ist „ξ" in „ξ_f" zu verwandeln.

S. 173. In der letzten Zeile von § 609.11 sind „(609b)" und „(609a)" zu vertauschen.

S. 178. In der 6. Zeile von unten ist das zweite „$=$"-Zeichen durch „$+$" zu ersetzen.

S. 179. Das Zeichen für die Durchflutung ist „Θ" statt „Ω". Für die Induktivität ist rechts „$H = \Omega s$" statt „$H = \Omega$" zu schreiben.

Auf die meisten dieser Fehler hat mich in liebenswürdigerweise Herr Dr.-Ing. G. Hauffe aufmerksam gemacht, wofür ich ihm bestens danke.

Winterthur, im September 1936.

Max Landolt.